全国普通高等学校机械类"十二五"规划系列教材

工 程 制 图

主　　编　贾卫平
副主编　张　宏　陈文平　姚丽英
参　　编　孟　炜　郑君兰　韩佼娥
　　　　　韩　宁　杨小平　王　琪

U0260249

华中科技大学出版社
中国·武汉

内 容 简 介

本书是根据教育部高等学校工程图学教学指导委员会制订的《普通高等院校工程图学课程教学基本要求》编写而成的。

全书共十章,主要内容包括:制图的基本知识,点、直线、平面的投影,立体的投影,组合体,轴测图,机件的表达方法,标准件和常用件,零件图,装配图,AutoCAD 2010 绘图基础。

本书配有《工程制图习题集》,由华中科技大学出版社同时出版,可供读者选用。

本收可供高等学校机械类专业学生使用,也可作为其他专业的教学参考书。

图书在版编目(CIP)数据

工程制图/贾卫平主编.—武汉:华中科技大学出版社,2014.5
ISBN 978-7-5609-9685-1

Ⅰ.①工…　Ⅱ.①贾…　Ⅲ.①工程制图-高等学校-教材　Ⅳ.①TB23

中国版本图书馆 CIP 数据核字(2014)第 101452 号

工程制图　　　　　　　　　　　　　　　　　　　　　贾卫平　主编

策划编辑:俞道凯
责任编辑:姚同梅
封面设计:范翠璇
责任校对:封力煊
责任监印:朱　玢
出版发行:华中科技大学出版社(中国·武汉)
　　　　　武昌喻家山　　邮编:430074　　电话:(027)81321913
录　排:武汉正风天下文化发展有限公司
印　刷:武汉鑫昶文化有限公司
开　本:787mm×1092mm　1/16
印　张:20.5
字　数:531 千字
版　次:2016 年 12 月第 1 版第 3 次印刷
定　价:39.80 元

全国普通高等学校机械类"十二五"规划系列教材

序

　　"十二五"时期是全面建设小康社会的关键时期,是深化改革开放、加快转变经济发展方式的攻坚时期,也是贯彻落实《国家中长期教育改革和发展规划纲要(2010—2020 年)》的关键五年。教育改革与发展面临着前所未有的机遇和挑战。以加快转变经济发展方式为主线,推进经济结构战略性调整、建立现代产业体系,推进资源节约型、环境友好型社会建设,迫切需要进一步提高劳动者素质,调整人才培养结构,增加应用型、技能型、复合型人才的供给。同时,当今世界处在大发展、大调整、大变革时期,为了迎接日益加剧的全球人才、科技和教育竞争,迫切需要全面提高教育质量,加快拔尖创新人才的培养,提高高等学校的自主创新能力,推动"中国制造"向"中国创造"转变。

　　为此,近年来教育部先后印发了《教育部关于实施卓越工程师教育培养计划的若干意见》(教高[2011]1 号)、《关于"十二五"普通高等教育本科教材建设的若干意见 》(教高[2011]5 号)、《关于"十二五"期间实施"高等学校本科教学质量与教学改革工程"的意见》(教高[2011]6 号)、《教育部关于全面提高高等教育质量的若干意见》(教高[2012]4 号) 等指导性意见,对全国高校本科教学改革和发展方向提出了明确的要求。在上述大背景下,教育部高等学校机械学科教学指导委员会根据教育部高教司的统一部署,先后起草了《普通高等学校本科专业目录机械类专业教学规范》、《高等学校本科机械基础课程教学基本要求》,加强教学内容和课程体系改革的研究,对高校机械类专业和课程教学进行指导。

　　为了贯彻落实教育规划纲要和教育部文件精神,满足各高校高素质应用型高级专门人才培养要求,根据《关于"十二五"普通高等教育本科教材建设的若干意见 》文件精神,华中科技大学出版社在教育部高等学校机械学科教学指导委员会的指导下,联合一批机械学科办学实力强的高等学校、部分机械特色专业突出的学校和教学指导委员会委员、国家级教学团队负责人、国家级教学名师组成编委会,邀请来自全国高校机械学科教学一线的教师组织编写全国普通高等学校机械类"十二五"规划系列教材,将为提高高等教育本科教学质量和人才培养质量提供有力保障。

当前经济社会的发展,对高校的人才培养质量提出了更高的要求。该套教材在编写中,应着力构建满足机械工程师后备人才培养要求的教材体系,以机械工程知识和能力的培养为根本,与企业对机械工程师的能力目标紧密结合,力求满足学科、教学和社会三方面的需求;在结构上和内容上体现思想性、科学性、先进性,把握行业人才要求,突出工程教育特色。同时注意吸收教学指导委员会教学内容和课程体系改革的研究成果,根据教指委颁布的各课程教学专业规范要求编写,开发教材配套资源(习题、课程设计和实践教材及数字化学习资源),适应新时期教学需要。

教材建设是高校教学中的基础性工作,是一项长期的工作,需要不断吸取人才培养模式和教学改革成果,吸取学科和行业的新知识、新技术、新成果。本套教材的编写出版只是近年来各参与学校教学改革的初步总结,还需要各位专家、同行提出宝贵意见,以进一步修订、完善,不断提高教材质量。

谨为之序。

国家级教学名师

华中科技大学教授、博导

2012 年 8 月

前　　言

　　本书是根据教育部高等学校工程图学教学指导委员会制订的《普通高等院校工程图学课程教学基本要求》和有关国家标准,总结多年来的教学经验,并汲取兄弟院校教材的经验编写而成的。

　　"工程制图"课程是高等工科院校的一门重要技术基础课。随着社会和科学技术的进步,特别是计算机技术的迅猛发展,本课程无论是在教学内容、教学手段方面,还是在学生的学习方法和实践环节方面,都已与计算机技术密不可分。传统的教学模式已不能适应现代科技对人才培养的要求,因此将计算机绘图与工程制图结合在一起讲授,已成为各校工程制图教学普遍采用的模式。

　　全书正文部分共十章,主要有以下特点:

　　(1) 精选了画法几何部分的内容,并调整了深度,使其内容更加紧凑;

　　(2) 充实了徒手绘图和计算机绘图的内容;

　　(3) 内容科学准确、文字精练、逻辑性强,章节前后衔接合理,符合认知规律。

　　本书全部采用《技术制图》和《机械制图》国家标准及与制图有关的其他标准,并按课程内容需要分别编排在正文或附录中,以培养学生贯彻国家标准的意识和查阅国家标准的能力。

　　本书可供高等学校机械类专业师生使用,也可作为其他专业的教学参考书。与本书配套的《工程制图习题集》也已出版,可供同时选用。

　　参加本书编写的有:太原理工大学张宏(第1章),塔里木大学孟炜(第2章第1~5节、第4章),大同大学姚丽英、蚌埠学院陈文平(第2章第6节、第6章),太原理工大学郑君兰(第3章),太原理工大学韩佼娥(第5章),安徽理工大学韩宁(第7章),甘肃农业大学杨小平(第8章),太原理工大学王琪(第9章),大连大学贾卫平(第10章、附录)。

　　本书由大连大学贾卫平任主编,太原理工大学张宏、蚌埠学院陈文平、大同大学姚丽英任副主编。

　　本书参考了国内同类著作,在此特向有关作者致以诚挚的谢意。

　　由于我们水平有限,书中错误在所难免,希望读者批评指正。

编　者

2014 年 3 月

目　　录

绪　　论

1. 本课程的研究对象、性质和任务

在现代工业生产中,设计和制造机器以及工程建设都离不开工程图样。在使用机器、设备时,也要通过阅读图样了解机器的结构和性能。因此,工程图样是工业生产中一种重要的技术文件,是进行技术交流不可缺少的工具,是工程界共同的技术语言。每位工程技术人员和工程管理人员都必须掌握这种语言,否则就无法从事技术工作。

工程图学是研究绘制和阅读工程图样的一门技术基础课,它包含系统的理论,具有较强的实践性和技术性。

本课程的主要任务是:

(1)学习正投影法的基本理论及其应用;

(2)培养空间几何问题的图解能力;

(3)培养空间思维、几何抽象能力;

(4)培养零、部件构型表达能力;

(5)培养计算机绘图、徒手绘图和尺规绘图的综合能力;

(6)掌握与机械图样有关的知识和机械制图国家标准,培养查阅有关设计资料和标准的能力;

(7)培养学生认真负责的工作态度和严谨的工作作风,使学生的动手能力、工程意识、创新能力、设计能力等得以全面提升。

2. 本课程的学习方法

(1)要学好本课程的主要内容,必须认真学好投影理论,运用形体分析、线面分析和结构分析等方法,由浅入深地进行绘图和读图实践,多画、多读、多想,反复地由物画图、由图想物,逐步提高空间想象力和空间分析能力,这是学好本课程的关键。

(2)在学习本课程时,必须按规定完成一系列制图作业,并按正确的方法和步骤进行,准确使用工程制图中的有关资料,提高独立工作能力和自学能力。

(3)注意将计算机绘图、徒手绘图和尺规绘图等方面的各种技能与投影理论密切结合,以准确、快速地绘制工程图样。

由于工程图样在生产建设中起着重要的作用,绘图和读图的出错都会带来经济损失,甚至可能要承担法律责任,所以在完成习题和作业的过程中,应该有认真负责的工作态度和严谨细致的工作作风。学好本课程可为后续课程及生产实习、课程设计和毕业设计打下良好的基础,同时在以上各环节中学生的绘图和读图能力也可以得到进一步的巩固和提高。

第1章　制图的基本知识

1.1　国家标准《技术制图》和《机械制图》的基本规定

工程图样是工程界的共同语言,是现代工业生产中必不可少的技术资料。为了便于生产、管理和交流,必须对图样的画法、尺寸标注方法等做出统一的规定。本章主要介绍《技术制图》和《机械制图》国家标准中的有关规定,并简略介绍平面图形的基本画法、尺寸标注等。

国家标准(简称国标)由标准编号和标准名称两部分构成,如:GB/T 4458.1—2002《机械制图　图样画法　视图》,其中"GB"是"国标"两字的汉语拼音首字母,"T"表示推荐性标准(有两种性质的标准:①强制执行的标准;②推荐执行的标准),"4458.1"表示标准的顺序号,"2002"表示标准的批准年号;《机械制图　图样画法　视图》为标准名称。

1.1.1　图纸幅面和格式、标题栏

1. 图纸幅面尺寸

图纸幅面是指图纸宽度与长度组成的图面。为了便于装订、保管和技术交流,国家标准对其做了统一的规定。根据 GB/T 14689—2008《技术制图　图纸幅面和格式》的规定,绘制图样时优先采用表 1.1 所规定的基本幅面(第一选择),如图 1.1 中粗实线所示。

表 1.1　图纸基本幅面及图框尺寸

幅面代号	A0	A1	A2	A3	A4
尺寸 $B \times L$	841×1189	594×841	420×594	297×420	210×297
e	20			10	
c	10			5	
a	25				

必要时允许按规定加长图纸幅面,加长幅面的尺寸由基本幅面的短边成整数倍增加后得出。图 1.1 中的细实线及虚线分别表示第二和第三选择加长幅面。

2. 图框格式及标题栏位置

图纸上限定绘图区域的线框称为图框。图框用粗实线画出,图样绘制在图框的内部。图框格式分为不留装订边和留装订边的两种,不留装订边的图框格式如图 1.2 所示,留装订边的图框格式如图 1.3 所示。同一产品只能采用同一种格式。图框周边尺寸如表 1.1 所示。

每张图纸都必须画出标题栏,其格式和尺寸按 GB/T 10609.1—2008《技术制图　标题栏》的绘图规定绘制,建议在制图作业中采用图 1.4 所示的格式。标题栏的位置在图纸右下角,如图 1.2 和图 1.3 所示。

标题栏的长边沿水平方向布置,且与图纸长边平行时,构成 X 型图纸,如图 1.2(a)及图

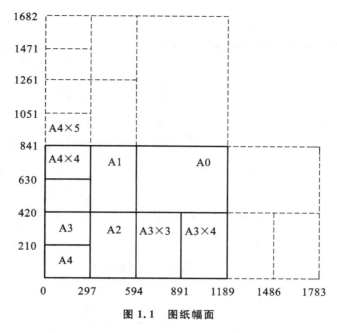

图 1.1　图纸幅面

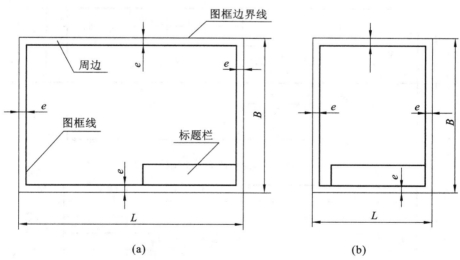

(a)　　　　　　　　　　　　　　(b)

图 1.2　不留装订边的图框格式
(a)X 型图纸；(b)Y 型图纸

1.3(a)所示均为 X 型图纸。若标题栏的长边与图纸长边垂直,则构成 Y 型图纸,如图 1.2(b)及图 1.3(b)所示均为 Y 型图纸。在上述两种情况下,看图的方向与看标题栏的方向一致。

　　为便于复制或缩微摄影时定位,应在图纸各边长的中点处绘制对中符号。对中符号是从图框边界线画入图框内 5 mm 的一段粗实线,线宽不小于 0.5 mm,如图 1.5 所示。若对中符号处于标题栏范围内,则伸入标题栏的部分应省略。

　　为了利用预先印制好的图框及标题栏的图纸画图,允许将 X 型图纸的短边水平放置或将 Y 型图纸的长边水平放置使用,但需明确看图方向,此时应在图纸下方的对中符号处画出方向符号,其方向符号的尖角对着读者视为看图方向,方向符号是用细实线绘制的等边三角形,如

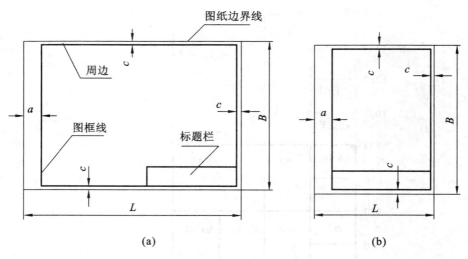

图 1.3　留装订边的图框格式

(a)X 型图纸；(b)Y 型图纸

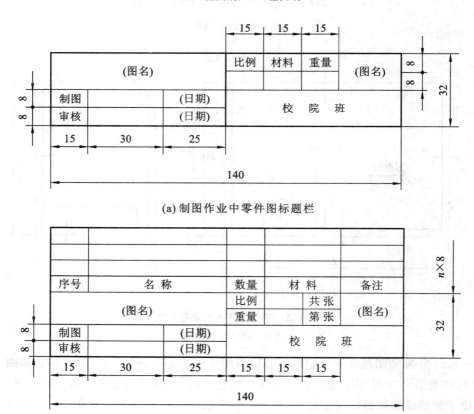

(a)制图作业中零件图标题栏

(b)制图作业中装配图标题栏

图 1.4　教学中简化标题栏

图 1.5 所示。

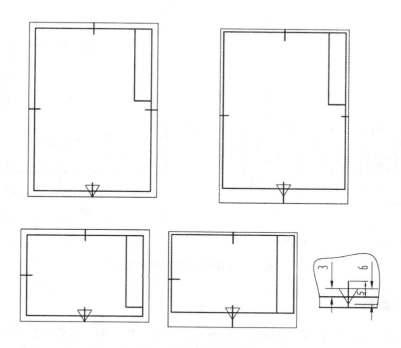

图 1.5　方向符号的画法

1.1.2　比例

根据 GB/T 14690—1993《技术制图　比例》,比例是指图样中图形与其实物相应要素的线性尺寸之比。绘制技术图样时,一般应在表 1.2 规定的优先选择系列中选取适当的比例。必要时在表 1.2 规定的允许选择系列中选用。

表 1.2　绘图比例

种类	优先选择系列	允许选择系列
原值比例	1∶1	——
放大比例	5∶1　　2∶1 $5\times10^n∶1$　$2\times10^n∶1$　$1\times10^n∶1$	4∶1　2.5∶1 $4\times10^n∶1$　$2.5\times10^n∶1$
缩小比例	1∶2　　　1∶5　　　$1∶1\times10^n$ $1∶2\times10^n$　　　$1∶5\times10^n$	1∶1.5　　1∶2.5　　1∶3　　1∶4　　1∶6 $1∶1.5\times10^n$　$1∶2.5\times10^n$　$1∶3\times10^n$ $1∶4\times10^n$　　　$1∶6\times10^n$

比例符号应以"∶"表示。比例的表示方法如 1∶1、1∶2、2∶1 等。一般情况下,比例应填写在标题栏中。绘制图样时,比例应根据机件的形状大小、结构复杂程度以及该机件的用途等因素确定,尽可能选用 1∶1 的比例,以便能直观地反映机件的实际大小。不论采用何种比例绘图,标注尺寸时,机件均按实际尺寸标注,与图形的比例无关,如图 1.6 所示。

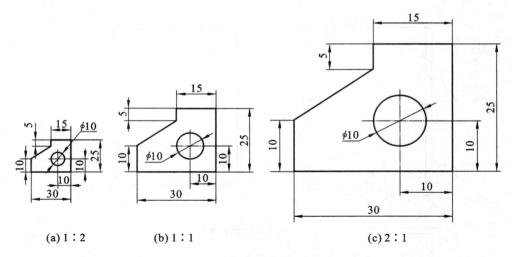

$$(a) 1:2 \qquad (b) 1:1 \qquad (c) 2:1$$

图 1.6　图形比例及尺寸数字

1.1.3　字体

在图样上除了表示机件形状的图形外,还要用文字和数字来说明机件的大小、技术要求和其他内容。GB/T 14691—1993《技术制图 字体》规定了图样及有关技术文件中书写汉字、字母、数字的结构形式及基本尺寸。字体书写必须做到"字体工整、笔画清楚、间隔均匀、排列整齐"。

字体高度(用 h 表示)的公称尺寸系列为 1.8、2.5、3.5、5、7、10、14、20,单位为 mm。字体高度称为字体的号数,如需要书写更大的字,其字体高度应按 $\sqrt{2}$ 的比例递增。

字母和数字分 A 型和 B 型,A 型的笔画宽度 d 为 $h/14$,B 型的笔画宽度 d 为 $h/10$,在同一图样上只允许采用一种类型的字体。

字母和数字可写成斜体和直体,斜体字字头向右倾斜,与水平方向成 75°,汉字只能写成直体。

在计算机制图中,数字与字母一般以斜体输出,汉字以直体输出。在机械图样的计算机制图中,汉字的高度降至与数字高度相同;在建筑图样的计算机制图中,汉字的高度允许降至 2.5 mm,字母与汉字对应地降至 1.8 mm。

1. 汉字

国家标准规定汉字应写成长仿宋字体,并采用国务院正式公布推行的简化字。汉字的高度不应小于 3.5 mm,字宽一般为 $h/\sqrt{2}$,即约等于字高的 2/3。

书写长仿宋字体字的要领是:字体端正,笔画清楚,排列整齐,间隔匀称,填满方格。基本笔画有点、横、竖、撇、捺、挑、钩、折 8 种,写法实例如图 1.7 所示。

字体端正 笔画清楚 排列整齐 间隔均匀 填满方格

图 1.7　汉字示例

2. 字母与数字

工程上常用的数字有阿拉伯数字和罗马数字,并经常用以斜体书写,如图 1.8 和图 1.9 所示。

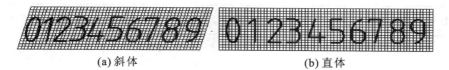

(a) 斜体　　　　　　　　(b) 直体

图 1.8　阿拉伯数字字体示例

图 1.9　罗马数字字体示例

拉丁字母分大写和小写,字体均有斜体和直体两种,如图 1.10 所示。

(a) 大写

(b) 小写

图 1.10　拉丁字母斜体的大写和小写

1.1.4　图线

国家标准 GB/T 17450—1998《技术制图　图线》和 GB/T 4457.4—2002《机械制图　图样画法　图线》规定了图样中图线的线型、尺寸和画法。

1. 线型及图线尺寸

GB/T 17450—1998 中规定了 15 种基本线型,以及若干种基本线型的变形和图线的组合,表 1.3 给出了机械制图中常用的 9 种线型。

GB/T 17450—1998 规定,所有线型的图线宽度(d),应按图样的类型和尺寸大小在下列数系中选择:0.13、0.18、0.25、0.35、0.5、0.7、1.0、1.4、2.0(单位为 mm)。

粗线、中粗线和细线的宽度比例为 4 : 2 : 1。在同一图样中,同类图线的宽度应基本一致。在机械图样中常用的图线见表 1.3。除粗实线、粗虚线和粗点画线以外,其他线均为细线,粗细线的线宽比例为 2 : 1。

为了保证图样清晰、易读和便于缩微方便,应尽量避免在图样中出现宽度小于 0.18 mm 的图线。

表 1.3　图线

图线代码 No	图线名称	线型	用　途
01.1	细实线	 ——————————	尺寸线、尺寸界线、剖面线、重合断面的轮廓线、螺纹牙底线、齿轮的齿根线、辅助线、过渡线等
	波浪线	 〰〰	断裂处的边界线、视图和剖视图的分界线
	双折线	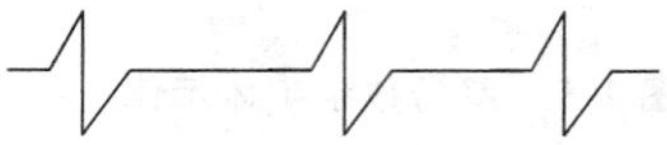 ⌇⌇⌇	断裂处的边界线
01.2	粗实线	——————	可见轮廓线、可见棱边线、可见相贯线等
02.1	细虚线	 — — — — —	不可见轮廓线、不可见相贯线等
02.2	粗虚线	▬ ▬ ▬ ▬	允许表面处理的表示线
04.1	细点画线	 — · — · —	轴线、对称中心线、分度圆及分度线、中心线、剖切线
04.2	粗点画线	▬ · ▬ · ▬	限定范围表示线
05.1	细双点画线	 — ·· — ·· —	相邻辅助零件的轮廓线、可动零件的极限位置的轮廓线、剖切面前的结构轮廓线、轨迹线等

2. 图线的画法及注意点

（1）两条平行线之间的最小间隙不得小于 0.7 mm。

（2）在较小的图形上绘制细点画线或双点画线有困难时,可用细实线代替。

（3）绘制圆的对称中心线时,圆的中心线应是长画的交点。点画线和双点画线的首、末端应是长画,而不是点。

（4）轴线、对称线、中心线、双折线和作为中断线的双点画线,应超出轮廓线 2～5 mm。虚线、点画线、双点画线的短画、长画的长度和间隔应各自大小相等。

（5）细点画线、细双点画线、细虚线、粗实线彼此相交时,都应交于画线处,不应留空,如图 1.11 所示。

（6）两种图线重合时,只需画出其中一种,优先顺序为:可见轮廓线,不可见轮廓线,对称中心线,尺寸界线。

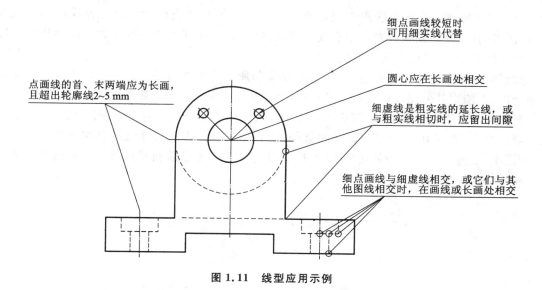

图 1.11 线型应用示例

1.1.5 尺寸注法

图形仅表示机件的形状,而机件的大小必须通过标注尺寸确定。尺寸是图样中的主要内容之一,标注尺寸是一项重要的工作,必须认真细致,一丝不苟。

国家标准 GB/T 4458.4—2003《机械制图 尺寸注法》及 GB/T 16675.2—2012《技术制图 简化表示法 第 2 部分:尺寸注法》规定了尺寸标注的基本规则、形式和组成等。

1. 基本规则

(1) 机件的真实大小应以图样上所注的尺寸数值为依据,与图形的大小及绘图的准确度无关;

(2) 图样中的尺寸,以 mm 为单位时,不需标注计量单位的代号和名称,如采用其他单位,则必须注明相应的计量单位的代号或名称;

(3) 图样中所标注的尺寸,为该图样所示机件的最后完工尺寸,否则应另加说明;

(4) 机件的每一尺寸,一般只标注一次,并应标注在反映该结构最清晰的图形上。

2. 尺寸组成

一个完整的尺寸一般应包括尺寸界线、尺寸线(包括箭头或斜线)和尺寸数字(包括其他符号)三个基本要素,如图 1.12 所示。

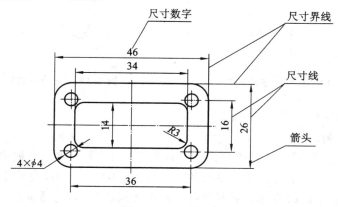

图 1.12 尺寸要素

（1）尺寸界线　尺寸界线用来表示所注尺寸的起始和终止位置。尺寸界线用细实线表示，由图形的轮廓线、轴线或对称中心线处引出，也可以直接利用这些线代替。尺寸界线一般应与尺寸线垂直，必要时也允许倾斜于尺寸线。

（2）尺寸线　标注线性尺寸时，尺寸线必须与所标注的线段平行。尺寸线必须用细实线单独画出，不能用其他图线代替，也不得与其他图线重合或画在其他图线的延长线上。

尺寸线的终端有两种形式：箭头和斜线。箭头适用于各种类型的图样，同一张图样上箭头大小要一致，一般采用一种形式。圆的直径、圆弧半径及角度的尺寸线的终端形式应画成箭头，如图 1.13 所示。在采用斜线形式时，尺寸线与尺寸界线必须相互垂直。机械图样一般采用箭头作为尺寸线的终端。

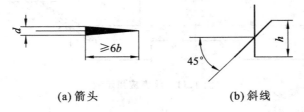

(a)箭头　　　　　　　　(b)斜线

图 1.13　尺寸终端形式

（3）尺寸数字　尺寸数字表示尺寸的数值，必须按标准字体书写，且同一张图纸上的字高度应一致。线性尺寸的数字一般应注写在尺寸线的上方，也允许注写在尺寸线的中断处。尺寸数字应按图 1.14 所示的方向注写，并应尽可能避免在 30°范围内标注尺寸，当无法避免时，可按图 1.15 所示的形式标注。

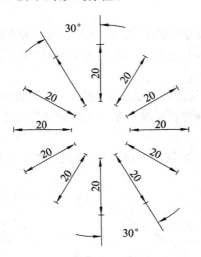

图 1.14　尺寸数字的方向

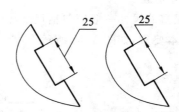

图 1.15　30°范围内标注尺寸

3. 常见尺寸的注法

1）直线段尺寸的注法

标注直线段尺寸时，尺寸线必须与所标注的线段平行。尺寸界线一般应与尺寸垂直，并超出轮廓线 2 mm 左右。当有几条相互平行的尺寸线时，小尺寸在内，大尺寸在外，避免尺寸线与尺寸界线交叉，如图 1.12 所示。各尺寸线之间的距离要均匀，间隔应大于 5 mm。

2）角度、弦长及弧长尺寸注法

角度尺寸的尺寸界线沿径向引出,尺寸线为圆弧状,其圆心是角的顶点,角度数字一律水平书写在尺寸线的上方或外侧,也可以注写在尺寸线的中断处,必要时也可引出标注,如图1.16所示。弦长和弧长尺寸的尺寸界线应平行于该弧的弦的垂直平分线。弦长的尺寸线平行于该弦;弧长的尺寸线为所注圆弧的同心弧,并在尺寸数字前加注符号"⌒"。尺寸数字写在尺寸线上方或左侧,如图1.17所示。

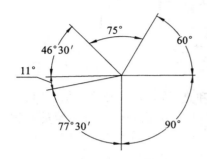

图 1.16　角度尺寸注法

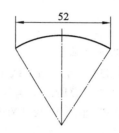

图 1.17　弦长尺寸注法

3）圆、圆弧及球面尺寸注法

大于一半的圆弧标注直径尺寸;小于一半的圆弧标注半径尺寸。标注直径尺寸时,尺寸线通过圆心画出,且在尺寸线前加符号"ϕ"。标注半径尺寸时,尺寸线通过圆心画出,且在尺寸线前加符号"R"。如图1.18所示。

当圆弧的半径过大或在图纸范围内无法注出其圆心位置时,可采用折线形式标注;当圆心位置不需注明时,尺寸线可只画靠近箭头的一段,如图1.19所示。

标注球面尺寸时,需要在"ϕ"或"R"前加球面符号"S",如图1.20所示。

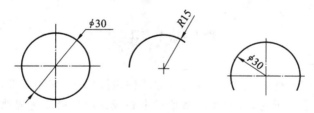

图 1.18　圆和圆弧尺寸注法

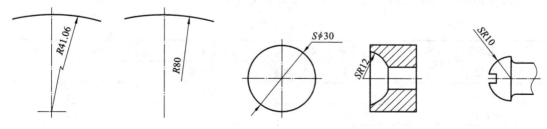

图 1.19　大圆弧尺寸注法　　　　　图 1.20　球面尺寸注法

4）小尺寸的注法

尺寸界线之间没有足够位置画箭头时,可把箭头或数字放在尺寸界线的外侧;当几个小尺寸连续标注而无法画箭头时,可用斜线或实心圆点代替。如图1.21所示。

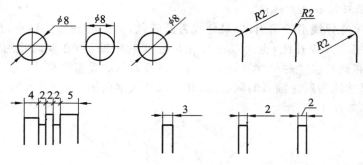

图 1.21　小尺寸注法

5) 均布孔的注法

均匀分布的孔,可用指引线引出,标注其个数和直径,并在基准线下加注"均布"的缩写词"EQS",如图 1.22(a)所示。若均匀分布的孔中,有些孔的圆心位于分布圆的对称中心线上,则可省略"EQS",如图 1.22(b)所示。

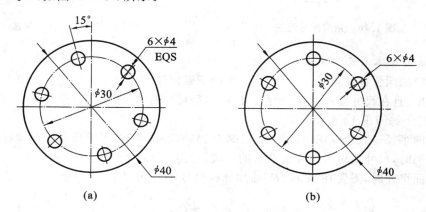

图 1.22　均布孔注法

6) 对称机件注法

可以对称机件的中心线为尺寸基准,将对称结构整体标注,如图 1.23(a)所示。对称机件的图形只画一半或大于一半时,尺寸线应略超过中心线或断裂处的边界线,此时仅在尺寸线的一端画出箭头,如图 1.23(b)所示。

在尺寸标注中所用到的一些尺寸符号如表 1.4 所示。

表 1.4　尺寸符号

名称	符号和缩写词	名称	符号和缩写词
直径	ϕ	45°倒角	C
半径	R	深度	↓
球直径	$S\phi$	沉孔或锪平	⊔
球半径	SR	埋头孔	∨
厚度	t	均布	EQS
斜度	∠	长方形	□
锥度	◁	弧长	⌒

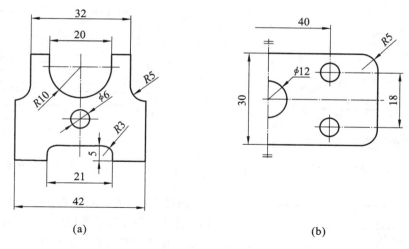

(a)　　　　　　　　　　　　　　　　　　　　　(b)

图 1.23　对称机件注法

1.2　尺规绘图工具和仪器的用法

绘制机械图样可采用仪器绘图、徒手绘图、计算机绘图三种方法。由于仪器绘图需要依靠绘图仪器和制图工具作图,所以人们常将仪器绘图又称为尺规绘图。在尺规绘图中,正确使用绘图工具及仪器,既能保证绘图质量,又能提高绘图效率。下面对几种常用的绘图工具及仪器做简单介绍。

1.2.1　绘图铅笔

绘图时常用的铅笔分为软、硬两种,其中字母 B 表示软铅笔,H 表示硬铅笔。H 前面的数值越大,铅芯越硬;B 前面的数值越大,铅芯越软。HB 表示软硬度介于 B 和 H 之间。通常打底稿用 H 型或 2H 型铅笔,写字选用 H 型或 HB 型铅笔,铅芯削成圆锥形。加深时,粗实线常用 B 型铅笔,铅芯削成扁平的矩形;画细实线、点画线和虚线时常用 HB 型铅笔。加深用的圆规铅芯比画直线的铅芯软一级。注意同类型的线条粗细、浓淡应保持一致。实际使用时可参照表 1.5。

表 1.5　铅笔芯的选用及磨削

用途	铅笔			圆规用铅芯	
	画细线	写字	画粗线	画细线	画粗线
型号	H 或 2H	HB	HB 或 B	H 或 HB	B 或 2B
磨削形状	圆锥形		矩形	楔形	四棱柱形

1.2.2　图板、丁字尺和三角板

图板为矩形木板,供绘制图样时使用。绘图时用胶带纸将图纸固定在图板上。图板表面必须平坦、光滑,左右两边必须平直,作为丁字尺的导边,如图 1.24 所示。

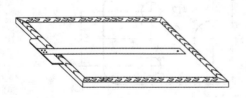

图 1.24　图板和丁字尺

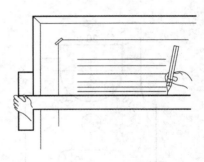

图 1.25　用丁字尺画水平线

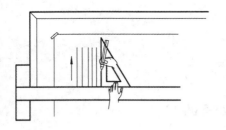

图 1.26　垂直线的画法

丁字尺由尺头和尺身相互垂直固定在一起,主要用来画水平线,或作为三角板移动的导边。使用时,用左手扶住尺头,使尺头工作边靠紧图板的左侧沿导边上下滑动,移至所需位置。用左手压紧尺身,从左至右画水平线,如图1.25所示。垂直线从下至上画,如图 1.26 所示。

三角板分别具有 45°、30° 和 60° 角,三角板与丁字尺配合使用,可绘制垂直线和 15° 倍角的斜线,如图 1.27 所示。

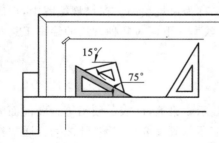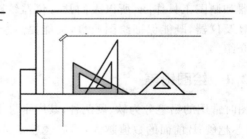

图 1.27　三角板的用法

1.2.3　圆规和分规

圆规是画圆或圆弧的仪器。有大圆规、弹簧规和点圆规等。大圆规的一条腿装有钢针,另一条腿可装插腿或鸭嘴插腿。圆规两腿并拢后,针尖应略高于铅芯尖。画图时,应将钢针插入图板内,使圆规向前进方向稍微倾斜,并用力均匀,转动平稳。当画较大直径的圆时,应尽量使圆规两脚垂直于纸面,如图 1.28 所示。

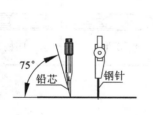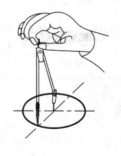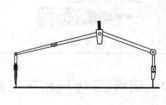

图 1.28　圆规

分规是用来等分和量取线段的。分规两腿并拢后,两针尖应能对齐,以等分线段、量取尺寸,如图 1.29 所示。

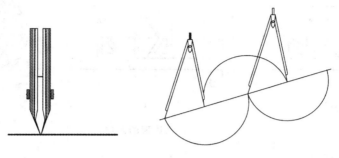

图 1.29　分规的使用

1.2.4　比例尺

比例尺即三棱尺(见图 1.30),可供绘制不同比例的图形使用。使用时,将比例尺放在图纸的作图部位,根据所需的刻度用笔尖在图纸上做记号,也可以使用分规在其上量取,随后在图上截取。

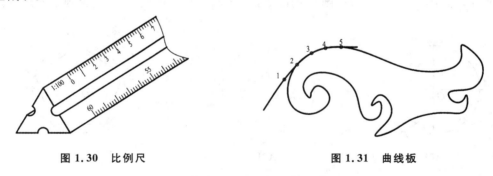

图 1.30　比例尺　　　　　　　　　　图 1.31　曲线板

1.2.5　曲线板

曲线板用于绘制不规则的非圆曲线,如图 1.31 所示。使用时,应先将各已知点徒手轻轻连接成光滑的曲线,选用曲线板上一段与相邻四个点吻合较好的轮廓,画线时先连接前三点,然后再连续吻合后面未连接的四个点,仍连接前三点,这样中间有一段是重复的,依次做下去可连接出光滑的曲线。

除上述工具和仪器外,在绘图时还需要准备模板、擦图片、胶带纸、铅笔刀、橡皮等工具。

1.3　几 何 作 图

无论图形多么复杂,都是由基本几何图形组成的,熟悉和掌握常见几何图形的画法,可以提高绘图质量和速度。

1.3.1　正多边形

1. 正六边形的画法

已知正六边形的外接圆直径,可用丁字尺和三角板配合作图,如图 1.32(a)、(b)所示;也可以用分规等分圆周作图,如图 1.32(c)所示。

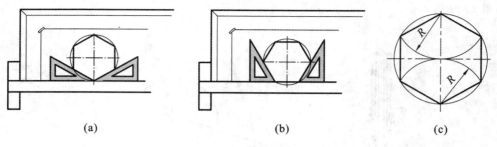

图 1.32　正六边形的画法

2. 正五边形的画法

已知外接圆直径,作正五边形,如图 1.33 所示。

作图步骤:

(1) 以 B 为圆心,OB 为半径,画弧交正五边形外接圆 O 于 E、F 两点,连接 E、F,EF 与 OB 交于点 M;

(2) 以 M 为圆心,CM 为半径画弧,得交点 N,CN 线段长即为五边形边长;

(3) 自 C 点起,用 CN 长截取圆 O 的圆周,得点 2、3、4、5,依次连接,即得到正五边形。

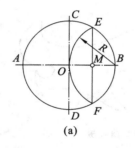 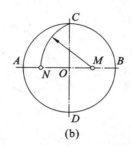 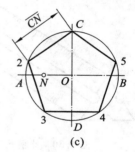

图 1.33　正五边形的画法

1.3.2　斜度和锥度

1. 斜度

斜度是指直线(平面)对直线(平面)的倾斜程度,其大小由这两条直线(两个平面)间夹角的正切表示,在图样中常以 $1:n$ 的形式与斜度符号一起标注。斜度的画法及标注如图 1.34 所示。

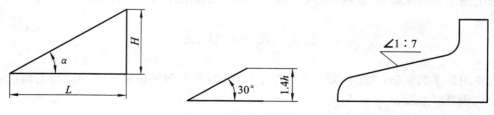

图 1.34　斜度的画法及标注

2. 锥度

锥度是两个垂直于圆锥轴线的圆截面的直径差与该两截面间的轴向距离之比,其数值一般写成 1∶n 的形式,并与锥度符号一起标注,如图 1.35 所示。

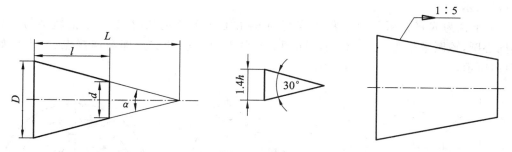

图 1.35 锥度的画法及标注

1.3.3 椭圆

椭圆是工程中常用的平面曲线,常采用"四心法"近似画出(即由四段圆弧连接而成,如图 1.36 所示)。其具体作图步骤如下:

(1) 根据已知长轴和短轴线段长度,确定出 A、B、C、D 点;

(2) 以 O 为圆心、OA 为半径画弧,交短轴延长线于 E 点;连接 AC,以 C 为圆心,CE 为半径画弧,交 AC 于 F 点,目的是为了在线段 AC 上定出 F 点(CF 的长度为长轴与短轴之差),如图 1.36(a)所示;

(3) 作线段 AF 的中垂线,交长轴 OA 于 O_1 点,交短轴 OD 于 O_2 点,并分别找出 O_1、O_2 对称点 O_3、O_4,如图 1.36(b)所示;

(4) 连接 O_1O_2、O_1O_4、O_2O_3、O_3O_4,分别以 O_1、O_2、O_3、O_4 为圆心,O_1A、O_2C 为半径画弧,即得椭圆,如图 1.36(c)所示。

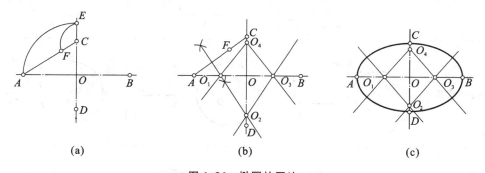

| (a) | (b) | (c) |

图 1.36 椭圆的画法

1.3.4 圆弧连接

绘制图形时,经常遇到用一已知半径的圆弧光滑地连接相邻的已知直线或圆弧的作图问题。常见的连接形式有:直线与圆弧连接;圆弧与圆弧连接。为了保证连接光滑,作图时必须准确找到连接圆弧的圆心和连接点(切点)。

1. 圆弧连接的作图原理

(1) 半径为 R 的圆弧与直线相切,圆弧的圆心轨迹是与已知直线平行且相距为 R 的直线。自连接弧的圆心向已知直线作垂线,其垂足就是连接点(切点),如图 1.37(a)所示。

(2) 半径为 R 的圆弧与圆心为 O、半径为 R_1 的已知圆弧外切时,其圆心的轨迹为已知圆

弧的同心圆,该圆的半径为 R_1+R,两圆弧圆心连线与已知弧的交点即为连接点(切点),如图
1.37(b)所示。

（3）半径为 R 的圆弧与圆心为 O、半径为 R_1 的已知圆弧内切时,其圆心的轨迹为已知圆
弧的同心圆,该圆半径为 R_1-R,两圆弧圆心连线与已知弧的交点即为连接点(切点),如图
1.37(c)所示。

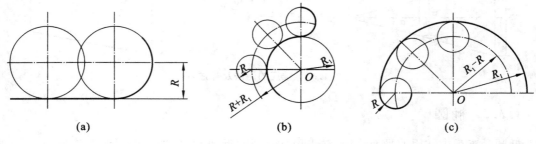

| (a) | (b) | (c) |

图 1.37　圆弧连接的作图原理

2. 圆弧连接的应用举例

常见的各种圆弧连接的作图方法和步骤见表 1.6。

表 1.6　各种圆弧连接的作图举例

连接要求	作图方法和步骤		
	求圆心 O	求切点 K_1、K_2	画连接圆弧
连接直线与直线			
连接直线和圆弧			
外接两圆弧			
内接两圆弧			

1.4　平面图形的线段分析及绘图步骤

平面图形通常是由直线、圆和圆弧组成的一个或数个封闭线框。在绘图时应首先分析平面图形的构成,根据所注尺寸分析各线段的性质以及线段之间的相互关系确定绘图步骤,正确标注尺寸。

1.4.1　平面图形的尺寸注法

尺寸标注要在图形分析的基础上进行,标注的要求是正确、完整、清晰。正确是指按国家标准规定标注尺寸;完整是指尺寸要齐全,不重复,不遗漏;清晰是指尺寸标注在反映结构形状最明显的图形上,安排有序,书写清楚。标注的具体步骤是:首先选择基准,然后标注定形尺寸和定位尺寸,最后进行检查调整。

1. 基准

确定平面图形的尺寸位置的几何元素(点或线)称为基准。通常将图形中的对称图形、较大圆的中心线和重要的轮廓线等作为基准,如图 1.38 所示的手柄的高度尺寸基准和宽度尺寸基准即按此方法确定。

2. 定形尺寸

确定平面图形上各几何元素形状大小的尺寸称为定形尺寸。如直线的长度、圆及圆弧的直径或半径、角度等。如图 1.38 中的 15、$R10$、$R15$、$R12$、$R50$、$\phi20$、$\phi5$ 等均为定形尺寸。

3. 定位尺寸

确定平面图形上几何元素之间相对位置的尺寸称为定位尺寸。如图 1.38 中的 $\phi5$ 小圆位置尺寸 8 和 $R10$ 位置尺寸 57。

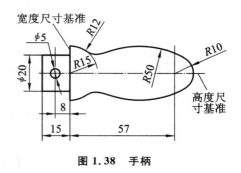

图 1.38　手柄

1.4.2　平面图形中线段分类和作图顺序

平面图形中各线段的绘制顺序与线段的性质有关。确定平面图形中的任一线段,一般需要三个条件(两个定位尺寸,一个定形尺寸);绘制任意一个圆,需要知道圆心的两个坐标和圆的直径。因此,凡已知上述三个条件的线段(圆弧)称为已知线段(圆弧),如图 1.38 中的 $\phi5$ 和 $R15$;已知定形尺寸和一个定位尺寸,并有一个连接关系的线段(圆弧)称为中间线段(圆弧),如图 1.38 中的 $R50$;仅已知定形尺寸,并有两个连接关系的线段(圆弧)称为连接线段(圆弧),如图 1.38 中的 $R12$。

1.4.3　绘图的方法和步骤

画平面图形时,应按线段的性质先画已知线段,再画中间线段,最后画连接线段,各步骤如图 1.39 所示。

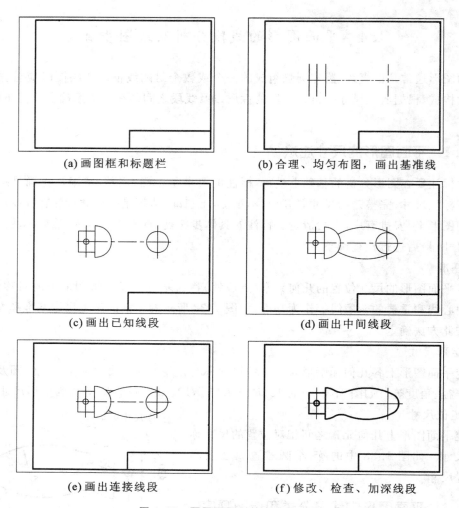

(a) 画图框和标题栏　　　　　　　(b) 合理、均匀布图，画出基准线

(c) 画出已知线段　　　　　　　　(d) 画出中间线段

(e) 画出连接线段　　　　　　　　(f) 修改、检查、加深线段

图 1.39　画平面图形的方法及步骤

1.5　徒　手　绘　图

　　在实际工作中，常会遇到一些情况，如需要现场测绘零部件和机器、讨论设计方案与交流设计意图、及时记录创造性想法等，在这些场合，要求徒手迅速记录信息。这时工程技术人员需按目测形状、大小及各部分间的比例徒手绘制相应的图样，一般将这种图样称为草图。因此，徒手画草图也是工程技术人员必备的基本技能。

　　所谓草图并不是潦草从事所画的图样，而是不用绘图工具，通过目测估计图形与实物的比例，按一定的画法要求徒手绘制的图样。画草图的要求是：图线清晰，线型正确，各部分比例协调，尺寸标注齐全而准确，书写工整，绘图速度快。

　　徒手画图时，一般采用 HB 型或 B 型铅笔，以及印有方格的表格纸。徒手画草图时的基本要领如下。

　　（1）如采用表格纸，则应尽量使图形中的直线与分格线重合，并通过格线来控制图形（或视图）间的投影对应关系。对于 30°、45°、60°等特殊角度的斜线，可根据其斜率，按它们的近似正切值 3/5、1、5/3 借助方格画出,如图 1.40 所示。

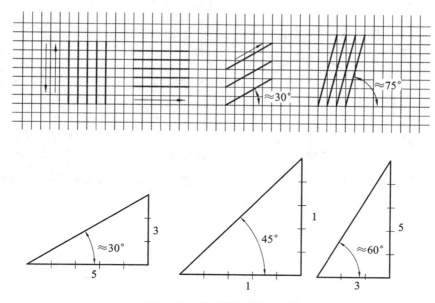

图 1.40　徒手画直线的方法

(2) 画线时运笔力求自然,看清笔尖前进的方向,随时注视线段的终端,以控制图线。画直线时,以顺手为原则,图纸可斜着放,铅笔向运动方向倾斜。画短线时,以手腕运笔;画长线时,则以手臂动作,如图 1.41 所示。

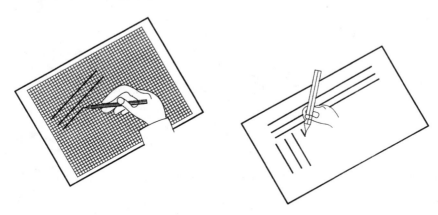

图 1.41　运笔姿势

(3) 画圆时,可先按半径在中心线上截取四个点,再分四段连贯而成。对于较大的圆,也可另作两条通过圆心且与水平线成 45° 的斜线,在斜线上再取四点,分成八段画出,如图1.42所示。

(4) 画椭圆及圆角时,先定出若干个点,再分段连贯地画出,如图 1.43 所示。

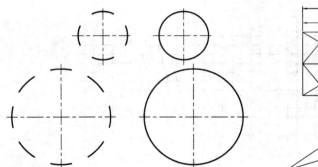

图 1.42　徒手画圆的方法和步骤

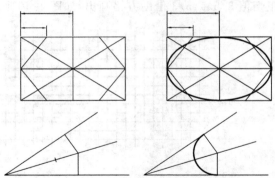

图 1.43　徒手画椭圆和圆角的方法和步骤

第2章 点、直线、平面的投影

2.1 投 影 法

2.1.1 投影法概述

在日常生活中,空间物体在太阳光或灯光照射下,会在地面或墙壁上留下影子,影子可以完全或部分反映物体的形状,这就是一种投影现象。人们对这一现象进行了研究,经过科学的抽象,提出了在平面上表示物体形状的方法,建立了投影法。所谓投影法是指投射线通过物体,向选定的平面进行投射,在该面上得到图形的方法。由投影法得到的图形称为投影,在投影法中得到投影的面称为投影面。如图2.1所示,通过空间点 A 的投射线与投影面 H 相交于点 a,则 a 称作空间点 A 在投影面 H 的投影。

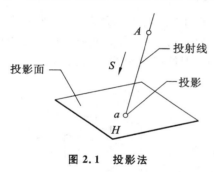

图 2.1 投影法

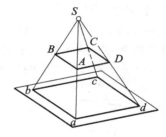

图 2.2 中心投影法

2.1.2 投影法的分类

按照投射线的类型(平行或汇交),投影法可以分为两类:中心投影法和平行投影法。

1. 中心投影法

如图2.2所示,投射中心位于有限远处,投射线汇交于一点的投影方法,称为中心投影法,所得到的投影称为中心投影。中心投影法主要用于绘制建筑物或产品的富有真实感的立体图。

2. 平行投影法

如果将中心投影法的投射中心移至无穷远处,则所有投射线可视为相互平行,这种投影法称为平行投影法,如图2.3所示。在平行投影法中,平行移动物体时,其投影的形状和大小都不会改变。平行投影法按投射方向与投影面是否垂直,可分为正投影法和斜投影法。投射线与投影面相垂直的平行投影法称为正投影法(见图2.3(a)),投射线与投影面相倾斜的平行投影法称为斜投影法(见图2.3(b))。本书将正投影简称为投影。平行投影法主要用于绘制工程图样。

正投影法的主要特性如下:

(1)类似性 物体上倾斜于投影面的平面图形的投影为缩小的类似形,倾斜于投影面的直线段为缩短了的直线段。如图2.4(a)所示,直线 AB 倾斜于投影面 V,其投影 $a'b' < AB$;平

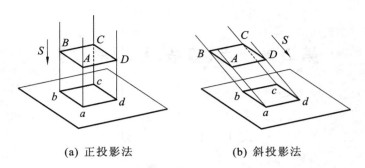

(a) 正投影法　　　　　　(b) 斜投影法

图 2.3　平行投影法

面 P 倾斜于投影面 V,其投影 p' 为缩小的类似形。这种投影性质称为投影的类似性。

应当注意,类似形不是相似形,但图形最基本的特征不变。如多边形的投影仍为顶点数相同的多边形,且物体的平行投影仍互相平行。

(2) 实形性　直线平行于投影面,则直线在该投影面上的投影反映实长。平面平行于投影面,则平面在该投影面上的投影反映实形,如图 2.4(b)所示:直线 AB 平行于投影面 V,则投影 $a'b'$ 反映直线 AB 的实长;平面 R 平行于投影面 V,则投影 r' 反映平面 R 的实形。直线和平面的这种投影性质称为投影的实形性。

(3) 积聚性　直线垂直于投影面,则直线在该投影面上的投影积聚为一点;平面垂直于投影面,则平面在该投影面上的投影积聚为一条直线。如图 2.4(c)所示:直线 AB 垂直于投影面 V,则投影积聚为一点 $a'(b')$;平面 Q 垂直于投影面 V,则投影积聚为一直线段 q'。直线和平面的这种投影性质称为投影的积聚性。

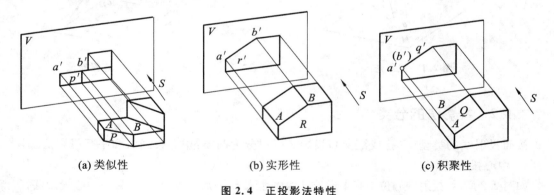

(a) 类似性　　　　　　　(b) 实形性　　　　　　　(c) 积聚性

图 2.4　正投影法特性

(4) 直线投影的平行性和定比性　物体上相互平行的线段,其投影也相互平行,平行两线段之比等于其投影之比。

2.1.3　工程上常用的投影图

1. 多面正投影图

多面正投影图是用多个投影图来表达各个表面的投影图,由这些投影唯一确定该几何原型的空间形状。这种图形的优点是度量性好,可反映真实图形,作图简便,适用于表达设计施工思想的技术文件;其缺点是直观性不强,需要掌握一定的投影知识才能看懂。它是工程设计的主要表达方式,由于其度量性方面的突出优点,在机械制造行业和其他工程部门中被广泛采用。

采用正投影法时,常使几何体的主要平面与相应的投影面相互平行,这样画出的投影图能够反映出这些平面的实形。因此,可以从图上直接得到空间几何体的尺寸。图 2.5(a)所示为对某一几何体用正投影法分别向三个投影面投射的直观图,图 2.5(b)是其展开后的三个正投影图。

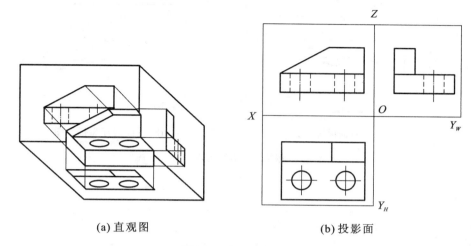

(a) 直观图　　　　　　　　　　　　　(b) 投影面

图 2.5　多面正投影图

2. 轴测投影图

用平行投影法,将物体连同确定该物体的直角坐标系一起沿不平行于任意坐标平面的方向投射到单一投影面上,所得到的图形称为轴测投影图,简称轴测图,如图 2.6 所示。

轴测投影图是一种单面投影图。它虽然度量性差、作图较复杂,但直观性好,工程上常将轴测投影图作为辅助图样。

3. 标高投影图

利用正投影法获得空间几何元素的投影后,再用数字标出空间几何元素对投影的距离,以在投影图上确定空间几何元素的几何关系,这样得到的投影图称为标高投影图。图 2.7 表

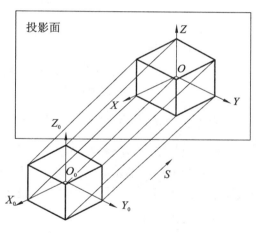

图 2.6　轴测投影图的形成

示某曲面标高投影的形成过程,图 2.7(b)是该曲面标高投影图中一系列标有数字的曲线,称为等高线。标高投影图常用来表示不规则曲面,如船舶、飞行器、汽车外壳曲面及地形等。

4. 透视投影图

透视投影图是根据中心投影法绘制的,它与照相成影的原理相似,图形接近于视觉映像,所以透视图逼真、直观性强。图 2.8 是某一几何体的一种透视投影图。由于采用的是中心投影法,所以空间平行的直线有的在投影后就不再平行。

透视投影图广泛用于工艺美术及宣传广告图样。虽然它直观性强,但由于作图复杂且度量性差,故在工程上只用于土建工程及大型设备的辅助图样。利用计算机绘制透视投影图,可避免人工作图过程的复杂性,因此,在某些场合也广泛地采用了透视投影图,以利用其直观性强的优点。

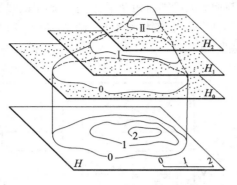

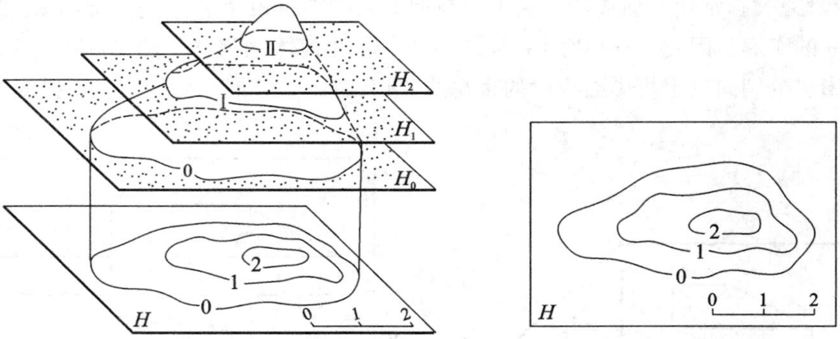

(a) 曲面标高投影的形成　　　　　(b) 曲面的标高投影图

图 2.7　标高投影

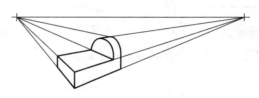

图 2.8　透视投影图

2.2　三视图的形成及其投影规律

2.2.1　分角的概念

　　两投影面体系的两个投影面把空间分为四个部分,这四个部分称为四个分角,如图 2.9 所示。在两投影面体系的基础上添加一个与两个投影面都垂直的第三个投影面,就组成了三投影面体系。三投影面体系的三个投影面把空间分成了八个分角。

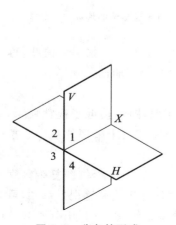

图 2.9　分角的形成

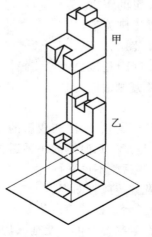

图 2.10　一个投影不能
确定投影的形状

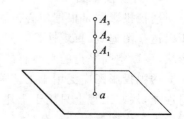

图 2.11　点的一个投影不能唯一
确定点的空间位置

2.2.2　三投影面体系与三视图

在图 2.10 中,甲、乙两物体形状不同,但在水平面上的投影是相同的,这说明仅用一个投影不能准确地表达物体的形状,因为在同一投射线上的所有点在同一投影面上有相同的投影,如图 2.11 所示。

为了准确地表达物体的形状,通常把物体放在由三个互相垂直的平面组成的三投影面体系中,如图 2.12 所示。我国采用第一分角画法,分别从三个方向向三个投影面作正投影,从而得到物体的三面投影。

在三投影面体系中,三个投影面分别称为正立投影面(简称正面,用字母 V 表示)、水平投影面(简称水平面,用字母 H 表示)、侧立投影面(简称侧面,用字母 W 表示)。两投影面的交线称为坐标轴,V 面与 H 面的交线为 X 坐标轴,代表物体的长度方向;W 面与 H 面的交线为 Y 坐标轴,代表物体的宽度方向;V 面与 W 面的交线为 Z 坐标轴,代表物体的高度方向。三根坐标轴线的交点为原点,用字母 O 表示。

用正投影法所绘制出的物体的图形称为视图。由前向后投射所得的视图称为主视图;由上向下投射所得的视图称为俯视图;由左向右投射所得的视图称为左视图。

为使三个视图能画在一张图纸上,使 V 面保持不动,H 面沿 X 坐标轴向下旋转 90°,W 面绕 Z 坐标轴向后旋转 90°(见图 2.13),从而将三个视图平放在一个平面上,如图 2.14 所示。为了简化作图,坐标轴和投影面的边线不画,各视图之间的间隔可根据需要调整,但必须保证三个视图之间的投影对应关系,如图 2.15 所示。

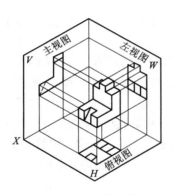

图 2.12　三投影面体系

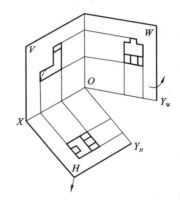

图 2.13　三投影面体系的展开方法

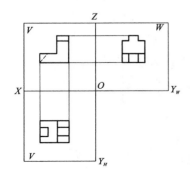

图 2.14　三投影面体系展开

图 2.15　三视图投影规律

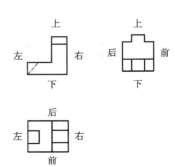

图 2.16　视图与物体的方位关系

2.2.3　三视图的投影对应关系

1. 三视图的位置关系

根据三个投影面之间的相对位置和展开的规定,三视图的位置关系是:以主视图为基准,俯视图在主视图的正下方,左视图在主视图的正右方,如图2.15所示。

2. 三视图的"三等"关系

主、俯视图都反映物体的长度;主、左视图都反映物体的高度;俯、左视图都反映物体的宽度。展开后的三视图之间存在这样的三等关系:主、俯视图"长对正",主、左视图"高平齐",俯、左视图"宽相等",如图2.15所示。"长对正、高平齐、宽相等"反映了三视图的投影对应关系,它不仅适合于整个物体的投影,也适合于物体上每个局部结构的投影。

3. 视图与物体的方位关系

方位关系是指当观察者面对 V 面看时,物体的上、下、左、右、前、后六个方位在三视图中的对应关系。如图2.16所示,主视图的上、下和左、右对应物体的上、下和左、右,俯视图反映物体的前、后和左、右,左视图反映物体的上、下和前、后。

2.3　点　的　投　影

点是最基本的几何元素,以下从点开始来说明正投影法的建立及其基本原理。

2.3.1　两投影面体系中点的投影

点的投影仍为一个点,且空间点在一个投影面上有唯一的投影。但已知点的一个投影不能唯一确定点的空间位置,至少需要两个投影才能确定。如图2.17(a)所示,在由 V、H 两互相垂直的投影面形成的两面体系中,过空间点 A 作投射线分别垂直于 V、H 两面,得出点 A 的 V 面投影 a' 和 H 面投影 a。投射线 Aa' 和 Aa 所决定的平面与 V 面和 H 面垂直相交,交线分别是 $a'a_x$ 和 aa_x,因此 $\angle a'a_xX = \angle aa_xX = 90°$。将 V、H 两投影面展开之后,这两个直角保持不变,合起来等于 $180°$,即 $a'a_xa$ 成为一条垂直于 OX 的直线(见图2.17(b))。投影面的边框对作图没有作用,可不画,得到空间点 A 在两投影面体系中的投影,如图2.17(c)所示。

从图2.17(a)可知,$Aa'a_xa$ 是一个矩形,$a'a_x$ 与 Aa 平行且相等,反映点 A 到 H 面的距离;aa_x 与 Aa' 平行且相等,反映点 A 到 V 面的距离。

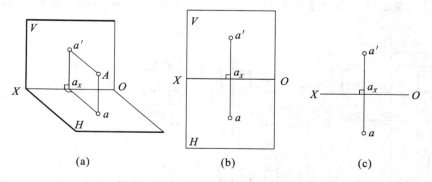

(a)　　　　　　　　　　(b)　　　　　　　　　　(c)

图 2.17　点在两面投影体系中的投影

综合以上分析,可得到点的两面投影图的特性:

(1) 点的正面投影和水平投影的连线垂直于 OX,即 $aa'\perp OX$;

(2) 点的正面投影到 OX 的距离等于空间点到 H 面的距离,点的水平投影到 OX 的距离等于空间点到 V 面的距离,如图 2.17(c)中 $a'a_X=Aa$,$aa_X=Aa'$。

2.3.2 三投影面体系中点的投影

1. 点的三面投影

由空间一点 A 在三投影面体系中分别向三个投影面 V、W、H 作投射线,投射线在 V 面、W 面、H 面的垂足称为点 A 的三面投影。如图 2.18 所示,每两条投射线分别确定一个平面,它们与三根投影轴分别交于 a_X、a_Y、a_Z 三点。

2. 点的三面投影图

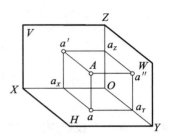

图 2.18 点的三面投影直观图

如图 2.19(a)所示,V 面不动,H 面和水平投影一起绕 X 轴向下旋转 90°与 V 面重合,W 面连同侧面投影一起绕 Z 轴往右旋转 90°与 V 面重合,得到展开后的投影图(见图 2.19(b))。原有的 Y 轴随着 H 面和 V 面的旋转,形成 Y_H 和 Y_W 两轴。在点的投影图中一般不画出投影面的边界线,也不标出投影面的名称。常见的点的投影图如图 2.19(c)所示。

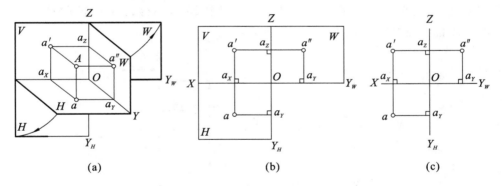

(a) (b) (c)

图 2.19 点的三面投影

约定:空间点用大写字母表示,例如 A;水平投影用相应的小写字母表示,例如 a;正面投影用相应的小写字母带"$'$"表示,例如 a';侧面投影用相应的小写字母带"$''$"表示,例如 a''。

3. 点的投影规律

由图 2.20(a)可见:

$Aa=a'a_X=a''a_Y=$ 点 A 的 Z 坐标,反映点 A 到 H 面的距离;

$Aa'=aa_X=a''a_Z=$ 点 A 的 Y 坐标,反映点 A 到 V 面的距离;

$Aa''=aa_Y=a'a_Z=$ 点 A 的 X 坐标,反映点 A 到 W 面的距离。

同时,由图 2.20(b)可见,$a'a$ 垂直于 OX,$a'a''$ 垂直于 OZ。

点的三面投影规律如下:

(1) 点的正面投影和水平投影的连线垂直于 OX,即 $aa'\perp OX$;点的正面投影和侧面投影的连线垂直于 OZ,即 $a'a''\perp OZ$。

(2) 点的水平投影到 OX 的距离等于该点的侧面投影 a'' 到 OZ 的距离,即 $aa_X=a''a_Z$。空

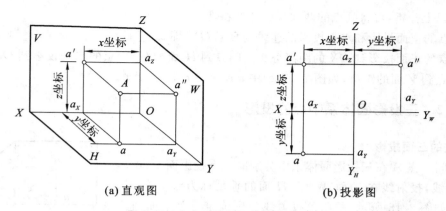

(a) 直观图　　　　　　(b) 投影图

图 2.20　点在三投影面体系中的投影

间点 A 到三个投影面的距离 Aa''、Aa'、Aa 可以用的 A 的三个直角坐标 x_A、y_A 和 z_A 表示。

例 2.1　已知空间点(18，20，25)，求作它的三面投影图并画出它的立体图。

作图

作三面投影图的步骤如下。

（1）以适当长度作水平线和垂直线，得坐标轴 OX、OY、OZ 和原点 O，如图 2.21(a)所示。

（2）自坐标原点 O 向左沿 X 轴量取 18 mm，得 a_x；过 a_x 作垂直于 X 轴的投影连线，自 a_x 向下量取 20 mm，得点 A 的水平投影 a；自 a_x 向上量取 25 mm，得点 A 的正面投影 a'；再利用 a、a' 作出点 A 的侧面投影 a''，如图 2.21(b)所示。

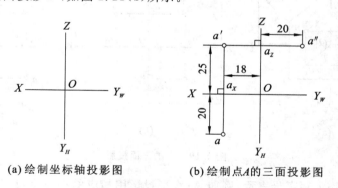

(a) 绘制坐标轴投影图　　　　(b) 绘制点A的三面投影图

图 2.21　由点的坐标求作点的三面投影

作立体图的步骤如下。

（1）以适当边长作表示 V 面的矩形，得 X 轴、Z 轴和原点 O，如图 2.22(a)所示。

（2）过原点 O 以适当长度作 45°直线作为 Y 轴，分别以 OX、OZ 为邻边作两个平行四边形表示 H 面和 W 面，如图 2.22(b)所示。

（3）根据点 A(18，20，25)，分别在坐标轴 X、Y、Z 上定出 a_x、a_Y、a_z 三点，如图 2.22(c)所示。

（4）分别过 a_x、a_Y、a_z 三点作 OY 和 OZ、OX 和 OZ、OX 和 OY 的平行线，分别在 H、V、W 面上得到三个交点 a、a'、a''，如图 2.22(d)所示。

（5）分别过 a、a'、a'' 三点作 OZ、OY、OX 的平行线，三线汇交于一点 A，即得到空间点 A 的立体图，如图 2.22(e)所示。

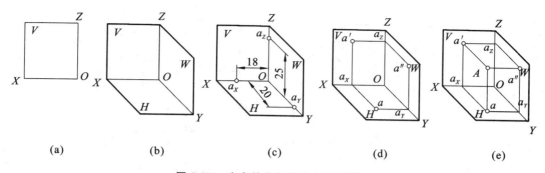

图 2.22 由点的坐标求作点的立体图

点的三面投影规律表明了点的任一投影和其余两个投影之间的关系。点的任意两个投影都反映了该点的三个坐标，因此由点的两个投影就能确定该点的空间位置。作图时利用图 2.23 所示的 45°辅助线，根据投影关系"长对正、高平齐、宽相等"，只用一对三角板即可求得该点的第三面投影。

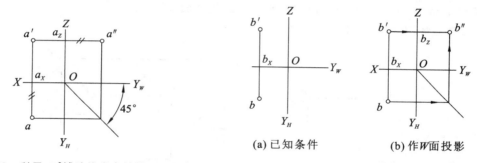

图 2.23 利用 45°辅助线求点的第三面投影

(a) 已知条件　(b) 作 W 面投影

图 2.24 已知点的两个投影求第三面投影

例 2.2 如图 2.24(a)所示，已知空间点 B 的正面投影 b' 和水平投影 b，求作该点的侧面投影 b''。

分析 由点的投影规律可知 $b'b'' \perp OZ$，所以点 b'' 一定在过点 b' 且垂直于 OZ 的直线上，又因 b'' 到 OZ 的距离 $b''b_z$ 等于 b 到 OX 的距离 bb_x，利用此关系，便可以求得 b''。

作图

(1) 过原点 O 作 45°辅助线；

(2) 过 b' 作 OZ 的垂线并延长；

(3) 过 b 作 OX 的平行线与 45°辅助线相交，过其交点向上作 OZ 的平行线与过 b' 的水平线相交，即得到 b''，如图 2.24(b)所示。

4. 两点的相对位置、重影点

1) 两点的相对位置

在三投影面体系中有 A、B 两个点，它们对投影面的相对位置确定了两点各自的坐标，而两点间的相对位置是由各方向的坐标差来决定的，如图 2.25 所示。设点 A 和点 B 的坐标分别为 (X_A, Y_A, Z_A) 和 (X_B, Y_B, Z_B)，如以点 A 为基准点，点 B 对点 A 的一组坐标差为 Δx、Δy、Δz，它们分别是 X、Y、Z 轴方向上的坐标差。其中：

Δx(X 轴方向坐标差)$=X_B-X_A$，确定两点左、右相对位置；Δy(Y 轴方向坐标差)$=Y_B-Y_A$，确定两点前、后相对位置；Δz(Z 轴方向坐标差)$=Z_B-Z_A$，确定两点上、下相对位置。Δx、

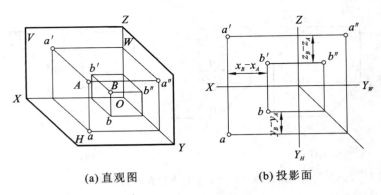

(a) 直观图　　　　　　　　　(b) 投影面

图 2.25　两点的相对位置

Δy、Δz 为正时,点 B 分别在基准点 A 的左方、前方、上方;Δx、Δy、Δz 为负时,点 B 分别在基准点 A 的右方、后方、下方。

例 2.3　已知点 A 的三面投影,如图 2.26(a)所示,并知点 B 在点 A 左方 34 mm,在点 A 上方 24 mm,在点 A 前方 20 mm 处,求作点 B 的三面投影 b、b'、b''。

作图　如图 2.26(b)所示。

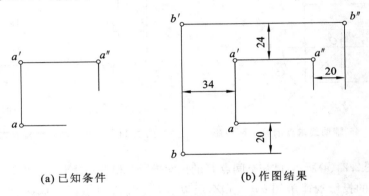

(a) 已知条件　　　　　　　　　(b) 作图结果

图 2.26　利用相对坐标作图

图中省去了坐标轴,故称为无轴投影图。在画物体的三面投影时,往往是利用相对坐标来作图的,省去了坐标轴。工程图样所使用的基本上都是这种无轴投影图。

2) 重影点

(1) 重影点的概念　若两个或两个以上的点的某一同面投影(几何元素在同一投影面上的投影称为同面投影)重合,则这些点称为对这个投影面或这个投影的重影点。如图 2.27 所示,点 A 在点 B 的正上方,这两点的水平投影重合,点 A 和点 B 称为对水平投影的重影点。同理,若一点在另一点的正前方或正后方,这两点是对正面投影的重影点;若一点在另一点的正右方或正左方,则这两点是对侧面投影的重影点。

(2) 重影点的可见性　对于某面重影点,规定与该面距离较远,即坐标值大者为可见,反之,为不可见。如图 2.27 所示,因为 $Z_A > Z_B$,故水平投影上 a 可见,b 不可见。当需要表明可见性时,对不可见点的投影加上括号。

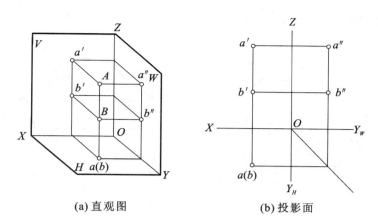

(a) 直观图　　　　　　　　　　　　　(b) 投影面

图 2.27　重影点

2.4　直线的投影

2.4.1　直线及直线上点的投影

1. 直线的投影

　　直线是无限长的。直线的空间位置可由直线上的任意两点确定。直线上任意两点之间的线段称为直线段。为了叙述方便,本课程把直线段简称为直线。直线的投影可由线上的任意两点在同一个投影面上的投影(同面投影)相连而得。例如,要作出直线 AB 的三面投影,可先作出其两端点的投影 a、a'、a'' 和 b、b'、b'',如图 2.28(a)所示,然后将其同面投影相连,即得直线的三面投影 ab、$a'b'$、$a''b''$,如图 2.28(b)所示。

　　直线与投影面的夹角称为直线对投影面的倾角。直线对 H 面的倾角用 α 表示,对 V 面的倾角用 β 表示,对 W 面的倾角用 γ 表示,如图 2.28(c)所示。

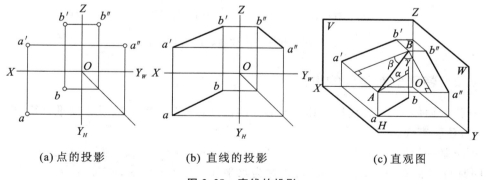

(a) 点的投影　　　　　　　　(b) 直线的投影　　　　　　　　(c) 直观图

图 2.28　直线的投影

2. 直线上的点

直线上的点分线段成定比,投影后不变。

从图 2.29 可以看出,直线 AB 上的任一点有以下投影特性。

(1) 从属性　点 K 在直线上,则该点的投影必在该直线的同面投影上。

(2) 定比性　直线上的点分直线段成定比,该点的投影分该线段的同面投影为同一比例。

如点 K 分 AB 为 $AK : KB$，则 $ak : kb = a'k' : k'b' = a''k'' : k''b = AK : KB$。

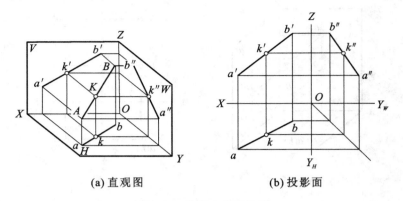

(a) 直观图　　　　　　(b) 投影面

图 2.29　直线上点的投影

例 2.4　已知直线 AB 的正面和水平投影，如图 2.30 所示，点 C 将 AB 直线分成 $2:3$ 的两段，求点 C 的投影。

分析　因点 C 将直线分成 $2:3$，则点 C 必在 AB 直线上，c 在 ab 上，c' 在 $a'b'$ 上，且 $ac : cb = a'c' : c'b' = 2 : 3$。

作图　过点 a 任作一直线 ad_0，并在此直线上以任意长度取 5 等份，得端点，在 ab_0 上取第二等分点 c_0，利用平行定比性求得 c、c'，如图 2.30(b) 所示。

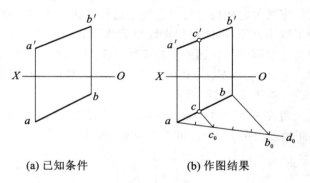

(a) 已知条件　　　　　　(b) 作图结果

图 2.30　利用定比性确定直线上的点

2.4.2　特殊位置直线的投影

在三投影面体系中，直线按其相对投影面的位置，可以分为三类：投影面平行线、投影面垂直线、一般位置直线。

平行于某一投影面，同时倾斜于另外两个投影面的直线称为投影面平行线。其中：平行于 H 面，同时与 V 面和 W 面相倾斜的直线称为水平线；平行于 V 面，同时与 H 面和 W 面相倾斜的直线称为正平线；平行于 W 面，同时与 H 面和 V 面相倾斜的直线称为侧平线。

垂直于某一投影面的直线，必平行于另外两个投影面，称为投影面垂直线。其中：垂直于 H 面的直线称为铅垂线；垂直于 V 面的直线称为正垂线；垂直于 W 面的直线称为侧垂线。

投影面平行线和投影面垂直线称为特殊位置直线。与三个投影面都相倾斜的直线称为一般位置直线。各种位置直线的投影特性分别见表 2.1、表 2.2、表 2.3。

表 2.1 投影面平行线的投影特性

直线的位置		直观图	投影图
投影面平行线	正平线	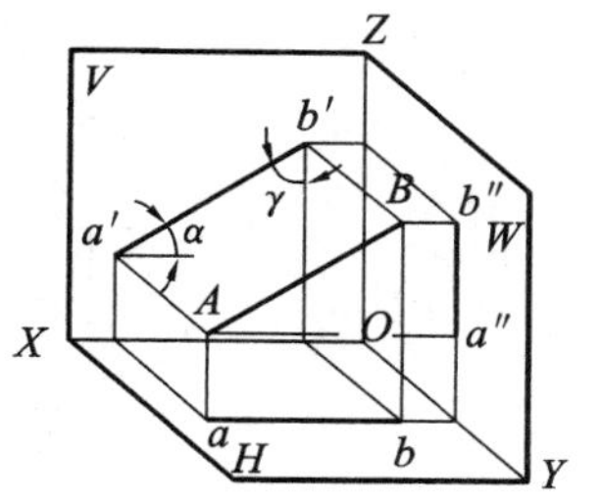	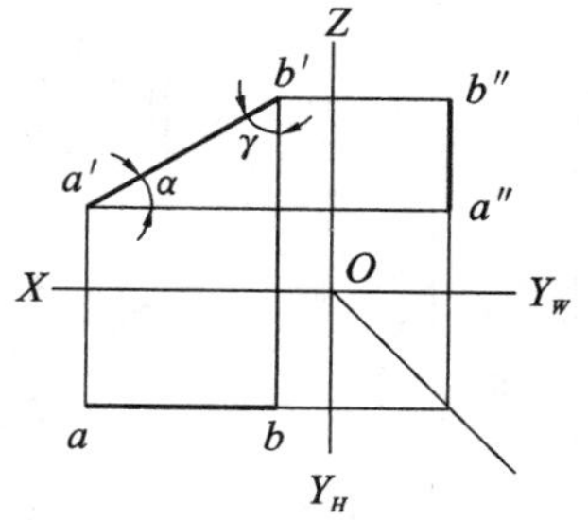

投影特性:

① 正面投影反映实长,即 $a'b'=AB$;

② 水平投影 ab 平行于 X 轴,侧面投影 $a''b''$ 平行于 Z 轴;

③ 正面投影与 X 轴的夹角等于该直线对 H 面的倾角 α,与 Z 轴的夹角等于该直线对 W 面的倾角 γ

| | 水平线 | 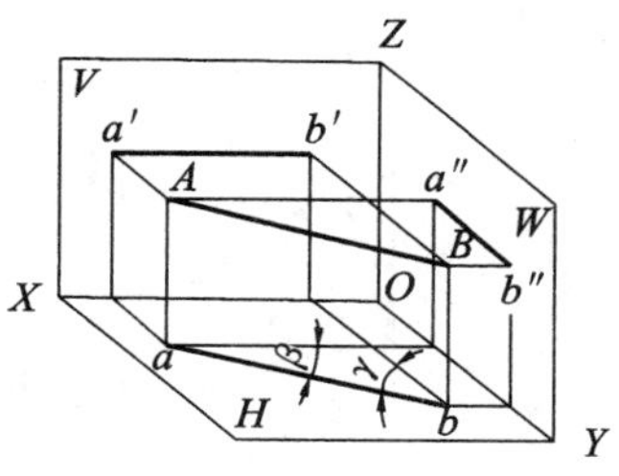 | 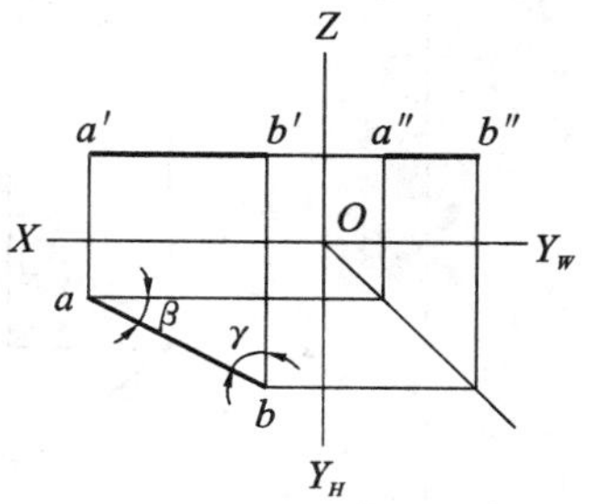 |

投影特性:

① 水平投影反映实长,即 $ab=AB$;

② 正面投影 $a'b'$ 平行于 X 轴,侧面投影 $a''b''$ 平行于 Y_W 轴;

③ 水平投影与 X 轴的夹角等于该直线对 V 面的倾角 β,与 Y_H 轴的夹角等于该直线对 W 面的倾角 γ

| | 侧平线 | 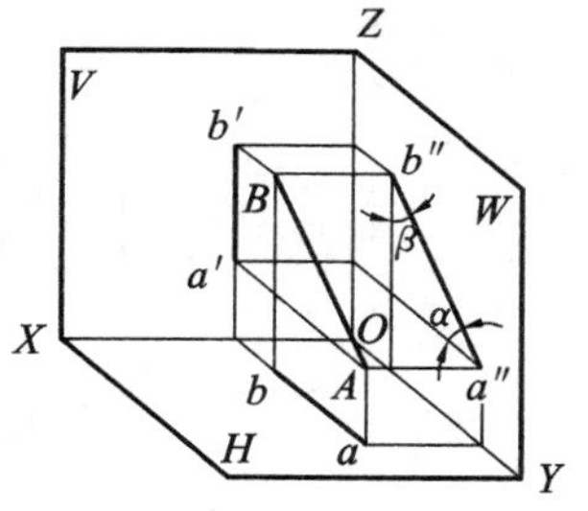 | 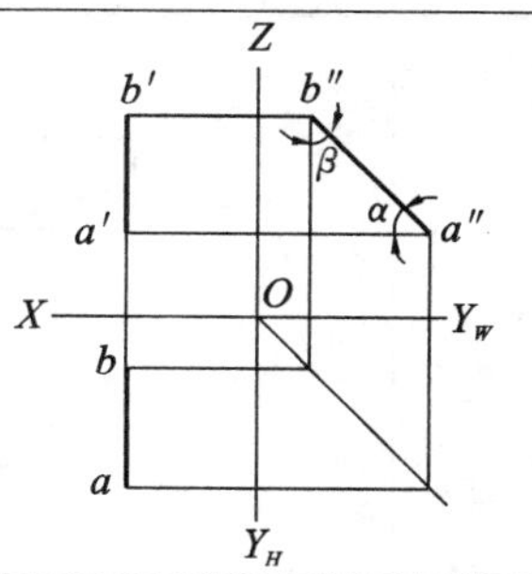 |

投影特性:

① 侧面投影反映实长,即 $a''b''=AB$;

② 正面投影 $a'b'$ 平行于 Z 轴,水平投影平行于 Y_H 轴;

③ 侧面投影与 Y_H 轴的夹角等于该直线对 H 面的倾角 α,与 Z 轴的夹角等于该直线对 V 面的倾角 β

表 2.2 投影面垂直线的投影特性

直线的位置		直观图	投影图
投影面垂直线	正垂线	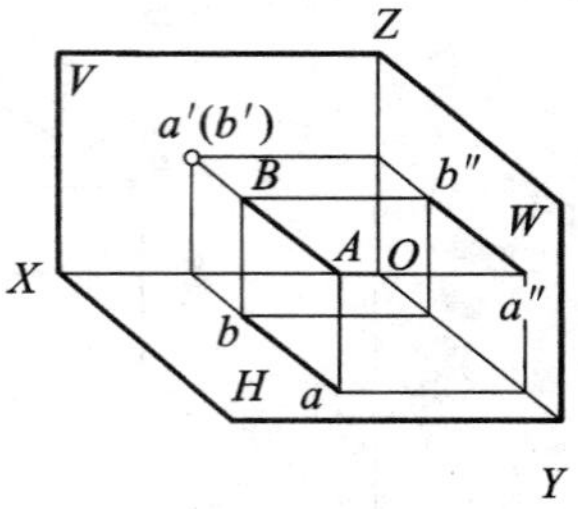	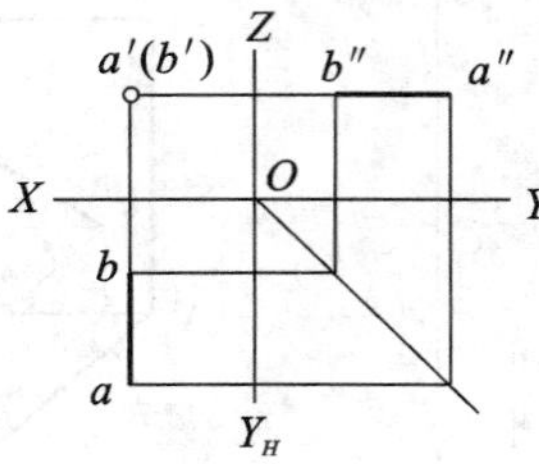

投影特性：
① 正面投影积聚为一点，即 $a'(b')$；
② 水平投影和侧面投影都垂直于相应的投影轴，且反映线段的实长，即 ab 垂直于 X 轴，$a''b''$ 垂直于 Z 轴，$ab = a''b'' = AB$

	铅垂线	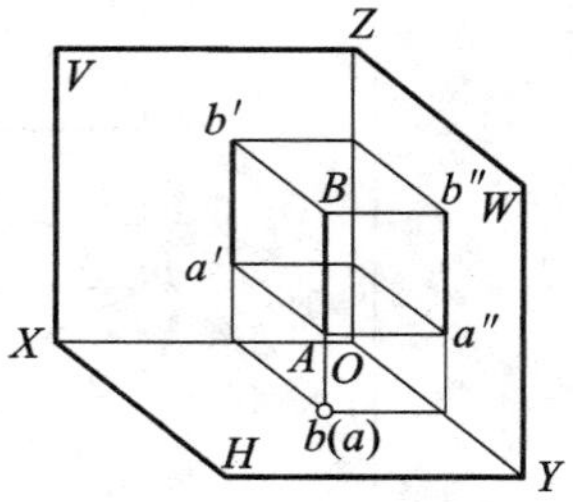	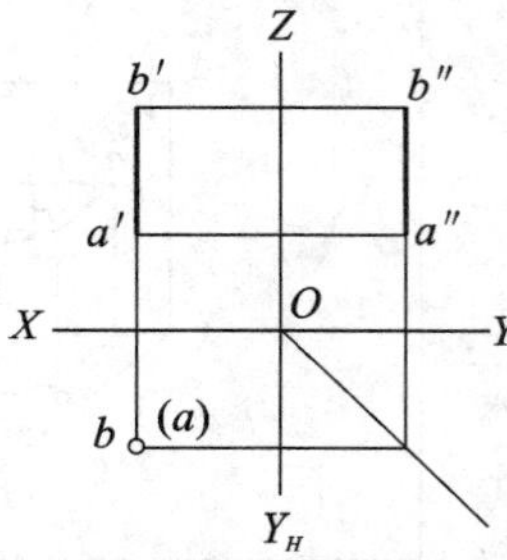

投影特性：
① 水平投影积聚为一点，即 $b(a)$；
② 正面投影和侧面投影都垂直于相应的投影轴，且反映线段的实长，即 $a'b'$ 垂直于 X 轴，$a''b''$ 垂直于 Y_W 轴，$a'b' = a''b'' = AB$

	侧垂线	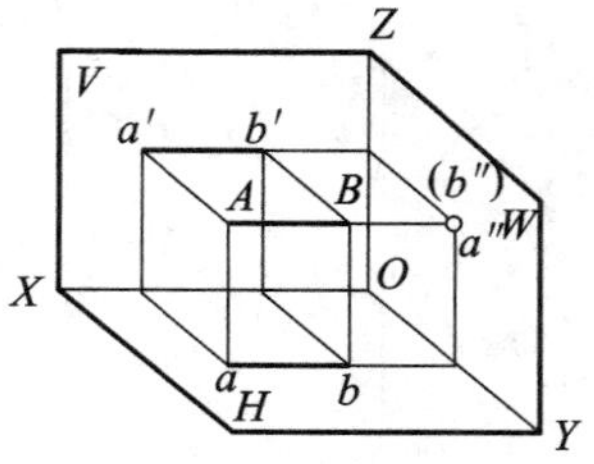	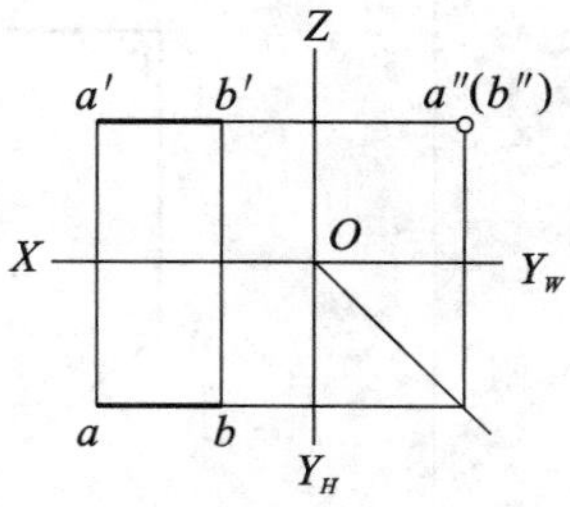

投影特性：
① 侧面投影积聚为一点，即 $a''(b'')$；
② 正面投影和水平投影都垂直于相应的投影轴，且反映线段的实长，即 $a'b'$ 垂直于 Z 轴，ab 垂直于 Y_H 轴，$a'b' = ab = AB$

表 2.3　一般位置直线的投影特性

平面的位置	直观图	投影图
一般位置直线		

投影特性：

三个投影均为小于实形的类似形，既没有积聚性，也不反映实形

2.4.3　一般位置线段的实长及其与投影面的夹角

一般位置直线的实长及与投影面夹角的真实大小要根据直线与投影面的几何关系才能求出。由图 2.28(c) 可见：

以水平投影 ab 和 Δz 为两条直角边可构成直角三角形，其斜边是直线 AB 的实长，Δz 的对角反映直线与 H 面夹角 α 的真实大小，如图 2.31(a) 所示。

以正面投影 $a'b'$ 和 Δy 为两条直角边可构成直角三角形，其斜边是直线 AB 的实长，Δy 的对角反映直线与 V 面夹角 β 的真实大小，如图 2.31(b) 所示。

以侧面投影 $a''b''$ 和 Δx 为两条直角边可构成直角三角形，其斜边是直线 AB 的实长，Δx 的对角反映直线与 W 面夹角 γ 的真实大小，如图 2.31(c) 所示。

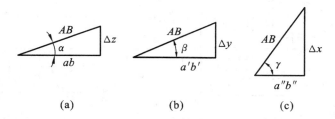

|(a)|(b)|(c)|

图 2.31　用直角三角形法求一般位置线段的实长及其对投影面的夹角

利用直线的某一投影（如水平投影 ab）和直线两端点在另一方向上的坐标差（如 Δz）为两直角边边长作直角三角形，求一般位置直线的实长及其与投影面夹角的真实大小的方法称为直角三角形法。现举例说明具体求解步骤。

例 2.5　如图 2.32(a) 所示，已知直线 AB 的两面投影 ab 和 $a'b'$，求直线 AB 的实长及直线 AB 与水平面夹角 α 的真实大小。

分析　以 AB 的水平投影 ab 和 A、B 两点的高度之差 Δz 为两条直角边构成直角三角形，其斜边是直线的实长，Δz 的对角反映直线与水平面夹角 α 的真实大小，如图 2.32(b) 所示。

作图　如图 2.32(c) 所示。

(1) 过 b_0 点作一直线垂直于 ab；

(2) 在该直线上量取 $bb_0 = \Delta z$；

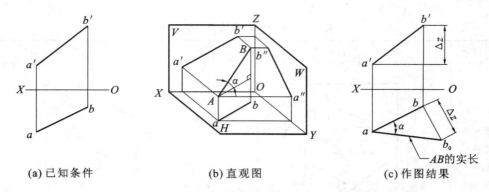

(a) 已知条件　　　　　　(b) 直观图　　　　　　(c) 作图结果

图 2.32　用直角三角形法求一般位置线段的实长及其对投影面的夹角

（3）连接 a、b_0，ab_0 即为直线 AB 的实长，直角边 bb_0 所对的夹角为直线 AB 与水平面的夹角 α。

2.4.4　两直线的相对位置

空间两直线的相对位置有平行、相交和交叉三种情况。其中，平行、相交两直线为同面直线，而交叉两直线为异面直线。

1. 两直线平行

平行两直线的投影特性为：两直线的三个同面投影都相互平行。如图 2.33 所示，如果 $AB /\!/ CD$，则 $ab /\!/ cd$、$a'b' /\!/ c'd'$、$a''b'' /\!/ c''b''$。反之，如果两直线的三个同面投影相互平行，则两直线在空间也一定相互平行。

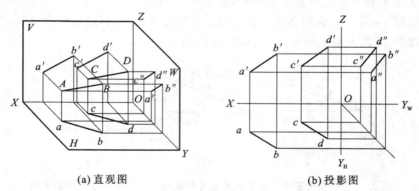

(a) 直观图　　　　　　　　　　(b) 投影图

图 2.33　两直线平行

特别注意：在投影图上判别两直线是否平行时，若两直线处于一般位置，则只需判断两直线的任意两个同面投影是否平行即可确定。如在图 2.34 中，由于直线 AB、CD 均为一般位置直线，且 $a'b' /\!/ c'd'$、$ab /\!/ cd$，则 $AB /\!/ CD$。若两直线同时平行于某一投影面，则还必须判断两直线在所平行的那个投影面上的投影是否相互平行，方能确定两直线是否平行。

例 2.6　试判断如图 2.35(a) 所示直线 AB 与 CD 是否平行。

分析　根据投影图可知直线 AB、CD 为两条侧平线，虽然 $a'b' /\!/ c'd'$、$ab /\!/ cd$，但还要判断侧面投影 $a''b''$、$c''d''$ 是否平行，这样才能确定 AB、CD 是否平行。

作图　根据直线 AB、CD 的 V、H 面投影，作它们的 W 面投影，如图 2.35(b) 所示。

判断　由于 $a''b'' /\!/ c''d''$，从而判定 $AB /\!/ CD$。

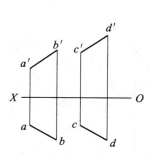

图 2.34 两直线平行

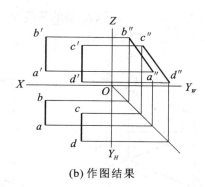

(a) 已知条件 　　(b) 作图结果

图 2.35 判断两侧平线是否平行（一）

例 2.7 试判断图 2.36(a)所示的直线 AB 与 CD 是否平行。

分析与判断 直线 AB、CD 为两条侧平线，虽然 $a'b' // c'd'$、$ab // cd$，但它们的侧面投影 $a''b''$ 与 $c''d''$ 相交，如图 2.36(b)所示，从而判定 AB 与 CD 不平行。

其余判断方法请读者自行分析。

2. 两直线相交

相交两直线的所有同面投影都相交，其各同面投影的交点符合点的投影规律。如图 2.37(a)所示，AB、CD 两直线相交于点 K，即点 K 为 AB、CD 的共有点，分别向 H、V、W 面投影时，其投影 ab 和 cd、$a'b'$ 和 $c'd'$、$a''b''$ 和 $c''d''$ 的交点 k、k'、k'' 必是交点 K 的三面投影。

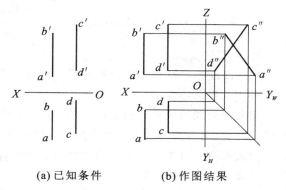

(a) 已知条件 　　(b) 作图结果

图 2.36 判断两侧平线是否平行（二）

一般情况下，两直线在空间是否相交，根据两面投影就可以直接判断，如图 2.38(a)所示。但如果两直线中有一条直线平行于某一投影面，又未画出该投影面上的投影，如图 2.38(b)所示，则需要进一步作图加以判断。

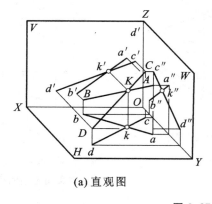

(a) 直观图

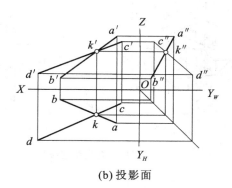

(b) 投影面

图 2.37 两直线相交

例 2.8 如图 2.39(a)所示，已知两直线 AB、CD 相交，试补全投影。

分析与作图 由图 2.39(a)可知，$a'b'$ 与 $c'd'$ 相交于 k'，利用相交两直线的投影规律就可

求得 cd。即过 k' 作 X 轴的垂线交 ab 于 k，连 dk 并延长，与过 c' 且垂直于 X 轴的直线相交得 c，如图 2.39(b)所示。

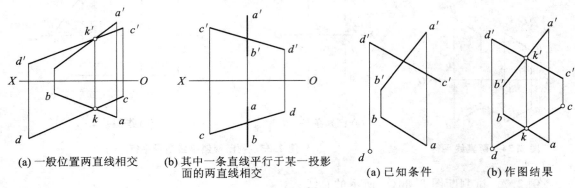

(a) 一般位置两直线相交　　　(b) 其中一条直线平行于某一投影
面的两直线相交

图 2.38　两直线相交

(a) 已知条件　　　(b) 作图结果

图 2.39　利用两直线相交求 CD 的投影

3. 两直线交叉

在空间既不平行也不相交的两直线称为交叉两直线。交叉两直线的投影不具备平行或相交两直线的投影特性。

交叉两直线的所有同面投影可能都相交，如图 2.40 所示，但它们的交点不符合点的投影规律。此时，两直线投影的交点实际上是两直线上对投影面的重影点的投影。

交叉两直线可能有一个或两个同面投影平行，如图 2.41 所示，但不会有三个同面投影平行。对交叉两直线中重影点的分析如下。

图 2.40(b)中水平投影 ab 和 cd 的交点 1(2)，其实是直线 AB 上的点 Ⅰ 与直线 CD 上的点 Ⅱ 对 H 面的重影点。同理，$3'(4')$ 是直线 CD 上的点 Ⅲ 与直线 AB 上点 Ⅳ 对 V 面的重影点。根据重影点可见性的判别方法可知：水平投影中，位于直线 AB 上的点 Ⅰ 可见，而位于直线 CD 上的点 Ⅱ 不可见；正面投影中，位于直线 CD 上的点 Ⅲ 可见，而位于直线 AB 上的点 Ⅳ 不可见。对交叉直线重影点可见性的判断有助于空间想象。

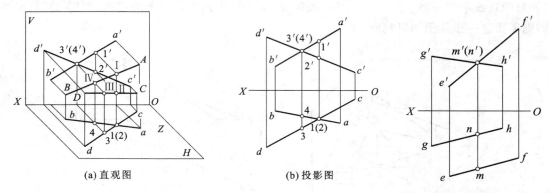

(a) 直观图　　　　　　(b) 投影图

图 2.40　交叉两直线的投影

图 2.41　水平投影平行的
交叉两直线的投影

2.4.5　直角投影定理

当相互垂直的两直线同时平行于同一投影面时，它们在该投影面的投影仍相互垂直。当相互垂直的两直线都不平行于投影面时，它们的投影不再相互垂直。下面讨论垂直相交两直线的投影和垂直交叉两直线的投影。直线垂直相交和垂直交叉是作图时经常遇到的两种情况,其投影规律是处理一般垂直问题的基础。

1. 垂直相交两直线的投影

定理Ⅰ　垂直相交的两直线,若其中有一条直线平行于一投影面,则两直线在该投影面的投影成直角。

证明　如图 2.42(a)所示,设相交两直线 $AB \perp AC$,且 AB 平行于 H 面,AC 不平行于 H 面。显然,直线 AB 垂直于平面 $AacC$(因 $AB \perp Aa$,$AB \perp AC$)。因 $ab /\!/ AB$,则 ab 垂直于平面 $AacC$,所以 $ab \perp ac$,即 $\angle bac = 90°$。图 2.42(b)是它们的投影图,其中 $a'b' /\!/ OX$ 轴(AB 为水平线),$\angle bac = 90°$。

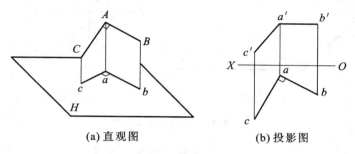

(a) 直观图　　　　　　　　　　(b) 投影图

图 2.42　直角投影定理

定理Ⅱ（逆）　相交两直线在同一投影面的投影成直角,且有一条直线平行于该投影面,则空间两直线的夹角必是直角。（读者可参照图 2.42(a)证明之。）

图 2.43 中,$\angle DEF$ 的正面投影 $\angle d'e'f' = 90°$,又 $de /\!/ OX$ 轴,即 DE 为正平线。根据定理Ⅱ,$\angle DEF$ 必为直角。

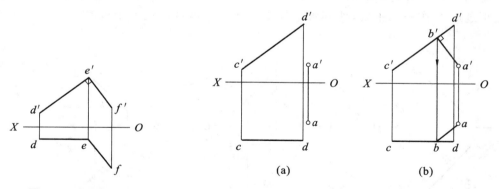

图 2.43　$DE \perp EF$　　　　　(a)　　　　　　　(b)

图 2.44　由定点向定直线作唯一垂直相交直线

例 2.9　已知定点 A 及正平线 CD。试过定点 A 作直线与已知直线 CD 垂直相交。

解　由定点向定直线可作唯一垂直相交直线,因 CD 为正平线,根据直角投影定理,先过 a' 作 $a'b' \perp c'd'$,再作 ab。$AB(ab、a'b')$ 即为所求(见图 2.44(b))。

2. 交叉垂直两直线的投影

上面讨论了垂直相交两直线的投影,现将其推广到交叉垂直两直线的投影。初等几何已规定对交叉两直线的角度是这样量度的:过空间任意点作两直线分别平行于已知交叉两直线,所得相交两直线的夹角,即为交叉两直线所成的角。

定理Ⅲ　互相交叉垂直的两直线,其中有一条直线平行于一投影面时,则两直线在该投影面上的投影成直角。

证明　如图 2.45(a)所示,设交叉两直线 $AB \perp MN$,且 AB 平行于 H 面,MN 不平行于 H 面。过直线 AB 上任意点 A 作直线 $AC /\!/ MN$,则 $AC \perp AB$。由定理 I 知,$ab \perp ac$。因 $AC /\!/ MN$,则其投影 $ac /\!/ mn$。故 $ab \perp mn$。

图 2.45(b)是它们的投影图,其中 $a'b' /\!/ OX$ 轴(AB 为水平线),$ab \perp mn$。

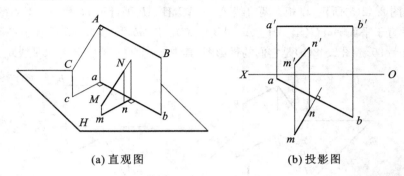

(a) 直观图　　　　　　　　　(b) 投影图

图 2.45　两直线交叉垂直

定理 IV(逆)　交叉两直线在同一投影面的投影成直角,且有一条直线平行与该投影面,则两直线的夹角必是直角。(读者可参照图 2.45(a)证明之。)

例 2.10　试过定点 A 作直线垂直于已知直线 EF(见图 2.46(a))。

分析　可以过点 A 作一平面 P 垂直于已知直线 EF,在平面 P 上过点 A 作的所有直线都是所求,故本题应有无穷多解。但根据目前已学过的知识,只能利用直角投影定理来求解。

解　过点 A 作一正平线 AH,使 $a'h' \perp e'f'$,则 $AH(ah, a'h')$ 便是一个解答,如图 2.46(b) 所示。也可过点 A 作一水平线,使其水平投影与 ef 垂直,这也是一个解答,如图 2.46(c) 所示。

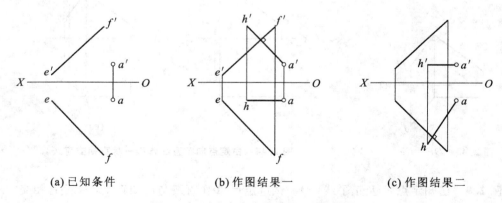

(a) 已知条件　　　　　　(b) 作图结果一　　　　　　(c) 作图结果二

图 2.46　过定点作直线垂直于已知直线

例 2.11　已知水平线 AB 及正平线 CD,试过定点 S 作它们的公垂线(见图 2.47(a))。

解　过点 S 的水平投影 s 作 $sl \perp ab$,过点 S 的正面投影 s' 作 $s'l' \perp c'd'$。$SL(sl, s'l')$ 即为所求的公垂线。因为根据定理 IV,必有 $SL \perp AB$ 及 $SL \perp CD$。

应该指出:这里的公垂线 SL 与两已知直线均不相交。投影图中同一投影面上的投影的交点并非两直线交点的投影,而是重影点的投影。

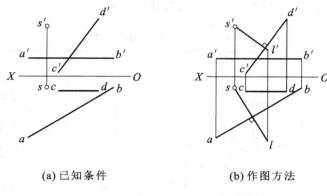

　　(a) 已知条件　　　　　　　　　　(b) 作图方法

图 2.47　作公垂线

2.5　平面的投影

2.5.1　平面的表示法

平面的空间位置可由图 2.48 所示的任何一组元素来确定。

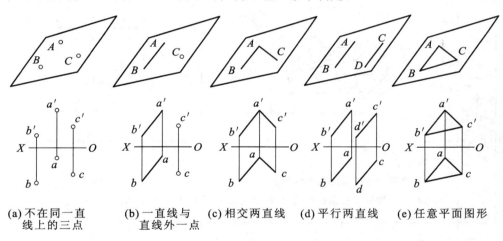

　(a) 不在同一直　　(b) 一直线与　　(c) 相交两直线　(d) 平行两直线　(e) 任意平面图形
　　线上的三点　　　直线外一点

图 2.48　平面的表示法

上述五种表示平面的形式可以互相转换,即从一种形式转换为另一种形式。

2.5.2　特殊位置平面的投影

　　平面按照其与投影面的相对位置分有三种:投影面平行面、投影面垂直面、一般位置平面。
　　平行于某一个投影面的平面,必然与另外两个投影面垂直,称为投影面平行面。其中:平行于 V 面的平面称为正平面;平行于 H 面的平面称为水平面;平行于 W 面的平面称为侧平面。
　　垂直于某一个投影面,同时倾斜于另外两个投影面的平面称为投影面垂直面。其中:垂直于 V 面的平面称为正垂面;垂直于 H 面的平面称为铅垂面;垂直于 W 面的平面称为侧垂面。
　　投影面平行面和投影面垂直面称为特殊位置平面。
　　倾斜于三个投影面的平面称为一般位置平面。

　　各种位置平面的直观图、投影图及其投影特性分别见表 2.4、表 2.5、表 2.6。

表 2.4　投影面平行面的投影特性

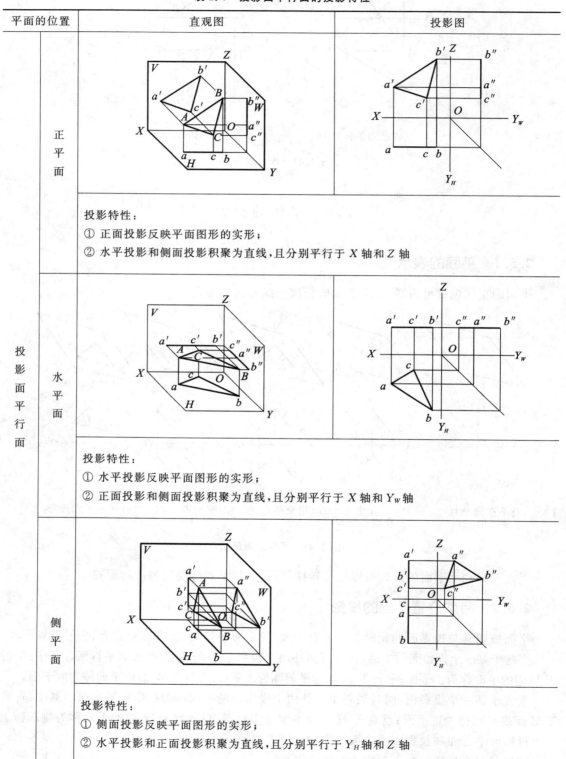

平面的位置		直观图	投影图
投影面平行面	正平面		
	投影特性： ① 正面投影反映平面图形的实形； ② 水平投影和侧面投影积聚为直线，且分别平行于 X 轴和 Z 轴		
	水平面		
	投影特性： ① 水平投影反映平面图形的实形； ② 正面投影和侧面投影积聚为直线，且分别平行于 X 轴和 Y_W 轴		
	侧平面		
	投影特性： ① 侧面投影反映平面图形的实形； ② 水平投影和正面投影积聚为直线，且分别平行于 Y_H 轴和 Z 轴		

表 2.5　投影面垂直面的投影特性

平面的位置		直观图	投影图
投影面垂直面	正垂面		
	投影特性： ① 正面投影积聚为一条直线，且与该投影面上的 X 轴的夹角等于该平面对 H 面的倾角 α，与 Z 轴的夹角等于该平面对 W 面的倾角 γ； ② 水平投影和侧面投影为小于实形的类似形		
	铅垂面		
	投影特性： ① 水平投影积聚为一条直线，且与该投影面上的 X 轴的夹角等于该平面对 V 面的倾角 β，与 Y_H 轴的夹角等于该平面对 W 面的倾角 γ； ② 正面投影和侧面投影为小于实形的类似形		
	侧垂面		
	投影特性： ① 侧面投影积聚为一条直线，且与该投影面上的 Z 轴的夹角等于该平面对 V 面的倾角 β，与 Y_w 轴的夹角等于该平面对 H 面的倾角 α； ② 正面投影和水平投影为小于实形的类似形		

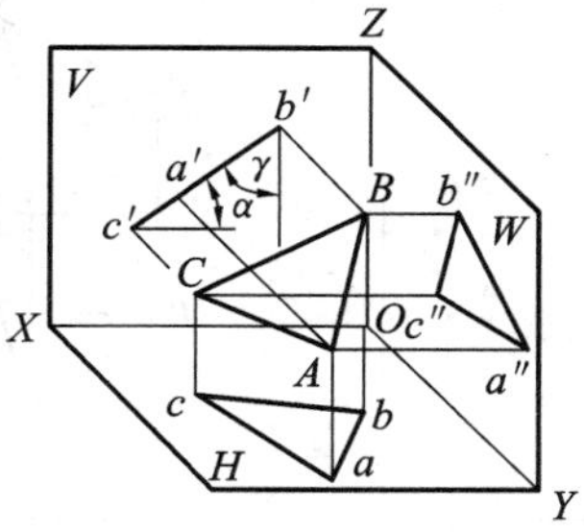

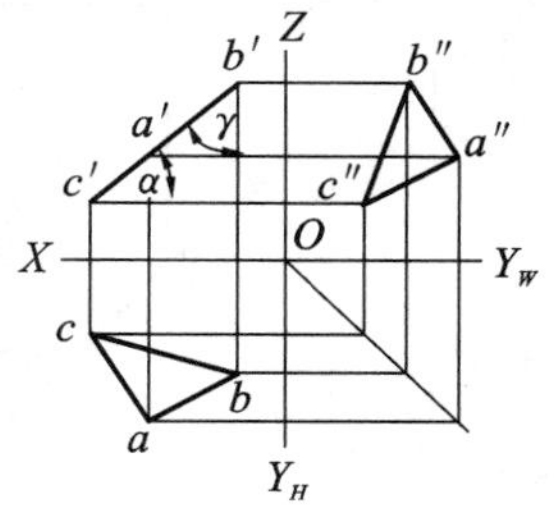

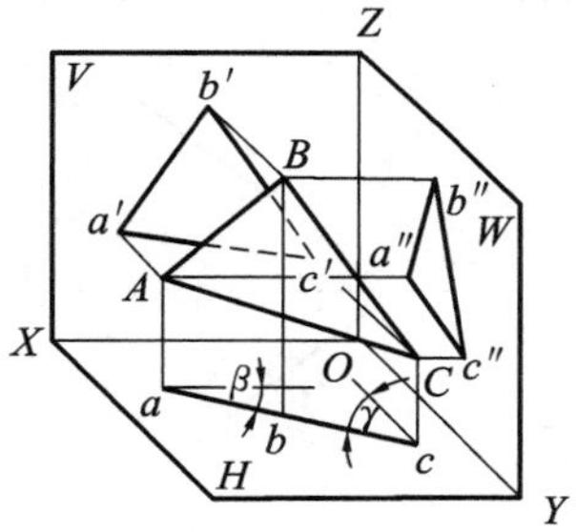

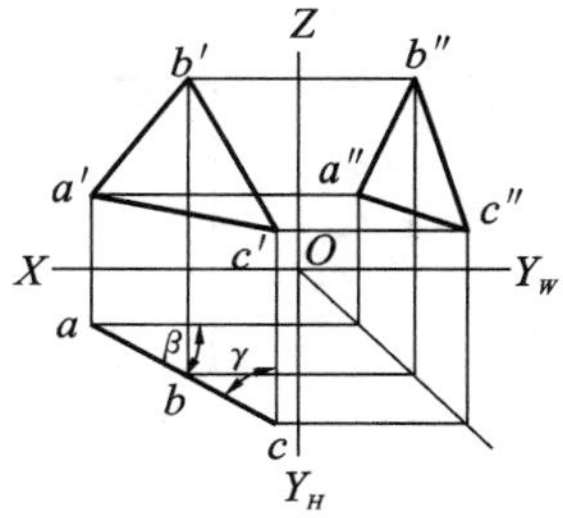

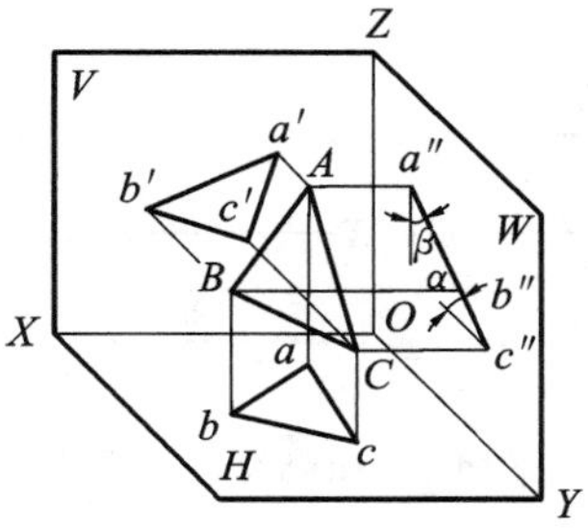

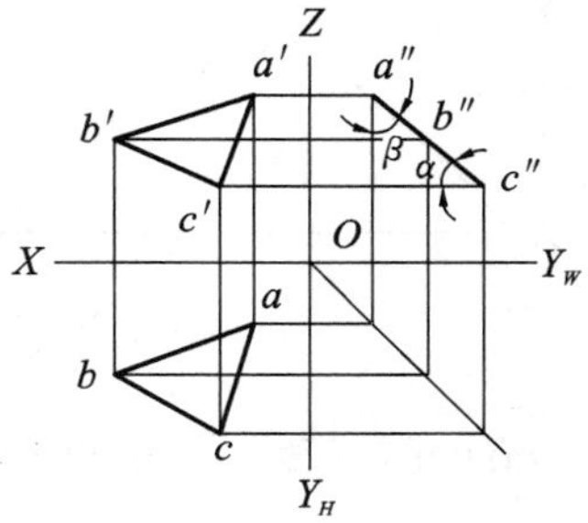

表 2.6　　一般位置平面的投影特性

平面的位置	直观图	投影图
一般位置平面	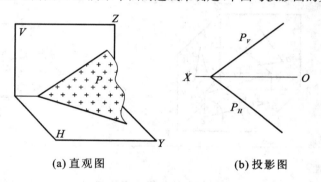	

投影特性：
三个投影均为小于实形的类似形，既没有积聚性，也不反映实形

空间平面与投影面之间的夹角称为平面与投影面的倾角。约定：平面对 H 面的倾角用 α 示，平面对 V 面的倾角用 β 表示，平面对 W 面的倾角用 γ 表示。

平面的空间位置还可由图 2.49 所示平面的迹线来确定（平面与投影面的交线称为迹线）。

（插图）

(a) 直观图　　　　　　　(b) 投影图

图 2.49　平面的迹线表示法

特殊位置平面用迹线表示时，只需要画出具有积聚性的一条迹线即可。图 2.50 为几种特殊位置平面用迹线表示的投影图。

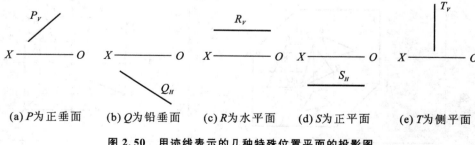

(a) P 为正垂面　　(b) Q 为铅垂面　　(c) R 为水平面　　(d) S 为正平面　　(e) T 为侧平面

图 2.50　用迹线表示的几种特殊位置平面的投影图

2.5.3　属于平面的点和直线

1. 平面上的直线

由立体几何可知，直线在平面内的条件是：直线通过平面内的两点或通过平面内的一点并

平行于平面内的另一直线。所以,若要在平面内取直线,必须先在平面内的已知直线上取点。

如图 2.51 所示,平面 P 由相交两直线 AB 和 BC 所决定。在 AB 和 BC 上各取一点 D 和 E,则 D、E 两点必在平面 P 内,因此 D、E 的连线也必在平面 P 内。

如图 2.52 所示,直线 AB 和 BC 在平面 P 上,若通过 BC 上任意一点 E 作 EF 平行于 AB,则直线 EF 必在平面 P 内。

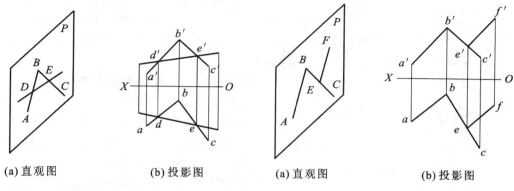

(a) 直观图　　　　(b) 投影图　　　　(a) 直观图　　　　(b) 投影图

图 2.51　直线在平面上的几何条件(一)　　图 2.52　直线在平面上的几何条件(二)

例 2.12　如图 2.53(a)所示,已知直线 AB 在△DEF 内,且其正面投影为 $a'b'$,求水平投影 ab。

分析　已知 AB 在△DEF 内,则 AB 直线必通过△DEF 平面内的两点,即 AB 与 DF 的交点 Ⅰ 和 AB 与 EF 的交点 Ⅱ。所以 $a'b'$ 属于△$d'e'f'$,ab 属于△def。

作图　如图 2.53(b)所示,分别过 Ⅰ、Ⅱ 两点的正面投影 $1'$ 和 $2'$ 作 X 轴的垂线,与 df 和 ef 相交于点 1 和点 2,过 1、2 两点作直线 ab,ab 即为 AB 的水平投影。

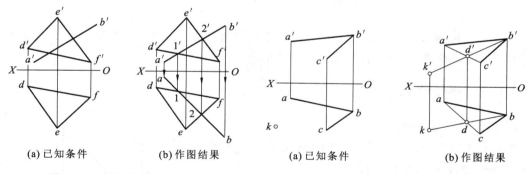

(a) 已知条件　　　(b) 作图结果　　　(a) 已知条件　　　(b) 作图结果

图 2.53　求作平面上的直线　　　　　图 2.54　求作平面上的点

2. 平面上的点

由立体几何可知,点在平面内的几何条件是:点必在平面内的一条线上。所以,在平面内取点,可先在平面内取通过该点的一条线(辅助线),然后在该线上选取符合要求的点。

例 2.13　如图 2.54(a)所示,两相交直线 AB、BC 组成平面,点 K 属于该平面,已知点 K 的水平投影 k,求点 K 的正面投影 k'。

分析　因为点 K 属于 AB、BC 组成的平面,所以点 k 必在平面内的一条线上。

作图

(1) 如图 2.54(b)所示,连接点 a'、c' 和点 a、c。

(2) 连接点 b、k, bk 交 ac 于点 d,作点 d 的正面投影 d'。k' 必在 $b'd'$ 的延长线上。

(3) 连接点 b'、d' 并延长。过 k 向上作 X 轴的垂线,与 $b'd'$ 的延长线相交,求得正面投影 k'。

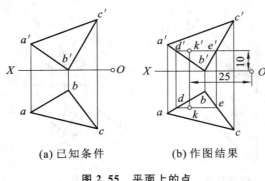

(a) 已知条件　　　(b) 作图结果

图 2.55　平面上的点

例 2.14　如图 2.55(a)所示,已知 $\triangle ABC$ 平面的两个投影,试在 $\triangle ABC$ 平面内取一点 K,使 K 点的坐标为 $x=25$ mm, $z=10$ mm。

分析　已知点 K 的 z 坐标为 10 mm,表示点 K 位于该平面上的一条距 H 面为 10 mm 的水平线上。已知点 K 的 x 坐标为 25 mm,表示点 K 位于该平面上的一条距 W 面为 25 mm 的侧平线上。则此两直线(平面内的水平线与平面内的侧平线)的交点,即为所求。

作图　如图 2.55(b)所示。

(1) 在 $\triangle ABC$ 内作一条与 H 面距离为 10 mm 的水平线 DE,即作 $d'e' /\!/ X$ 轴,且距 X 轴为 10 mm,并由 $d'e'$ 求出 de。

(2) 在 X 轴上到原点 O 距离为 25 mm 处作 X 轴的垂线,与 $d'e'$ 和 de 分别相交于点 k' 和点 k。

(3) 点 k' 和点 k 即为所求点 K 的两个投影。

2.6　直线与平面、平面与平面的相对位置

直线与平面、平面与平面的相对位置分为平行和相交两类。其中直线位于平面上、两平面共面是平行的特殊情况,而垂直是相交的特殊情况。

2.6.1　平行问题

1. 直线与平面平行

直线与平面平行的几何条件:空间直线平行于平面上的任意一条直线,则直线与平面平行。

如图 2.56 所示,直线 AB 平行于平面 P 上某一直线 CD,则直线 AB 必定与 P 平面平行。

例 2.15　如图 2.57 所示,过 K 点作一正平线 KM 平行于平面 ABC。

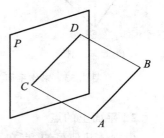

图 2.56　直线与平面平行

分析　平面 ABC 中有无数条正平线,过特定点且方向确定的正平线只有一条。因此过点 K 的正平线是唯一的。

作图　在平面 ABC 上作一条正平线 AD,过点 K 作一条直线 KM,使 $KM /\!/ AD$,即 $km /\!/ ad$, $k'm' /\!/ a'd'$,则 KM 为正平线并平行于平面 ABC。作图结果如图 2.57(b)所示。

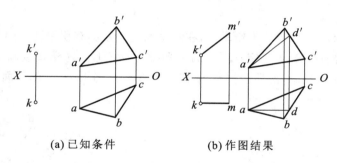

(a) 已知条件　　　　　(b) 作图结果

图 2.57　作平行于已知平面的直线

2. 平面与平面平行

两平面平行的几何条件:一平面内的两条相交直线分别平行于另一平面内的两条相交直线,则这两个平面相互平行。

如图 2.58 所示,相交的两条直线 AB 和 CD 在平面 P 上,相交的两条直线 KL 和 MN 在平面 Q 上。如果 $AB /\!/ KL$,$CD /\!/ MN$,则平面 P 与平面 Q 平行。

例 2.16　如图 2.59(a)所示,过 A 点作一平面 ABC 平行已知平面 DEF。

分析　根据两平面平行的条件可知,两平面中的两条相交直线平行,两平面即平行。因此过 A 点在正面和水平面投影中作两条分别平行于平面 DEF 上任意相交的两直线的投影即可。

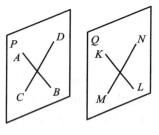

图 2.58　两平面平行

作图　过 A 点作直线 AB 和 AC 分别平行于平面 DEF 上的两条直线 FE 和 FD,即,过 a' 作直线 $a'b' /\!/ f'e'$,$a'c' /\!/ f'd'$,过 a 作直线 $ab /\!/ fe$,$ac /\!/ fd$,如图 2.59(b)所示。

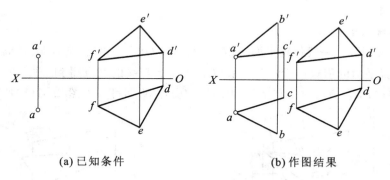

(a) 已知条件　　　　　　　(b) 作图结果

图 2.59　作两个平行的平面

2.6.2　相交问题

同一平面内,直线与平面不平行必然相交,交点是直线与平面的共有点。两平面相交必然产生一条交线,交线是两个平面的共有直线。

直线与平面相交,需先求出交点再判断可见性。

求作两平面的交线一般可先求出两个共有点,两点可以确定一条直线,连接后即得两平面的共有线。

1. 直线与平面相交

如图 2.60 所示，平面 CDE 为铅垂面，在水平面上的投影有积聚性。因此直线 AB 与平面 CDE 的交点 K 的水平投影 k 必定在平面的水平投影 cde 上。这样直接确定直线 AB 与平面 CDE 的交点 K 的水平投影，然后根据点 K 在直线 AB 上，作出点 K 的正面投影 k'。

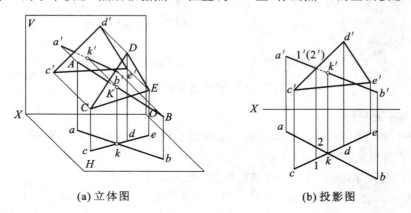

(a) 立体图　　　　　　　　(b) 投影图

图 2.60　直线与平面相交

直线与平面相交，投影有可见与不可见之分。判别可见性的方法通常利用直线间交叉的重影点判断。由图 2.60(a) 可见，交点 K 把 AB 分成 AK 和 KB 两段，直线未被平面遮挡的部分的投影是可见的，被遮挡部分的投影是不可见的。所以交点 K 是直线可见部分与不可见部分的分界点。如图 2.60(b) 所示，取交叉直线 CD、AB 在 V 面上的重影点 Ⅰ、Ⅱ，由 Ⅰ、Ⅱ 两点的正面投影 $1'$、$2'$ 作出水平面投影 1、2。由于点 Ⅰ 的 Y 坐标值大于点 Ⅱ 的 Y 坐标值，所以，点 1 在前，可见，点 2 在后，不可见，故 $2'k'$ 不可见。用虚线表示该段直线的投影，用粗实线表示可见部分。

2. 与平面相交

1) 平面与特殊位置平面相交

如图 2.61(a) 所示，一般位置平面 ABC 与铅垂面 $DEGF$ 相交，交线为 MN。交线 MN 可以利用特殊位置平面的积聚性投影与一般位置平面上直线的交点得到，即求出直线 AB 与平面 $DEGF$ 的交点 M 及直线 AC 与平面 $DEGF$ 的交点 N 即可。如图 2.61(b) 所示。

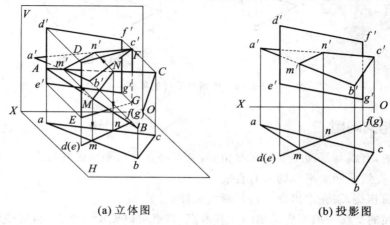

(a) 立体图　　　　　　　　(b) 投影图

图 2.61　一般位置平面与铅垂面相交

　　两平面相交也需要判断可见性。判断可见与不可见的方法同直线与平面相交时的判断方法一样。值得注意的是交线总是可见的,两平面的可见性是以该交线为分界线来区分的。

　　例 2.17　如图 2.62(a)所示,求两正垂面的交线,并判断可见性。

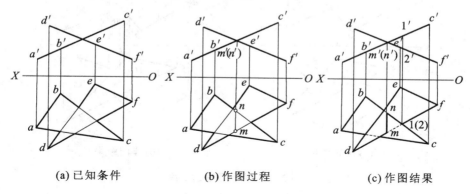

(a) 已知条件　　　　　(b) 作图过程　　　　　(c) 作图结果

图 2.62　两正垂平面相交

　　分析　两个正垂面相交,交线为正垂线,且交线的水平投影在两平面水平投影的公共部位。以交线为界,各线段的正面投影,处在上方的线段可见。

　　作图　取两平面正面上积聚投影的交点 $m'(n')$ 作投影连线,在水平面上,平面 abc 与 df 边相交得点 m,平面 def 与 bc 边相交得点 n。mn 即为交线的水平投影,如图 2.62(b)所示。再取水平面上边 df 与 bc 的重影点 Ⅰ、Ⅱ 的投影 1(2)求正面投影。由图可知 BC 边的 NC 部分在上,为可见;DF 边的 DM 部分在上,为可见。作图结果如图 2.62(c)所示。

　　2) 平面与一般位置平面相交

　　两任意位置平面相交可能出现两种情况:一种是全交,即一个平面穿过另一个平面,如图 2.63(a)所示;另一种是互交,即两个平面的边相互穿过,如图 2.63(b)所示。两种相交的实质是相同的。由于所讨论的平面有一定的范围,两种情况的求解方法也相同。

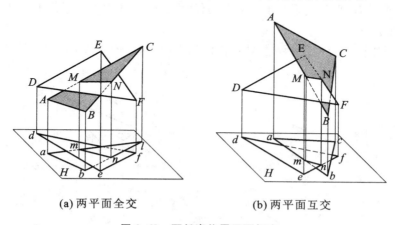

(a) 两平面全交　　　　　(b) 两平面互交

图 2.63　两任意位置平面相交

　　例 2.18　如图 2.64(a)所示,求平面 ABC 与平面 EDF 的交线 MN,并判断可见性。

　　分析　两个平面相交可以看作是其中一个平面中的两条边与另一个平面相交,交点即是两平面交线的端点。利用两平面中的边在投影面上的积聚性投影来判断该两条线的上、下与前、后关系,从而判断可见性。

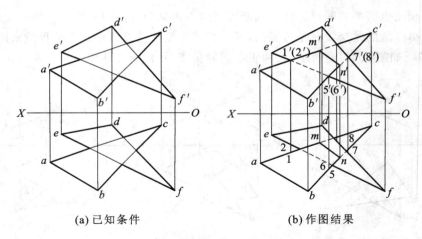

(a) 已知条件　　　　　　　　(b) 作图结果

图 2.64　求两平面的交线

作图　如图 2.64(b)所示。

(1) 交线的求解：首先分别以平面 ABC 中的 AB 和 BC 边作为直线，求它们与平面 DEF 的交点 m、m' 和 n、n'。mn 和 $m'n'$ 分别是两平面交线在正面和水平面投影上的两个端点。连接相应点即得到交线的投影。

(2) 可见性的判断：判断直线 AC 的可见性，直线 AC 以它与平面 DEF 的交点 M 为分界点分为 AM 和 MC 两段。AM 段与直线 EF 在正面投影中的重影点为 Ⅰ、Ⅱ 两点，根据它们在水平面投影中的前后关系知，Ⅰ 点在前，Ⅱ 点在后，因此 AM 可见，EF 在该处不可见。其他各处求解同理。

2.6.3　垂直问题

1. 直线与平面垂直

直线垂直于平面，则直线垂直于平面上的任意直线；直线垂直于平面上的任意两条相交直线，则直线垂直于平面。

例 2.19　如图 2.65(a)所示，过 M 点作已知平面 ABC 的垂线 KM，点 M 为垂足。

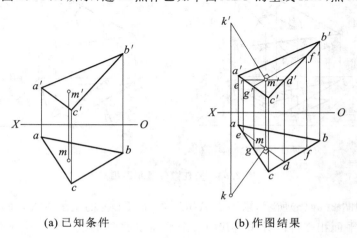

(a) 已知条件　　　　　　　　(b) 作图结果

图 2.65　作平面的垂线

分析　点 M 为垂足，点 M 在平面 ABC 上。直线 KM 垂直于平面，则直线垂直于平面上的两条相交直线，故可取 KM 垂直于平面 ABC 上的水平线，即 $KM \perp ED$。根据直角投影原理，则 $km \perp ed$；再过 M 点作一条正平线 GF，同理，使 $KM \perp GF$，则 $k'm' \perp g'f'$。

作图　过 M 点的正面投影 m' 作一直线 $e'd' /\!/ OX$，ED 为水平线，作 ED 的水平投影 ed，过 m 作 $mk \perp ed$；再过 M 点的水平投影作直线 $gf /\!/ OX$，完成正平线 GF 的正面投影 $g'f'$，过 m' 作 $m'k' \perp g'f'$。直线 KM 可取任意长度。作图结果如图 2.65(b)所示。

2. 平面与平面垂直

若直线垂直于平面，则包含这条直线的所有平面都垂直于该平面；若两平面相互垂直，则从第一个平面上任意一点向第二个平面作垂线，垂线必在第一个平面内。

如图 2.66 所示，直线 AK 垂直于平面 P，AK 是平面 Q 上的直线，也是平面 R 上的直线，则平面 Q 和平面 R 垂直于平面 P。平面 Q 与平面 P 相互垂直，在 Q 上任取一点 B 向平面 P 作垂线 BL，则直线 BL 在平面 Q 上。

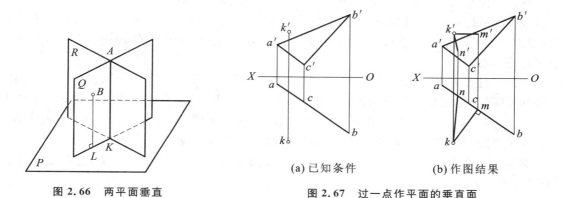

图 2.66　两平面垂直　　　　　　(a)已知条件　　　　(b)作图结果

图 2.67　过一点作平面的垂直面

例 2.20　如图 2.67(a)所示，已知铅垂面 ABC 和平面外一点 K，过 K 点作一平面垂直于平面 ABC。

分析　根据两平面垂直的条件知，只要过 K 点作直线垂直于平面 ABC，则包含这条直线的所有平面都垂直于平面 ABC。

作图　因平面 ABC 是铅垂面，过 K 点作平面 ABC 的垂线 KM，直线 KM 必定是水平线，它的水平投影 $km \perp ab$，正面投影 $k'm' /\!/ OX$。再过点 K 作任一直线 KN，则 KM、KN 两直线相交表示一个平面，该平面垂直于平面 ABC。作图结果如图 2.67(b)所示。由于 KN 是任取的，因此过点 K 有无数个平面垂直于平面 ABC。

2.6.4　综合问题解题示例

综合问题一般是指需满足两个或两个以上条件的几何元素间相对位置的题目。解决此类问题通常需要经过对已知条件与几何条件的空间分析，决定解题方法和确定解题步骤。这里比较关键的是对各种条件的空间分析与思考，也就是根据题给条件想象出已知的和隐含的空间几何模型，然后根据已掌握的知识进行空间分析、推理和判断，找出最终结果的空间几何模型，得出求解题目的作图方法和步骤。

本节通过两个例子说明这类问题。

例 2.21　　如图 2.68(a)所示,过点 K 作一平面平行于直线 AB 且垂直于平面 CDE。

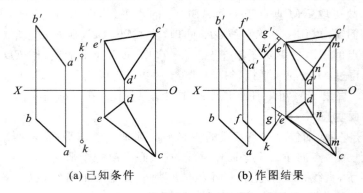

(a) 已知条件　　　　　　　　　(b) 作图结果

图 2.68　过一点作平面

分析　按直线与平面平行和两平面垂直的几何条件知,只要所作的平面既包含过点 K 并与直线 AB 平行的直线,又包含过点 K 且垂直于平面 CDE 的直线,即可满足题目要求。于是,过点 K 作直线 AB 的平行线,过点 K 作平面 CDE 的垂线,则交于点 K 的两直线所确定的平面即是所求。

作图　过点 K 作直线 AB 的平行线,即 $kf /\!/ ab$,$k'f' /\!/ a'b'$,直线 KF 的长度可任意选定;在平面 CDE 上作相交于 E 点的正平线 EN 和水平线 EM。过点 K 的水平面投影 k 作水平线 em 的垂线,即 $kg \perp em$;过点 K 的正面投影 k' 作正平线 $e'n'$ 的垂线,即 $k'g' \perp e'n'$。直线 KG 的长度可自定,完成直线 KG 的投影,作图结果如图 2.68(b)所示。

例 2.22　　如图 2.69(a)所示,过已知点 A 作直线 AF,平行于平面 BCD,且与已知直线 EG 相交于点 F。

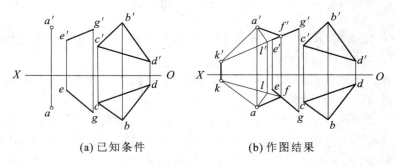

(a) 已知条件　　　　　　　　　(b) 作图结果

图 2.69　过一点作直线

分析　因 AF 平行于平面 BDC,因此直线 AF 位于通过点 A 且平行于平面 BDC 的平面上;又因 AF 与直线 EG 相交,AF 与 EG 两直线构成一个平面,因而,直线 AF 为过点 A 且平行于 BDC 的平面与 AF 和 EG 所构成的平面的交线。

作图　过点 A 作直线 AK、AL 分别平行于直线 BC 和 BD,即 $ak /\!/ bc$、$a'k' /\!/ b'c'$,$al /\!/ bd$、$a'l' /\!/ b'd'$。过 EG 的正面投影 $e'g'$ 作延长线交直线 AK 的正面投影于 k'、交直线 AL 的正面投影于 l',分别由 k'、l' 作 K、L 点的水平投影 k、l,形成平面 AKL,平面 $AKL /\!/$ 平面 BCD。作直线 KL 的水平投影 kl 的延长线交直线 EG 的水平投影 eg 于点 f,作点 f 的正面投影。连接点 a、f 和点 a'、f',如图 2.69(b)所示。

第 3 章 立体的投影

根据立体表面构成的不同,立体分为平面立体和曲面立体。表面均为平面的立体称为平面立体,如棱柱体、棱锥体、棱台等;表面为曲面或曲面与平面组成的立体称为曲面立体,如圆柱体、圆锥体、圆球体和圆环体等。

绘制立体投影图时,作图时应判断可见性,可见的表面或轮廓线用粗实线表示,不可见的表面或轮廓线用虚线表示。

3.1 平面立体的投影及表面上取点、线

由于平面立体由平面围成,因此绘制平面立体的投影可转化为绘制各表面投影得到的图形。又因平面图形由直线段组成,而每条线段由其两端点确定,因此,绘制平面立体的投影可转化为绘制其各表面的交线(棱线)及各顶点(棱线的交点)的投影。

作平面立体表面上点、线的投影,就是作它的多边形表面上的点和线的投影,即可转化成平面上取点、线的投影。

3.1.1 棱柱体

1. 棱柱体的投影

如图 3.1(a)所示五棱柱体,它的顶面($ABCDE$)及底面($A_0B_0C_0D_0E_0$)皆为水平面,侧棱面 EDD_0E_0 为正平面,另四个侧棱面为铅垂面,五条侧棱线都为铅垂线。

五棱柱体的投影如图 3.1(b)所示。五棱柱体的顶面和底面的水平投影反映实形,重合成一个五边形;侧棱面 EDD_0E_0 的正面投影反映实形,由于被前面四个侧棱面挡住,故投影 $e'd'd_0'e_0'$ 不可见,为虚线,而另外四个侧棱面的正面投影为类似形;侧棱面 EDD_0E_0 的侧面投影积聚成一条直线 $e''e_0''(d''d_0'')$,另四个侧棱面的侧面投影为类似形。

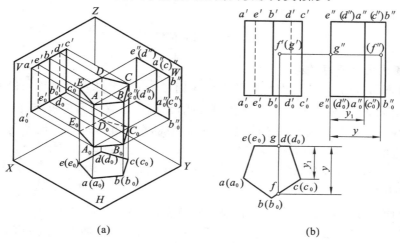

(a)   (b)

图 3.1 五棱柱的投影及表面上取点

2. 在棱柱体表面上取点、线

在平面立体表面上取点、线与在平面上取点、线的方法相同。五棱柱侧棱面为特殊位置平面，侧面投影和水平投影都具有积聚性，因此在表面上取点可利用积聚性作图。

已知点 F、G 的正面投影 f' 和 g'，求其水平投影和侧面投影，如图 3.1(b)所示。由 f' 可见，可判断点 F 在侧棱面 BCC_0B_0 上，该侧棱面是铅垂面，水平投影积聚成直线 $bc(b_0c_0)$，因此点 F 的水平投影 f 一定在这条直线上；由 f' 和 f，利用投影关系即可求出 f''，由于侧棱面 BCC_0B_0 不可见，因此 f'' 不可见。同理，由点 g' 不可见，判断其在 EDD_0E_0 棱面上，该侧棱面为正平面，水平投影和侧面投影都有积聚性，分别为 $ed(e_0d_0)$ 和 $e''e_0''(d''d_0'')$，因此 g 和 g'' 一定分别在这两条直线上。

在棱柱体表面上取线的方法与取点的方法类似，用在棱面上取点的方法作出两点的各面投影，然后将同面投影连成直线即可。

3.1.2 棱锥体

1. 棱锥体的投影

如图 3.2 所示三棱锥，锥顶为 S。底面 ABC 为水平面，水平投影反映实形，侧棱面 SBC 为正垂面，正面投影积聚成一条直线；侧棱面 SAB 和 SAC 为一般位置平面，投影为类似形。作图时，先作出底面 ABC 和锥顶 S 的各个投影，然后，将点 S 与三角形 ABC 各顶点的同面投影相连，即得到三棱锥的三面投影。

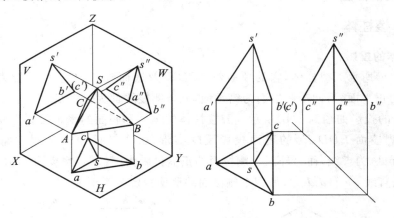

图 3.2　三棱锥的投影

2. 在棱锥表面上取点、线

如图 3.3 所示，已知三棱锥表面上点 D 的正面投影 d'，求其水平投影。根据点在平面上的几何条件，只要过点 D 在 $\triangle SAB$ 上作任何直线，都可作出它的另一投影，如图 3.3(a)中的点 D 与锥顶 S 的连线 SD，就是 $\triangle SAB$ 上的一条直线，可作出 d；同理，也可利用平行于底面 ABC 上 AB 边的一条直线 DG 作出 d'（见图 3.3(b)）；也可过点 D 作 $\triangle SAB$ 上的任意直线 MN（见图 3.3(c)），利用直线 MN 的正面投影 $m'n'$ 求出 d。

作图过程如下。

(1) 由正面投影 d' 可见，判断该点在前面的侧棱面 SAB 上。

(2) 过锥顶 s' 和正面投影 d' 作直线，交于 $a'b'(c')$ 于点 f'，即将求点 D 的水平投影转化成求过点 D 的直线 SF 的水平投影。

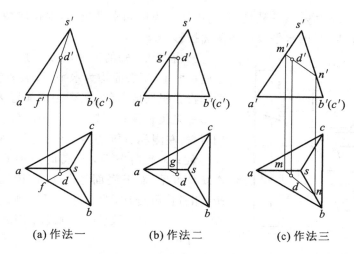

(a) 作法一　　　　(b) 作法二　　　　(c) 作法三

图 3.3　三棱锥表面上取点

（3）由投影关系作出点 F 的水平投影 f，连接 sf；根据点的从属性质，由点 d' 向下作投影线，交 sf 于点 d，即求出点 D 的水平投影。

其他作法作图过程类似。

图 3.4 是常见平面立体的三面投影的例图。从图中可以看出：平面立体的投影的外围轮廓总是可见的，应画粗实线；而对在投影的外围轮廓内部的图线，则应根据线、面的投影分析，按"前遮后、上遮下、左遮右"的规律判断其投影的可见性，需要时还可利用交叉两直线的重影点的可见性进行判断。

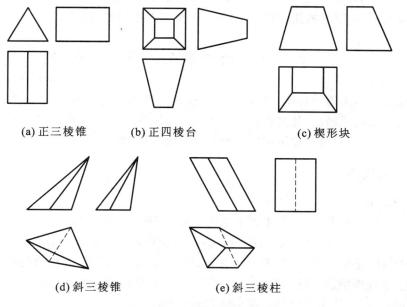

(a) 正三棱锥　　　　(b) 正四棱台　　　　　　(c) 楔形块

(d) 斜三棱锥　　　　　　(e) 斜三棱柱

图 3.4　平面立体的三面投影图

如图 3.4(c)所示的立体，从三面投影图中可看出：该立体左右对称，上、下两个底面都是水平面，左侧和右侧是正垂面，前侧面是侧垂面，后侧面是正平面。由于相邻侧面相交而形成的四条交线延长后不能交于一点，所以该立体不是棱台，而是楔形块。

例 3.1 如图 3.5 所示斜三棱柱,已给出正面投影和水平投影,求作斜棱柱的侧面投影及其表面上的折线 Ⅱ Ⅲ Ⅳ 的水平投影和侧面投影。

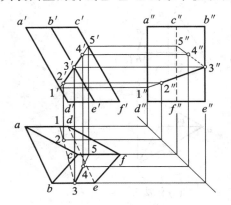

图 3.5 斜三棱柱的侧面投影和表面上折线 Ⅱ Ⅲ Ⅳ 的水平投影和侧面投影

分析 从已知的正面投影和侧面投影,可以确定此三棱柱的上、下底面均为水平面,水平投影反映实形,另两个投影积聚成直线;三个侧棱面皆为一般位置平面,投影都是类似形;侧棱线 AD、BE、CF 为正平线。从前向后看,左侧和右侧的两个侧棱面可见,后面的侧棱面被遮住;从上向下看,上底面 △ABC、侧棱面 BCFE、ACFD 可见,而下底面 △DEF、侧棱面 ABED 被遮住。折线 Ⅱ Ⅲ Ⅳ 可分成 Ⅱ Ⅲ、Ⅲ Ⅳ 两段,判断出 Ⅱ Ⅲ 在侧棱面 ABED 上,而另一段 Ⅲ Ⅳ 在侧棱面 BEFC 上。

作图

(1)首先根据投影关系,确定出上、下两底面的侧面投影 a″c″b″ 和 d″f″e″,由于侧棱线 AD、CF、BE 为正平线,所以侧棱线的侧面投影平行于投影轴。依次连接,得到斜棱柱的侧面投影。

(2)延长线段 2′3′,交侧棱线 a′d′ 于点 1′,由投影关系得到点 Ⅰ、Ⅲ 的水平投影 13、侧面投影 1″ 和 3″,确定出点 Ⅱ 的水平投影 2 和侧面投影 2″。由于该线所在的侧棱面水平投影不可见,因此水平投影 23 为细虚线,而侧面投影 2″3″ 可见,用粗实线表示。

(3)同理,延长线段 3′4′,交侧棱线 c′f′ 于点 5′,由投影关系得到点 Ⅲ、Ⅴ 的水平投影 3 和 5、侧面投影 3″ 和 5″,确定出点 Ⅳ 的水平投影 4 和侧面投影 4″。由于侧棱面 BCEF 的水平投影可见,所以 34 可见;BCEF 的侧面投影不可见,因此 3″4″ 用细虚线表示。

3.2 曲面立体的投影及表面上取点、线

常见的曲面立体多为回转体。画曲面立体投影图时,轴线应用细点画线表示,圆的中心线用相互垂直的细点画线画出,其交点为圆心。细点画线应超出轮廓线 2～5 mm。在回转面上作纬线圆取点、线,称纬线法;也可在回转面上作素线取点、线,称为素线法。

3.2.1 圆柱体

1. 圆柱体的投影

圆柱体是由圆柱面及上、下底平面围成的立体。圆柱面由直线绕与它相平行的轴线旋转而成,如图 3.6(a)所示。它的三面投影图如图 3.6(b)所示。对其投影分析如下。

(1)由于轴线是铅垂线,圆柱面上所有素线均为铅垂线,因此,圆柱面的水平投影积聚为一个圆,与上、下底面圆周的投影重合,每一素线的水平投影都积聚为圆周上的点。用细点画线画出对称中心线,对称中心线的交点是轴线的水平投影。

(2)正面投影长方形的两条直线 $a'a_0'$、$c'c_0'$ 是圆柱面上最左、最右两条素线的正面投影。这两条素线是圆柱面对 V 面的可见部分与不可见部分的分界线,即以素线为界,其前半圆柱面可见,后半圆柱面不可见,此分界线称为 V 面转向线。

(3)侧面投影上两条直线 $b'b_0''$、$d'd_0''$ 是圆柱面上最前、最后两条素线的侧面投影。BB_0、

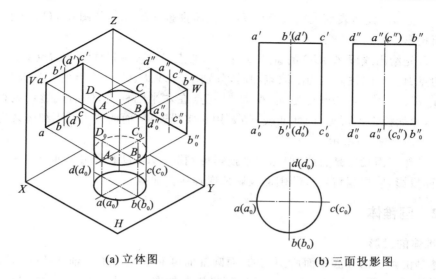

(a) 立体图　　　　　　　　　　　　　　　(b) 三面投影图

图 3.6　圆柱体的投影

DD_0 是圆柱面对 W 面的可见与不可见部分的分界线，称为 W 面转向线。

（4）由于轴线是铅垂线，圆柱体的上、下底平面为水平面，其水平投影反映实形，为圆周所包围的区域，正面投影积聚为直线 $a'c'$、$a_0'c_0'$，侧面投影积聚为直线 $b''d''$、$b_0''d_0''$。

2. 在圆柱体表面上取点、线

当圆柱体的回转轴垂直于某一投影面时，圆柱面在该投影面上的投影具有积聚性，可利用这一投影性质在圆柱面上取点、线。

例 3.2　已知圆柱表面上点 A、点 B 的正面投影重合成一点 $a'(b')$，如图 3.7(a) 所示，求其余投影。

分析　由点 A、点 B 的正面投影 $a'(b')$，可判断点 A 可见，在前半圆柱面上，点 B 不可见，在后半圆柱面上。而圆柱面的水平投影具有积聚性，可利用积聚性法在面上取点。

作图

（1）根据圆柱面水平投影的积聚性，先由正面投影 $a'(b')$ 求得水平投影 a 及 b。

（2）再由 a、a' 和 b、b'，求得侧面投影 a'' 和 b''。

（3）判断可见性。由于点 A、点 B 都在左半圆柱面上，因此 a'' 和 b'' 都可见。

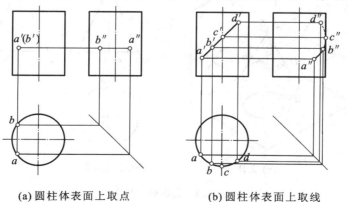

(a) 圆柱体表面上取点　　　　　　　　　　(b) 圆柱体表面上取线

图 3.7　圆柱体表面上取点、线

例 3.3 已知圆柱体表面上线段 $ABCD$ 的正面投影 $a'b'c'd'$，如图 3.7(b)所示，求其水平投影和侧面投影。

分析 首先给出线段 $ABCD$ 的特征点：首、末两点 A、D，中间轴线上的点 C，以及点 A、C 中间位置的点 B。与圆柱体表面上取点相同，分别求出 A、B、C、D 四点的水平投影 a、b、c、d，侧面投影 a''、b''、c''、d''。再判断可见性：A、B、C 三点在左半圆柱上，侧面投影可见；而点 D 在右半圆柱上，侧面投影不可见，因此曲线 $a''b''c''$ 用粗实线连接，而曲线 $c''d''$ 用细虚线连接。

作图 如图 3.7(b)所示。

注意 虽然正面投影是直线，但由水平投影可判断，$ABCD$ 在圆柱表面上是一段曲线，因此，对其侧面投影，应根据特征点的侧面投影依次连接为曲线。

3.2.2 圆锥体

1. 圆锥体的投影

圆锥体是由圆锥面和底平面所围成的，而圆锥面可看成由一条与轴线相交的直母线绕轴线回转一周而成，如图 3.8(a)所示。它的三面投影图如图 3.8(b)所示。图中，当轴线是铅垂线时，底圆为水平面，它的水平投影为圆，反映实形；底圆的正面和侧面投影为水平方向的直线，长度等于底圆的直径。圆锥面的正面投影和侧面投影为等腰三角形，水平投影为圆。

对圆锥体的投影分析如下。

（1）圆锥体的三个投影均无积聚性，其水平投影为圆。

（2）正面投影中，等腰三角形的两个边 $s'a'$ 和 $s'b'$ 是圆锥面上最左(SA)、最右(SB)两条素线的正面投影，这两条素线是圆锥面对 V 面的可见与不可见部分的分界线，称为 V 面转向线。它们表示了圆锥面正面投影的投影范围，是正面投影的轮廓线。V 面转向线的侧面投影与轴线的侧面投影重合，不画实线；其水平投影在圆的水平中心线上，也不画实线。

（3）侧面投影中，$s''c''$、$s''d''$ 是圆锥面上最前、最后两条素线的侧面投影。SC、SD 是圆锥的 W 面转向线，它们也表示了圆锥面侧面投影的投影范围，是侧面投影的轮廓线。W 面转向线的正面投影与轴线的正面投影重合，不画实线；其水平投影 sc、sd 在圆的垂直中心线上，也不画实线。

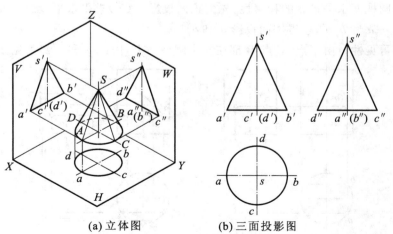

(a) 立体图   (b) 三面投影图

图 3.8 圆锥体的投影

2. 圆锥体表面上取点、线

由于圆锥面的投影没有积聚性,因此不能利用积聚性来作图,可根据圆锥面的形成特性,利用素线和纬线(母线)法作图。

例 3.4　已知圆锥上点 A 的正面投影 a',如图 3.9 所示,求其余两投影。

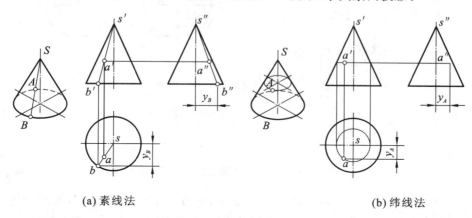

(a) 素线法　　　　　　　　　　(b) 纬线法

图 3.9　圆锥体表面上取点

解法 1(素线法)　由点 A 的正面投影 a' 的位置及可见性,可判断点 A 在左前部分圆锥面上。由点 A 过锥顶 S 作辅助素线求解。

作图

(1) 过点 A 的正面投影作 $s'a'$,得辅助素线 SA 的正面投影 $s'b'$,点 B 在底圆上。

(2) 得到辅助素线 SB 的其余两投影 sb 和 $s''b''$。

(3) 在辅助素线上取点。由 a' 在 SB 上求得点 A 的水平投影 a 和侧面投影 a''。

解法 2(纬线法)　因为圆锥轴线垂直于水平面,所以可利用过点 A 的平行于底面的辅助圆,即纬线圆来求解。

作图

(1) 过点 A 的正面投影 a' 作与底面投影线平行的直线,这条直线即是辅助圆的正面投影。

(2) 根据所作直线得出其在水平投影上的辅助圆,由"高平齐"得到辅助圆的侧面投影。

(3) 在辅助圆的投影上求点的同面投影。由 a' 可见,判断出其在前半圆锥面上,根据投影关系得出点 A 的水平投影 a 和侧面投影 a''。又由于其在左半圆锥面上,所以侧面投影也可见。

3.2.3　圆球体

圆球体是由圆球面围成的立体,而圆球面是由一圆母线以直径为轴线回转后形成的曲面。

1. 圆球体的投影

如图 3.10 所示,圆球体的三个投影都是等直径的圆,它们的直径与圆球的直径相等,但三个投影面上的圆是不同的转向线形成的投影。正面上的圆 a' 是圆球正面转向线 A 的正面投影,是前、后两半球的可见与不可见的分界线,A 的水平投影 a 与圆球水平投影的水平中心线重合,A 的侧面投影 a'' 与圆球侧面投影的竖直中心线重合,都不画实线。水平投影的圆 b 是圆球的 H 面转向线 B 的水平投影,B 是上、下两半球面可见与不可见部分的分界线。侧面投

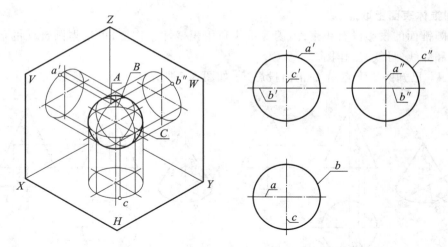

图 3.10　圆球的投影及表面上取点圆球体的投影

影的圆 c'' 是圆球侧面转向线 C 的侧面投影，C 是左、右两半球面可见与不可见部分的分界线。B 线的正面投影 b' 和侧面投影 b'' 均在水平中心线上；C 线的正面投影 c' 和水平投影 c 均在竖直中心线上，这些投影都不画实线。圆球的三个投影均无积聚性。作图时可先画出中心线，确定球心的三个投影，再画出三个与球等直径的圆。

2. 在圆球体表面上取点、线

圆球面的三个投影均无积聚性，因此，在球面上取点要用辅助线法。在球面上无法作出辅助直线，但是过球面上任一点，可以作出三个平行于投影面的辅助圆（纬圆），从而在球面上取点、线。

例 3.5　已知球面上点的正面投影，如图 3.11 所示，求其余两投影。

分析　由点的正面投影所在位置，判断出该点对应球面上的两个点，前一个点可见，表示为点 A，后一个点不可见，表示为点 B。这两个点均在上半球、右半球上。

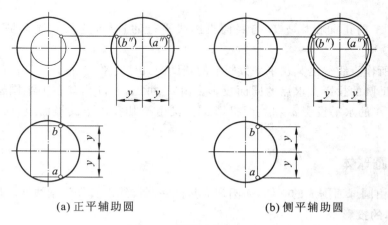

(a) 正平辅助圆　　　　　　　(b) 侧平辅助圆

图 3.11　圆球表面上取点

作图

（1）以球的正面投影圆心为圆心，过点的正面投影作一辅助圆。

（2）得出辅助圆的水平投影和侧面投影。由于辅助圆为正平面，因此水平投影和侧面投影积聚成直线,点的投影也在这条直线上。

(3) 判断可见性。点 A 可见,在前半球面上,水平投影为 a;点 B 不可见,在后半球面上,水平投影为 b。点 A 和 B 皆在右半球面上,所以侧面投影 a'' 和 b'' 不可见。

作图如图 3.11(a)所示。

也可利用过点的侧平辅助圆求水平投影、侧面投影,如图 3.11(b)所示。

3.2.4　圆环体

1. 圆环体的投影

圆环体是由圆环面围成的立体,而圆环面是由一圆母线绕与其共面但在不在圆内的轴线回转后形成的曲面,其中外半圆回转形成外圆环面,内半圆回转形成内圆环面。

圆环体的投影分析如下。

图 3.12 所示的是轴线为铅垂线时圆环的投影图,它的正面投影和侧面投影形状完全相同,因此通常只画正面投影和水平投影。作圆环体投影图时,按圆环体的形成方法来作图,会更为清楚。其水平投影中有三个同心圆,其中点画线圆是母线圆心运动轨迹的水平投影,内、外实线圆分别是圆环上最大、最小纬线圆的水平投影,也是 H 面转向线(环面的上、下分界线)的水平投影。

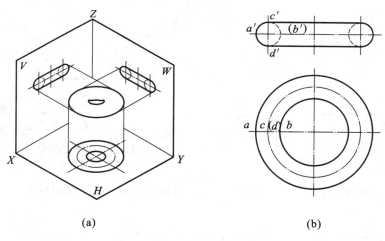

(a)	(b)

图 3.12　圆环体的投影

正面投影上的两个小圆(一半实线、一半虚线)是圆环面上最左、最右两素线的正面投影。实线半圆是外圆环面上前半环面与后半环面的分界线的正面投影,也是圆环面正面转向线的正面投影。虚线半圆是内环面上前半环面与后半环面的分界线的正面投影,内环面在正面投影图上是不可见的,所以画成虚线。正面投影上两条与小圆相切的水平方向的直线是圆环面上最高、最低两个纬线圆的正面投影,也就是内、外环面的分界线的正面投影。它们也是圆环面上正面转向线的正面投影。

2. 圆环表面上取点

例 3.6　如图 3.13 所示,已知圆环面上对正面投影的四个重影点 E、F、G、H 的正面投影 $e'(f')(g')(h')$(按由前向后的顺序排列),求作它们的水平投影。

分析　根据上述排列的顺序可知,E、H 分别是前、后外环面上的点,而 F、G 是前、后内环面上的点。由于这些点都在上半环面上,所以水平投影都可见。通过点 F 和 G、点 E 和 H 分别在内、外环面上作水平纬圆,即可求出这四个点的水平投影。

作图

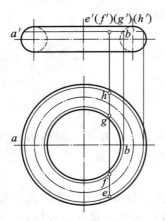

图 3.13　圆环表面上取点

（1）过正面投影所在的点 $e'(f')(g')(h')$,作与 OX 轴平行的辅助直线 $a'b'$。

（2）通过投影关系,得直线 ab,过点 a、b 作辅助纬圆,然后由投影关系得到 e、f、h、g 四点。

（3）判断可见性:根据从前向后的顺序关系,外圆环面上的水平投影前点为 e、后点为 h,内圆环面上的水平投影前点为 f,后点为 g。这四个点在上半圆环面上,因此水平投影皆可见。

3.2.5　特殊曲面立体

图 3.14 所示为特殊曲面立体的两面投影的例图。

图 3.14(a)、(c)所示为斜置的圆柱、圆锥。斜置圆柱的轴线倾斜于水平面,圆柱面仍由一条平行于轴线的直母线绕轴线回转一周而形成;斜置圆锥的轴线倾斜,圆锥面仍由一条与轴线相交的直母线绕轴线回转一周而形成。斜置圆柱和斜置圆柱是回转体。

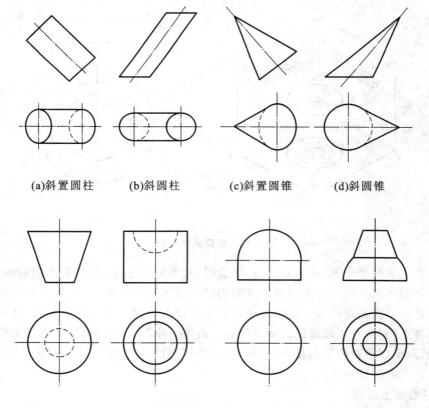

(a)斜置圆柱　　(b)斜圆柱　　(c)斜置圆锥　　(d)斜圆锥

(e)倒置圆台　(f)圆柱体开半球槽　(g)组合回转体1　(h)组合回转体2

图 3.14　特殊曲面立体的两面投影示例

图 3.14(b)、(d)所示为斜圆柱、斜圆锥。斜圆柱是由平行于水平面的基圆,沿倾斜于水平面的轴线拉伸而形成的。斜圆柱是拉伸体,不是回转体。斜圆锥也不属于回转体。

图 3.14(e)所示为圆台,圆台是圆锥被平行于底面的平面切割后形成的几何体。

图 3.14(f)所示为上部开有一个半球形槽的圆柱体,可看成回转体。

图 3.14(g)、(h)所示为组合回转体。其中:图 3.14(g)图中的半球直径与下面的圆柱直径相等,半球与圆柱相切,注意相切处不画切线;图 3.14(h)图中圆台的轴线与半球的轴线共线,可看作同轴回转体,而圆台下底面与半圆相交,相交处应画出交线,作水平投影时也要作出交线的水平投影圆。

作回转体表面上的线时应先做分析:如为与投影轴平行的直线、平行于投影面的纬圆或其上的圆弧,便可直接作出;除此之外,应按在回转面上取点的方法定出线上的若干点,再顺次连成线。线上如有下述诸点,都应分别画出:不封闭的线的端点,回转体轮廓上的点,组合回转体表面上不同回转面的切线上的点,回转面投影的转向轮廓线上的点,等等。这些点往往是这条线的各直线段、各光滑曲线段的交接点或可见投影与不可见投影的分界点。

例 3.7　如图 3.15(a)所示,已知组合体及其上各点的正面投影,求其水平投影和侧面投影。

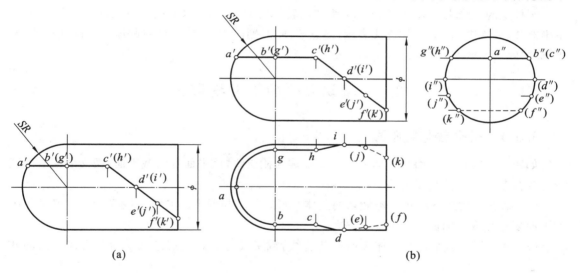

图 3.15　组合回转体表面上线的投影

分析　如图 3.15(a)所示,由正面投影上的"SR"和"ϕ"标注可知,这个回转体是由半球和圆柱组合而成的,并且这两个回转体轴线共线、直径相等,半球和圆柱相切。因此,同轴回转体的水平投影与正面投影相同,侧面投影具有积聚性,半球和圆柱都积聚成同一个圆。组合回转体上的直线,可按照特征用起(终)点、转折点、轴线上的点等特殊点和两个特殊点之间的一般点表示,由积聚性先求出这些点的侧面投影,再由正面投影和侧面投影求出其水平投影。特别要注意,特征点 B 既是半球上的点,又是圆柱上的点,因此要分别进行分析,求得投影。此处由于半球和圆柱直径相等,因此侧面投影重合成一个点。

作图

(1) 首先,由正面投影作出同轴回转体(半球和圆柱)的水平投影与侧面投影。水平投影与正面投影外轮廓相同;侧面投影具有积聚性,重合成一个圆,如图 3.15(b)所示。

(2) 标出正面投影上直线的特征点,分别表示为:起点 A、轴线上的点 B、转折点 C、轴线上

的点 D、终点 F、DF 线的中点 E。点 G、点 H、点 I、点 J、点 K 分别与点 B、点 C、点 D、点 E、点 F 对称。给出的特征点越多,各点投影连线越接近投影。注意,每一个点都代表了可见的前面和不可见的后面上同一位置处的点。

（3）半球上的点 A 为球的正面转向圆上的点,其水平投影在水平中心线上,侧面投影在垂直中心线上,由此作出其水平投影和侧面投影。半球上的点 B 在球的正面投影的垂直中心线上,可判断其为侧面转向圆上的点,先求出侧面投影 b'',再求出水平投影 b;同理作出 g''、g。

（4）圆柱的侧面投影积聚成一个圆,所以除点 A 以外的各点的侧面投影都在圆周上。由于球和圆柱等直径,所以其侧面投影重合。再由正面投影和侧面投影,求出各点的水平投影。

（5）直线段 AB 为水平线,所以其水平投影为与水平转向圆共圆心、半径为直线段 AB 的同心圆,其在上半球面上,水平投影可见。其侧面投影也积聚成直线 $a''b''$,在左半圆球上,所以侧面投影直线 $a''b''$ 也可见。同理得到 ag、$a''g''$。

（6）圆柱上的直线段 BC 为侧平线,水平投影 bc 平行于轴线,侧面投影重合成同一个点 $b''(c'')$;曲线段 $CDEF$ 的水平投影是椭圆上的一段椭圆弧 $cdef$,侧面投影与圆重合,为圆弧 $c''d''e''f''$。同理得到 $hijk$、$h''i''j''k''$。

圆柱上的直线段 BC、CD、GH、HJ 都在回转体的上半部分,水平投影可见,而 DEF、IJK 在下半部分,被遮住,不可见,用虚线表示;终点 F、K 的侧面投影 f''、k'' 被左侧球体和圆柱遮住,不可见,用虚线表示。

3.3　截切立体的三面投影图

3.3.1　截交线与截断面

如图 3.16 所示,平面与立体表面的交线称为截交线,该平面称为截平面,截交线围成的区域称为截断面。求截交线需注意以下两点。

（1）截交线的形状取决于被截切的立体的形状及其与截平面的相对位置。它一般是封闭的平面多边形或平面曲线。

（2）截交线是截平面与立体表面的共有线,截交线上的点一定是截平面与立体表面的共有点。

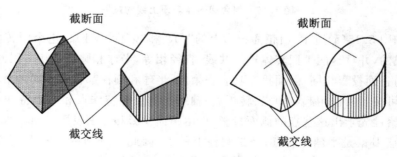

图 3.16　截交线与截断面

3.3.2　平面截切平面立体

平面截切平面立体时产生的截交线是封闭多边形,多边形的边是平面与立体表面的交线。因此,求平面与平面立体截交线的方法是求出平面立体各棱线（或底边）与截平面的交点和交线,然后依次连成多边形,其实质是求直线与平面的交点。

例 3.8 如图 3.17 所示,完成截头三棱锥的水平及侧面投影。

分析与作图 从图 3.17 中可看出,三棱锥被正垂面 P 截切。显然截断面为封闭的三角形。

截平面 P 与三棱锥三个棱面相交,产生三条交线,作图时只要分别求出截平面 P 与三条棱线的交点 A、B、C 然后连成三角形即可。

(1)画出完整三棱锥的水平投影和侧面投影。

(2)在正面投影中平面 P 的积聚投影上找出三角形的三个顶点。

(3)在水平及侧面投影中,分别在三条棱线上作出三顶点的对应投影。

(4)依次连接各点,整理轮廓线并加深。

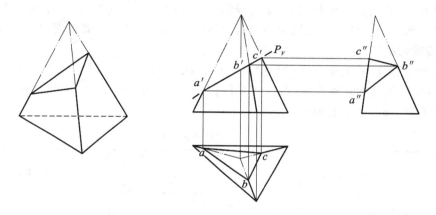

图 3.17 平面截切三棱锥

例 3.9 如图 3.18 所示,用 P、Q 两平面切割掉正五棱柱的一部分,画出切割后五棱柱的投影。

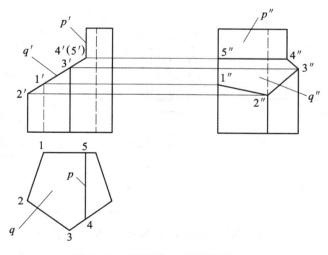

图 3.18 求平面与五棱柱的截交线

分析与作图 正五棱柱被 P、Q 平面切割,截交线是两平面多边形。因为截交线的各边是截平面和五棱柱表面的交线,它们的正面投影都重合在截平面上,需要作出水平投影和截交线的侧面投影。

　　① 平面 P 切割正五棱柱所得的截交线为矩形。截平面 P 与棱柱的三个表面相交,同时 P、Q 两平面相交出一条交线 ⅣⅤ,所以截平面 P 为矩形。又截平面 P 为侧平面,故其水平投影积聚成直线段 45,侧面投影反映矩形的实形。

　　② 平面 Q 切割正五棱柱所得的截交线为五边形。截平面 Q 与棱柱的四个表面相交得四条交线,这四条交线和 P、Q 两平面的交线 ⅣⅤ 即为五边形的五条边。又截平面 Q 为正垂面,故其水平投影和侧面投影为类似形。

　　最后,整理轮廓并加深。

3.3.3　平面截切曲面立体

　　平面截切曲面立体,一般情况下,截交线是一条封闭的平面曲线,或者是由平面曲线和直线组合成的图形。截交线的形状取决于曲面立体的表面形状及其与截平面的相对位置。

　　1. 平面截切圆柱

　　平面与圆柱相交时,其截交线的形状由平面与轴线的相对位置决定,其截交线有三种情况(见表 3.1):当平面与轴线垂直时,截交线是圆;当平面与轴线平行时,截交线是矩形;当平面与轴线相倾斜时,截交线是椭圆。

表 3.1　平面截切圆柱体

截平面位置	截平面垂直于轴线	截平面平行于轴线	截平面倾斜于轴线
立体图	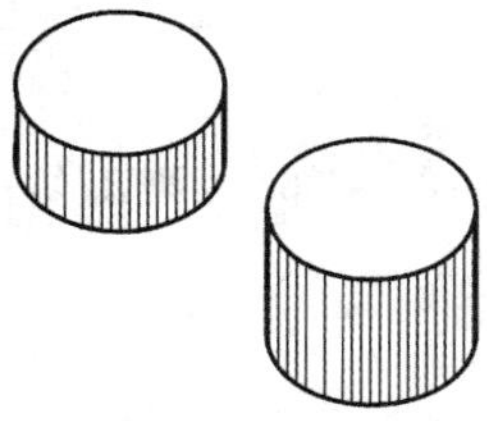	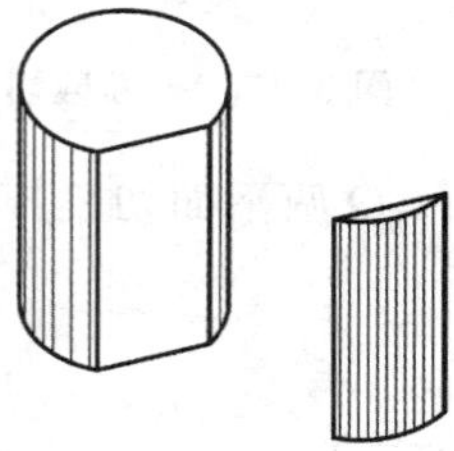	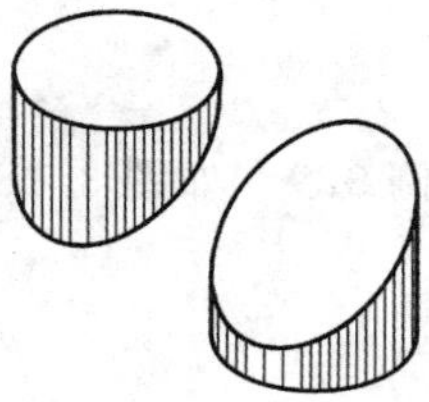
投影图	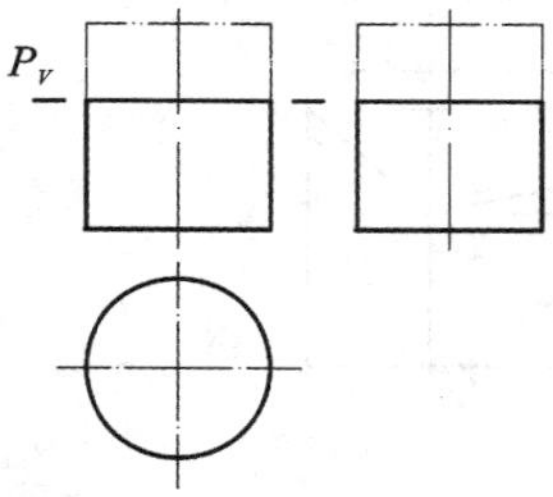	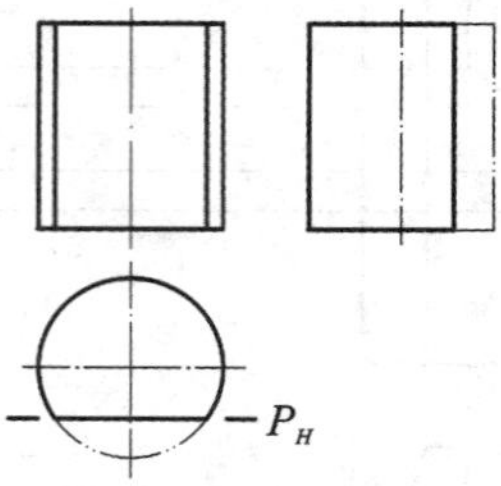	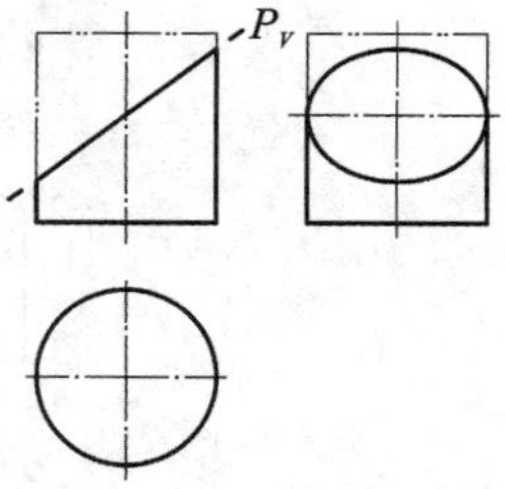
截交线形状	圆	矩形	椭圆

　　例 3.10　如图 3.19(a)所示,用正垂面 P 切掉圆柱体的左上角一块,作出切割后圆柱体的侧面投影。

　　分析与作图　截平面 P 倾斜于圆柱体的轴线,根据表 3.1,截交线的形状是椭圆。椭圆属于曲线,可用曲线的投影表示法画出它的投影。具体作图步骤如下。

　　(1) 求椭圆上的特殊位置点的投影。椭圆上的特殊位置点有:最左点 A,它也是最低点;

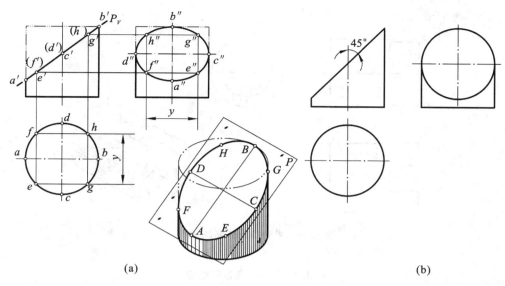

图 3.19 平面斜切圆柱

最右点 B，它也是最高点；最前点 C 及最后点 D，它们分别是圆柱转向轮廓线上的点，也是椭圆长、短轴的四个端点。

（2）求椭圆上若干一般位置点的投影。为了尽可能准确地描绘曲线，选取曲线上 E、F、G、H 四点，由其正面投影 e'、f'、g'、h' 及水平投影 e、f、g、h，求出其侧面投影 e''、f''、g''、h''。

（3）将作出的各点的投影按相邻顺序光滑地连接起来，就得到截交线的侧面投影。

（4）作出圆柱体下底面及圆柱面对侧投影面的转向轮廓线的投影。

讨论：在此题中，如果截平面 P 与圆柱轴线的夹角为 45°，则截交线的侧面投影为圆。在这种特殊情况下，不应按一般方法作图，应该用圆规在正确的位置作出投影圆，如图 3.19(b) 所示。

例 3.11 如图 3.20 所示，在圆柱筒上开出一长方槽，已知其侧面和水平投影，求其正面投影。

分析与作图 如图 3.20 所示，圆柱筒左侧从上到下切出一通槽，截平面不仅要和圆柱筒的外表面相交，而且也要和圆柱筒的内表面相交。每个切平面都分成上、下两个区域。下面只分析它们的上半部分。

（1）平面 P_1、P_2 平行于圆柱的轴线，与圆柱的交线为矩形，又正平面 P_1、P_2 前后对称，在正投影面上的投影重合，且反映实形。

（2）平面 P_3 垂直于圆柱的轴线，交线由两段圆弧和两段直线构成，两段圆弧是平面 P_3 与圆柱筒内、外圆柱面的交线；两段直线是平面 P_3 与平面 P_1、P_2 的交线。平面 P_3 为侧垂面，侧面投影反映实形，在 V 面上积聚为直线段。

（3）在正投影面上，圆柱筒内、外圆柱面的转向轮廓线都被切去，故不再画出。

2. 平面截切圆锥

平面与圆锥体截切，产生的截交线形状有表 3.2 所列出的五种情形。

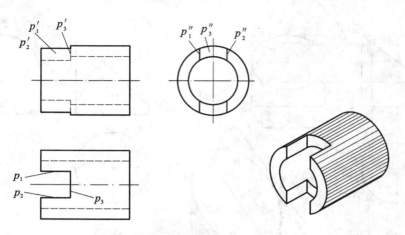

图 3.20　带缺口圆柱筒的投影

表 3.2　平面与圆锥体截切

截平面位置	垂直于轴线 （$\theta=90°$）	倾斜于轴线且与 所有素线均相交 （$\alpha<\theta<90°$）	倾斜于轴线且 平行于一条素线 （$\theta=\alpha$）	倾斜或平行于轴线 （$0\leqslant\theta<\alpha$）	过锥顶 （$\theta<\alpha$）
立体图					
投影图					
截交线形状	圆	椭圆	抛物线＋直线	双曲线＋直线	三角形

　　例 3.12　求作图 3.21(a)所示正垂面 P 与圆锥体表面相交产生的截交线的水平投影与侧面投影。

　　分析与作图　参照表 3.2 可知，正垂面 P 与圆锥体相交所得的截交线为椭圆曲线。椭圆的正面投影重影为直线段，水平投影和侧面投影通过取点连线完成，具体作图步骤如下。

　　(1) 求作特殊位置点的投影。特殊位置点包括转向轮廓线上的点 A、B、C、D 及最前点 E 和最后点 F，共六个点。转向轮廓线上点的投影可利用点的投影规律对应在转向轮廓线和对称中心线上得到。最前点和最后点的投影可利用纬圆法求得。

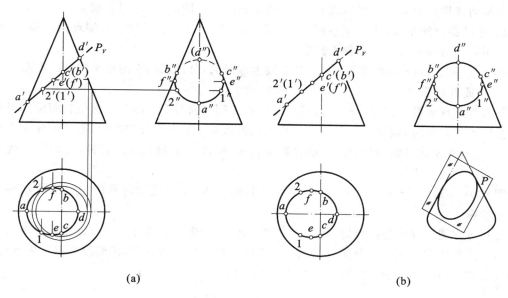

(a)　　　　　　　　　　　　　　　　　　　　　(b)

图 3.21　平面与圆锥截切

（2）求作一般位置点的投影。可适当选取一些截交线上的一般位置点，图中选取了Ⅰ、Ⅱ两点，用纬圆法分别求出其水平投影 1、2，再求得侧面投影 1″和 2″。

（3）顺次光滑连接各点并判断可见性。水平投影可见，用粗实线顺次光滑连接各点。在侧面投影图中，转向轮廓线上的 $b″$、$c″$ 是可见与不可见部分的分界点，$b″(d″)c″$ 段不可见，用细虚线连接，其余段可见，用粗实线连接。如图 3.21(a)所示。

在此例中，如果用截平面 P 将圆锥体上部分切去，截交线的求法和图 3.21(a)中一致，只是截交线的侧面投影全部可见。另外，还需要擦去从 $b″$、$c″$ 到锥顶的转向轮廓线。如图 3.21(b)所示。

例 3.13　如图 3.22 所示，求截切圆锥的投影。

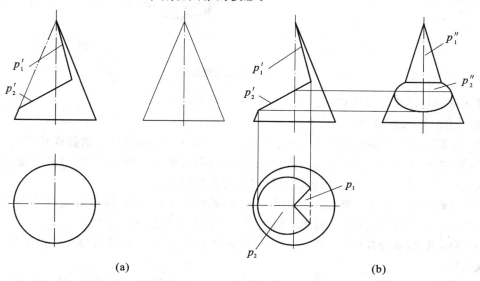

(a)　　　　　　　　　　　　　　　　　　　　　(b)

图 3.22　带缺口圆锥的投影

分析与作图　由正面投影可以看出,该圆锥被两个平面 P_1、P_2 组合截切。

P_1 是过锥顶的平面,为一正垂面,截交线形成三角形,三角形的一个端点为锥顶,对另两端点可用纬圆法确定其水平和侧面投影;

P_2 是正垂面,与轴线倾斜且 $\alpha<\theta$,截交线为椭圆弧,分别求出它的水平和侧面投影。

3. 平面截切圆球

平面与圆球的截交线总是圆。其投影形状要视截平面与投影面的相对位置而定。当截平面为投影面平行面时,截交线在平行于截平面的投影面上的投影反映实形;当截平面垂直于投影面时,在垂直于截平面的投影面上的投影为直线,长度等于截交圆的直径,在倾斜于截平面的投影面上的投影为椭圆。

例 3.14　如图 3.23(a)所示,用正垂面 P 截切球体,完成截切后形成的立体的水平投影和侧面投影。

分析与作图　球体被截切后,其表面增加了截断面,失去了部分球面。截切后形成的立体的表面由截断面和球面的剩余部分组成。正垂的截断面形状为圆形,正面投影积聚为直线段,水平投影和侧面投影分别为椭圆。如图 3.23(b)所示。

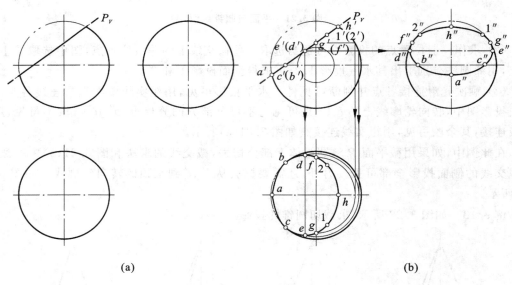

(a)　　　　　　　　　　(b)

图 3.23　平面截切圆球

投影图的具体作图步骤如下。

(1) 作出球面的各投影。

(2) 作截交线上特殊位置点的投影。如图 3.23(b)所示,截交线上的特殊位置点包括:最左点 A,最右点 H,最后点 D,最前点 E,水平投影转向轮廓线上的点 B、C,以及侧面投影转向轮廓线上的点 F、G。通过在球面上取点作出它们的各投影。

(3) 作截交线上若干一般位置点的投影。如图 3.23(b)所示,在截交线的适当位置上选取一般位置点 Ⅰ 和 Ⅱ,在球面上利用纬圆法作出它们的水平及侧面投影。

(4) 完成截断面的各投影。按照点的相邻顺序光滑连线,正面投影和水平投影都可见,用粗实线连接。

(5) 整理轮廓线并加深。B、C 两点右侧球面的水平投影轮廓线存在,而左侧由于被截掉一部分,球面的水平投影轮廓线不存在,因此可作为判断存在性的分界点;同理,F、G 两点可作为判断球面的侧面投影轮廓线存在性的分界点。

例 3.15　如图 3.24 所示,完成半圆球被截切后的水平和侧面投影。

分析与作图　两个截平面与半圆球表面的交线都是圆弧,P_1 是水平面,截交线的水平投影反映圆弧的实形,截交线的正面投影积聚为直线;P_2 是正平面,截交线的正面投影反映实形,水平投影积聚为直线。如图 3.24 所示。

4. 平面截切复合回转体

由多个回转基本立体沿轴线叠加形成的立体称为复合回转体。平面与复合回转体表面相交产生的截交线必然是由截平面与各基本立体的截交线组合而成的。

例 3.16　图 3.25 所示为一复合回转体被水平面截切,试完成其水平投影。

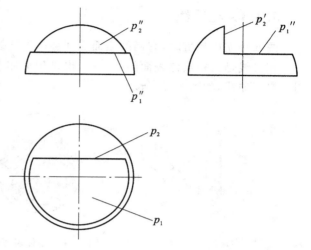

图 3.24　平面截切半圆球

分析与作图　题中的复合回转体是由圆锥体、圆柱体和半个球体从左至右叠加而成。截平面平行于轴线,与复合回转体表面相交所产生的截交线是由双曲线、两平行直线及半个圆所组成的封闭平面图形,而截平面又是截交线围成的平面区域。绘制截交线的投影图是绘制截切后形成立体的投影图的关键。

作图步骤如下。

① 作出复合回转体的水平投影图。

② 分别作出各段截交线的投影,如图 3.25 所示。

③ 分析各段轮廓线的存在性及存在部分的可见性。圆柱面与圆锥面结合处的边界轮廓线被切去一段,其位于回转体下半表面的部分的水平投影不可见,用虚线画出。

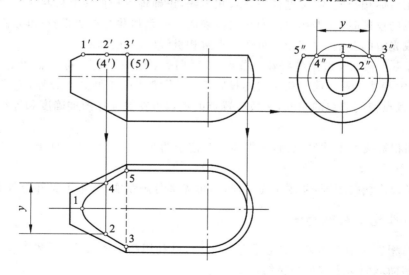

图 3.25　平面截切复合回转体

3.4 相贯立体的三面投影图

3.4.1 相贯线

两回转立体相贯时,它们的表面之间会产生交线,这些交线称为相贯线。

相贯线是两相贯体表面的共有线,也是相贯体表面的分界线。相贯线在一般情况下是封闭的空间曲线,如图 3.26 所示。

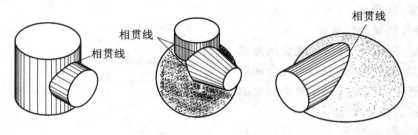

图 3.26 物体表面的相贯线

相贯线在特殊情况下可成为平面曲线(圆、椭圆)或直线,如图 3.27 所示。

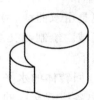

图 3.27 特殊情况下的物体表面的相贯线

解决两相贯体相交问题,关键任务是求相贯线,正确理解相贯线的形状。

作相贯线的投影时,应先作出两回转立体表面上一系列共有点的投影,再依次将这些点的同面投影连成光滑的曲线,并判断可见性。求解相贯线时应注意以下几点。

(1) 共有点包括相贯线上的特殊位置点(如转向点、极限位置点、特征点和结合点等)和一般位置点,其中特殊位置点确定相贯线的投影范围、形状特征或可见性分界,应尽可能找全这些点;一般位置点控制曲线的趋向,一般位置点的数量可在保证作图准确度和提高作图效率间折中选取。

(2) 判别相贯线可见性的原则:相贯线同时位于两个立体的可见表面上时,其投影才是可见的,否则就不可见。

(3) 相贯线连线的原则:要顺次光滑连接,可见部分画粗实线,不可见部分画虚线。

3.4.2 作相贯线的方法

根据参与相贯两回转体表面的投影情形不同,可利用积聚性投影,或利用表面取点法、辅助平面法和辅助球面法来求解相贯线。

1. 利用积聚性求相贯线

当相贯两回转体的表面分别垂直于投影面时,它们的投影都具有积聚性。在这种情况下,可利用积聚性求出两回转体相贯线的投影。

例 3.17 求作图 3.28 所示的轴线正交的两圆柱体表面相贯线的投影。

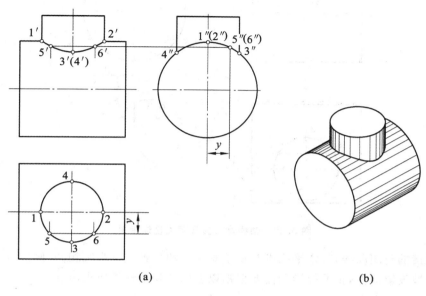

图 3.28　两圆柱体相贯

分析与作图　图示两圆柱体相交时,它们的圆柱面之间产生了相贯线,该相贯线是首尾相连的封闭空间曲线。因为相贯线是铅垂圆柱面上的曲线,所以它的水平投影在铅垂圆柱面的积聚性投影圆上;又因为相贯线是侧垂圆柱面上的曲线,所以相贯线的侧面投影又在侧垂圆柱面的积聚性投影圆上。这样,相贯线的水平投影和侧面投影都知道了,它的正面投影可根据这两个投影求解得到。

具体作图步骤如下。

(1) 作特殊位置点的投影。特殊位置点包括最左点Ⅰ、最右点Ⅱ、最前点Ⅲ和最后点Ⅳ,其中Ⅰ、Ⅱ两点也是最高点,Ⅲ、Ⅳ两点也是最低点。由它们的水平投影和侧面投影可求得正面投影。

(2) 作若干一般位置点的投影。在相贯线上选取Ⅴ、Ⅵ两点:先在水平投影圆上选定 5 和 6,由"宽相等"的规律在侧面投影圆上对应得到 5″和 6″,再求出正面投影 5′和 6′。一般位置点的数量可根据图形的大小进行调整,图形较大时,可适当增加。

(3) 顺次将这些点的同面投影连成光滑的曲线,并判断可见性。

(4) 分析各回转立体轮廓线的存在性和可见性。正投影图中,侧垂圆柱体的上转向轮廓线,分别从圆柱体左端到点Ⅰ终止、从点Ⅱ到圆柱体右端终止,点 1′、2′之间的线段不存在。铅垂圆柱面的四条转向轮廓线分别在点Ⅰ、Ⅱ、Ⅲ、Ⅳ终止,因此,正投影图中点 1′和 2′以下的转向轮廓线投影不存在,侧面投影图中,3″和 4″以下的转向轮廓线投影不存在。

例 3.18　如图 3.29 所示,求轴线垂直交叉的两圆柱体表面相贯线的投影,并完成立体的投影图。

分析与作图　两个圆柱体的轴线分别是铅垂线和侧垂线。两个圆柱体的相贯线的形状是

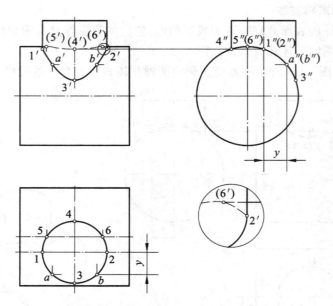

图 3.29　轴线垂直交叉两圆柱体相贯

空间首尾相接的封闭曲线,其水平投影与铅垂圆柱面的积聚性投影圆相同,侧面投影在侧垂圆柱面的积聚性投影圆上,正面投影则需要根据以上两个积聚性投影求出。

　　具体作图步骤如下。

　　(1) 作相贯线上特殊位置点的投影。特殊位置点包括最左点Ⅰ、最右点Ⅱ、最前点Ⅲ、最后点Ⅳ、最高点Ⅴ和Ⅵ,它们都分别位于两个圆柱面的转向轮廓线上。由这些点的水平投影和侧面投影求出正面投影。

　　(2) 作相贯线上一般位置点的投影。在相贯线上的点Ⅰ与点Ⅲ之间取点 A,在点Ⅲ与点Ⅱ之间取点 B 作为一般位置点。先在水平投影图中指定 a 和 b,再由宽相等规律在侧面投影图中对应作出 a'' 和 b'',最后求出 a'、b'。

　　(3) 依次将这些点的同面投影连成光滑曲线,并判断可见性。水平投影和侧面投影不必再画线;正面投影图中,$1'a'3'b'2'$ 段用粗实线画出,$2'(6')(4')(5')1'$ 段用细虚线画出。

　　(4) 分析各转向轮廓线的存在性和可见性。侧垂圆柱面在水平投影图中的转向轮廓线完全存在且可见;侧垂圆柱面在正投影图中的两条转向轮廓线中,下面的一条存在且可见,而上面的一条分成了从圆柱左端到点Ⅴ终止、从点Ⅵ到圆柱右端的两段,而在点Ⅴ、Ⅵ之间的一段不存在;铅垂圆柱面在正投影图中的转向轮廓线与侧垂圆柱面的贯穿点分别是Ⅰ和Ⅱ,其在点Ⅰ和Ⅱ以上的部分存在且可见;铅垂圆柱面在侧面投影图中的转向轮廓线与侧垂圆柱面的贯穿点分别是Ⅲ和Ⅳ,其在点Ⅲ和Ⅳ以上的部分存在且可见。

　　2. 利用表面取点法求相贯线

　　当相贯两回转体之一是圆柱体,且圆柱体的轴线垂直于某一投影面时,相贯线在该投影面上的投影为圆柱面的积聚投影圆或圆弧。可以从这一已知投影出发,通过在另一回转体表面上取点完成相贯线的其他投影。

　　例 3.19　求图 3.30 所示圆柱体与半圆球的表面相贯线,完成立体的投影图。

　　分析与作图　轴线为侧垂线的圆柱体与半圆球相交,相贯线的侧面投影为水平圆柱的积聚性投影,需要作出相贯线在主、俯视图上的投影。因为相贯线是圆球表面上的线,所以主、俯

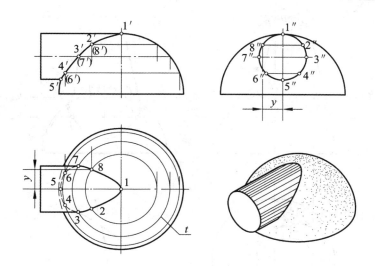

图 3.30　圆柱体与半圆球相贯

视图上的投影可以利用在圆球表面上取点的方法求出。

（1）求作特殊点。Ⅰ、Ⅴ分别是最高点和最低点，分别也是最右点和最左点，可以根据投影关系直接求出。Ⅲ、Ⅶ为最前点和最后点，它们位于球面上，可利用纬圆法作出。如图 3.30 所示，作水平纬圆 t，它与圆柱最前和最后的两条轮廓线分别交于 3、7 两点，然后在主视图上作出 $3'$、$7'$。

（2）求作一般点。一般点可利用球面上取点的方法求得。在相贯线的侧面投影的圆周上取Ⅱ、Ⅳ、Ⅵ、Ⅷ四点，利用纬圆法在球面上取点，分别作出其水平及正面投影。

（3）判断可见性并将各点顺次连成光滑的曲线。俯视图中，Ⅲ、Ⅶ两点为可见与不可见部分的分界点，位于Ⅲ、Ⅶ两点下方的点在俯视图中不可见，故点 3、点 4、点 5、点 6、点 7 用虚线连接；主视图中，相贯线的前半条与后半条重影，用实线连接。

（4）处理回转体的轮廓线。圆柱体四条轮廓线都参与相贯，都从相贯线上的点处穿入球体内；半圆球只有 V 面的轮廓线参与相贯，从点Ⅴ穿入，从Ⅰ点穿出，所以在正面投影中点 $1'$、点 $5'$ 之间的线段不画出，水平投影上半圆球底圆一部分被圆柱体挡住，不可见部分用虚线表示。

3. 利用辅助平面法求相贯线

当参与相交的两回转体的表面投影都不具有积聚性时，可以利用辅助平面来求解相贯线的投影。辅助平面法的原理如图 3.31 所示：选作辅助平面 P，分别求出 P 与两回转体表面的截交线 L_1 和 L_2，L_1 与 L_2 的交点 M、N 必然是两回转体表面相贯线上的点。选作一系列的辅助平面将得到一系列相贯线上的点，把它们顺序光滑连接就得到相贯线。

选作辅助平面时须注意，它与两个回转体表面截交线的某同面投影都应该是简单易画的图线，这样有利于准确地求出相贯线上的点。

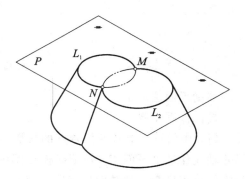

图 3.31　辅助平面法的作图原理

例 3.20　求图 3.32 所示圆台与半圆球的表面相贯线，完成立体的投影。

分析与作图　圆台的锥面与球面的投影都没有积聚性，它们相贯线的三个投影都未知，需

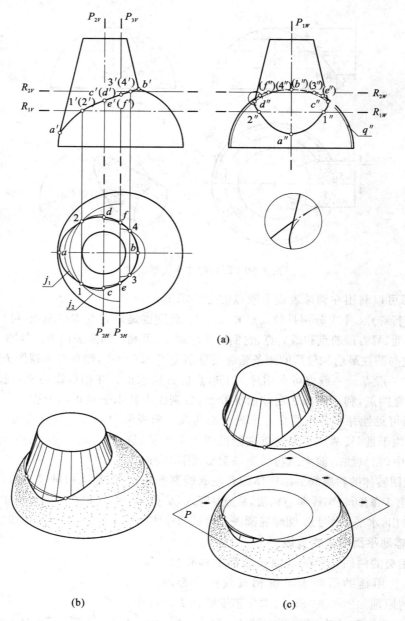

图 3.32　圆台与半圆球相贯

利用辅助平面法求出。

　　具体作图步骤如下。

　　（1）作相贯线上特殊位置点的投影。根据圆锥面和球面的相对位置特点,同时过二者的铅垂轴线作辅助平面 P_1（在侧面投影图中用迹线 P_{1w} 表示）,P_1 与两个回转面的截交线分别是它们对正投影面的转向轮廓线,正面投影图中转向轮廓线的交点 a'、b' 即为相贯线上 A、B 两点的正面投影,水平投影 a、b 和侧面投影 a''、b'' 可在圆锥面或半球面上取点获得。A、B 两点分别为相贯线上的最低、最高点,也是最左、最右点。

　　圆锥面对于侧投影面的转向轮廓线上的点 C 和 D 也是将相贯线向侧投影面投射时可见

与不可见部分的分界点。为作出 C 和 D 的各投影,过圆锥体的轴线并包含这两条转向轮廓线作辅助平面 P_2(在正投影图中用迹线 P_{2V} 表示,在水平投影图中用迹线 P_{2H} 表示),侧平面 P_2 与半球面的交线为半圆 Q,Q 的侧面投影 q'' 与圆锥面对于侧投影面的转向轮廓线的侧面投影的交点 c''、d'' 为相贯线上两点的侧面投影,在 P_{2V} 上作出 c'、d',在 P_{2H} 上作出 c、d。

（2）作相贯线上一般位置点的投影。采用水平面作为辅助平面,辅助平面与圆锥面及球面的交线都为圆,且圆的水平投影简单易画,如图 3.32(a)所示。先在点 A 和点 C、D 间作水平辅助平面 R_1,它与圆锥面的交线为圆 J_1,与球面的交线为圆 J_2,分别作出 J_1 和 J_2 的水平投影 j_1 和 j_2,它们的交点为 1、2,分别在 R_{1V} 和 R_{1W} 上作出相应的正面投影 $1'$、$2'$ 和侧面投影 $1''$、$2''$。同理,在点 B 和点 C、D 间作水平辅助平面 R_2,作出相贯线上Ⅲ、Ⅳ 两点的各投影。

（3）光滑连点成线并判断可见性。相贯线的水平投影全部可见,正面投影的不可见部分刚好和可见部分重合,先用粗实线画出相贯线的这两个投影。画相贯线的侧面投影前需要先求出点 E 和 F 的投影,为此,先在正面投影图中找出相贯线和球面回转轴线的交点 e'、f',再在球面上取点作出 e''、f'' 和 e、f。最后根据可见性用合适的线型依次连接各点的侧面投影。

（4）分析各回转体转向轮廓线的存在性和可见性。正面投影中,两回转体的轮廓线画到 a'、b' 为止;侧面投影中,圆锥的轮廓线画到 c''、d'' 为止,球的轮廓线画到 e''、f'' 为止,在重影区域内圆锥的轮廓线可见,球的轮廓线不可见。

半球面对于侧投影面的转向轮廓线上的点 E 和 F 是这条转向轮廓线存在与不存在部分的分界点。若过球的轴线作一侧平面 P_3 作为辅助平面,则它与圆锥面的交线为双曲线,作此双曲线的侧面投影方法烦琐,精确度也低,所以此例中不采用此辅助平面作图。

4. 辅助球面法

回转体与球体相交,且回转体的回转轴线通过球体的球心时,回转体与球体的相贯线为圆,该相贯线圆所在平面垂直于回转体的回转轴线。当回转体的回转轴线平行于某投影面时,相贯线圆在该投影面上的投影为直线段;当回转体的回转轴线垂直于某投影面时,相贯线圆在该投影面上的投影反映圆的实形,如图 3.33 所示。

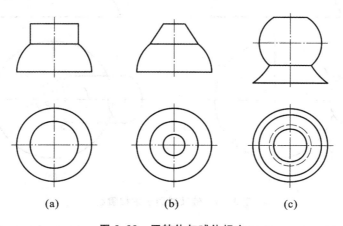

(a)　　　　　　　　(b)　　　　　　　　(c)

图 3.33　回转体与球体相交

图 3.34 是用辅助球面法作相贯线上点的原理图。任意两个回转体相交,且二者的轴线相交于点 O。如果以点 O 为球心作一个辅助球面,则辅助球面与两回转面(回转体的表面)的交线分别是圆,这两个圆的交点 M、N 是两回转体表面的公共点,属于相贯线上的点。如果以点

O 为球心作出一系列同心但半径不等的辅助球面,就会得到两回转体表面一系列的公共点,把它们光滑连接起来就是相贯线。

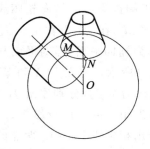

图 3.34　辅助球面法的作图原理

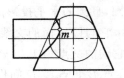

图 3.35　辅助球面法的应用

　　运用辅助球面法时需要注意,两回转体轴线必须相交且同时平行于某个投影面,只有这样,才能够使辅助球面与各回转体的相贯线圆在该投影面上的投影是简单易画的直线段。

　　应用辅助球面法,最突出的优点是可以在一个投影图上完成相贯线的全部作图。而且选用适当的辅助球面,有时可以求得相贯线上的特殊点,如图 3.35 所示,当圆锥体与圆柱体轴线正交(两回转体轴线垂直相交)时,采用与圆锥面相切的辅助球面,可求得相贯线上的最右点。

　　例 3.21　　如图 3.36(a)所示,作出轴线相交的圆柱体与圆锥体表面的相贯线。

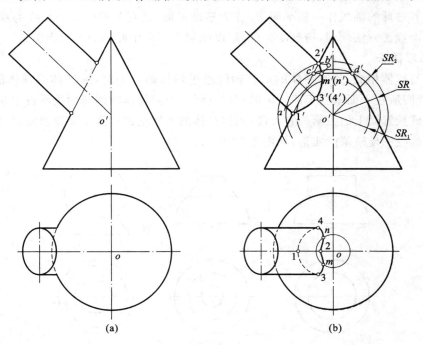

图 3.36　辅助球面法求相贯线

　　分析与作图　　点 I 和点 II 是圆锥面的转向轮廓线与圆柱面的转向轮廓线的交点,属于特殊位置点。其他一般位置点需用辅助球面法求得。如图 3.36(b)所示,以 o' 为圆心,大小适当的 R 为半径作圆,此圆就是辅助球面的正面投影,它与圆柱面和圆锥面的正面转向轮廓线的投影分别交于 a'、b' 和 c'、d'。线段 $a'b'$ 和 $c'd'$ 即辅助球面与两回转体表面交线圆的正面投影。$a'b'$ 和 $c'd'$ 的交点 $m'(n')$

即为相贯线上点 M、N 的正面投影,其水平投影 m、n 可利用回转面(圆锥面或球面)上取点的方法求出。从题图可以看出,所取球面半径 R 必须在 R_1 与 R_2 之间,R_1 与 R_2 称为辅助球面的极限半径。

再用同样的方法作若干同心球面,求出更多的点,然后光滑连接各点的同面投影,并注意可见性。最后画出存在的各转向轮廓线。

3.4.3　相贯线的特殊情况

一般情况下,两个回转体相交,其表面产生的相贯线为空间曲线。但是在特殊情况下,相贯线会成为平面曲线(圆或椭圆)或直线。以下是三种常见的相贯线的特殊情况。

(1)当相交两回转体的表面公切于一个球面时,它们的相贯线为椭圆,且在与两回转体轴线都平行的投影面上,椭圆投影为直线段,如图 3.37 所示。

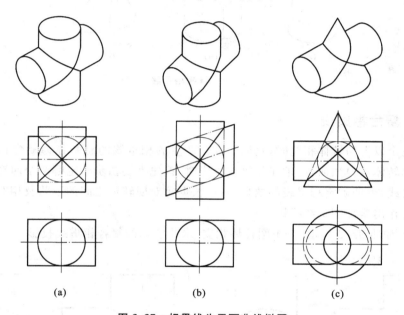

(a)　　　　　　　(b)　　　　　　　(c)

图 3.37　相贯线为平面曲线椭圆

图 3.37(a)所示是两个直径相等、轴线正交的圆柱体的表面相贯线。两圆柱体的表面公切于一个球面,相贯线为两个相同的椭圆,椭圆的正面投影分别为直线,水平投影都在圆上。

图 3.37(b)所示是两个直径相等、轴线斜交的圆柱体的表面相贯线。此两圆柱体的表面也公切于一个球面,相贯线是两个长轴长度不相等的椭圆,椭圆的正面投影分别为直线段,水平投影都在圆上。

图 3.37(c)所示是一对轴线正交的圆锥体与圆柱体,表面公切于一个球面时的相贯线。此时相贯线为两个大小相等的椭圆,椭圆的正面投影分别为直线,水平投影仍为椭圆。

(2)当相交的两个回转体具有公共轴线时,它们表面产生的相贯线为垂直于公共轴线的圆,此圆在与回转体轴线平行的投影面上投影为直线,如图 3.38(a)所示。

(3)轴线互相平行的两圆柱体相交,相贯线为两条平行于轴线的直线,如图 3.38(b)所示;两圆锥共锥顶时,相贯线是两条相交于圆锥顶点的直线,如图 3.38(c)所示。

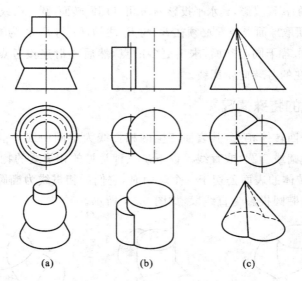

图 3.38　特殊相贯线

3.4.4　复合相贯线

三个或三个以上回转体相交时,它们的表面产生的相贯线的总和称为复合相贯线。不论参与相交的回转体数目如何,在求作相贯线投影时,首先都要初步断定哪两个回转体的表面之间会产生相贯线,也即确定相贯线的数目,然后根据每对回转体之间的形状及相对位置选用前述的各种方法作出全部相贯线投影。

例 3.22　如图 3.39 所示,三个圆柱体相交,求作它们的复合相贯线投影。

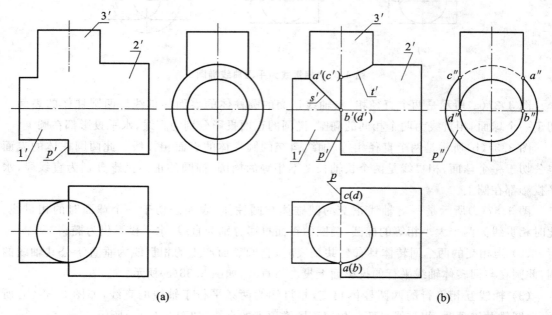

图 3.39　三圆柱相贯

分析与作图 该复合立体是由Ⅰ、Ⅱ、Ⅲ三个圆柱体组成的,其中两侧垂圆柱体Ⅰ与Ⅱ同轴叠加,不产生相贯线;铅垂圆柱体Ⅲ与侧垂圆柱体Ⅰ、Ⅱ的轴线分别正交,会产生相贯线,其中Ⅲ与Ⅰ直径相等,相贯线为平面曲线椭圆,圆柱体Ⅲ与Ⅱ直径不等,相贯线为空间曲线;另外,侧垂圆柱体Ⅱ的左底面 P 与其他两个圆柱体的表面还会分别产生截交线。

（1）作圆柱体Ⅰ与Ⅲ的相贯线投影。圆柱体Ⅰ与Ⅲ的相贯线为平面曲线椭圆,其水平投影在圆柱体Ⅲ的水平投影的左半圆周上,侧面投影在Ⅰ的侧面投影的上半圆周上,正面投影成直线段 s'。

（2）作圆柱体Ⅱ与Ⅲ的相贯线投影。圆柱体Ⅱ与Ⅲ的相贯线为一段空间曲线,其水平投影在圆柱体Ⅲ的水平投影的右半圆周上,侧面投影是圆柱体Ⅱ的侧面投影圆上的一段圆弧,因为位于圆柱Ⅲ右半柱面,故侧面投影不可见,正面投影 t' 可用积聚投影法求得。

（3）求作圆柱体Ⅱ的左底面 P 与圆柱体Ⅰ、Ⅲ表面的截交线投影。P 与圆柱体Ⅰ表面的截交线是半圆,其侧面投影是从 b'' 到 d'' 的下半圆弧,正面投影是点 $b'(d')$ 以下的直线段,水平投影是图 3.39 中的细虚线;P 与圆柱体Ⅲ表面的截交线恰好是圆柱体Ⅲ的表面对于侧投影面的两条轮廓线 AB 和 CD,截交线的端点 A、B、C、D 也分别是相贯线 T、S 的端点,它们是截交线与相贯线的结合点。

（4）分析轮廓线的存在性和可见性。逐一分析各圆柱体的底面和转向轮廓线的存在性和可见性,用正确的图线画出它们的投影。

第4章 组 合 体

任何复杂的机件(或物体),若不考虑其物理特性和机械方面的整体功用及要求,仅从几何形状的角度来分析,都可以看成是由一些基本形体按一定的连接方式组合而成的,或由某一几何基本体经若干平面(或曲面)切割后形成的。习惯上将这种"几何化"了的机件(或物体)称为组合体。本章在学习了基本立体投影的基础上,进一步研究组合体画图和看图的基本方法,以及组合体的尺寸标注等问题。

4.1 组合体的组成方式和形体分析法

4.1.1 形体分析法

我们常把组合体分解为若干基本形体或组成部分,然后一一弄清它们的形状、相对位置及连接方式,以利于顺利地绘制和阅读组合体的视图。这种思考和分析的方法称为形体分析法。形体分析法是画图和看图的基本方法。

4.1.2 组合体的组成方式

组合体的基本组成方式有叠加和切割两种,如图4.1所示。

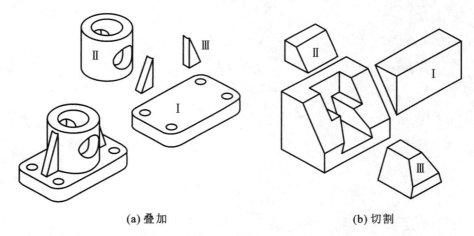

(a) 叠加　　　　　　　　　　　　　　　(b) 切割

图 4.1　组合体的组成方式

图4.1(a)所示为叠加型组合体,它可以分解为底板Ⅰ、圆筒Ⅱ、肋板Ⅲ三个部分。

图4.1(b)所示为切割型组合体,它可以看成是由一长方体在前上方切去三棱柱Ⅰ、上方切去四棱柱Ⅱ、下方挖去立体Ⅲ而成的。

4.1.3 组合体相邻表面的连接方式

研究组合体上各基本形体表面之间的连接方式,主要是为了能正确地绘制连接处的投影。

表面连接方式分为共面连接和非共面连接两类。

1. 共面连接

共面是指两表面连接后形成同一平面或光滑回转面,或平面与回转面的光滑组合面。两表面共面连接时,在视图上两表面连接处无分界线。

如表 4.1 所示的表面平齐(共平面)和表面相切(两表面光滑连接)两种情况。要特别注意平面与回转面相切情况下的画图特点。

表 4.1   表面平齐和表面相切的组合体

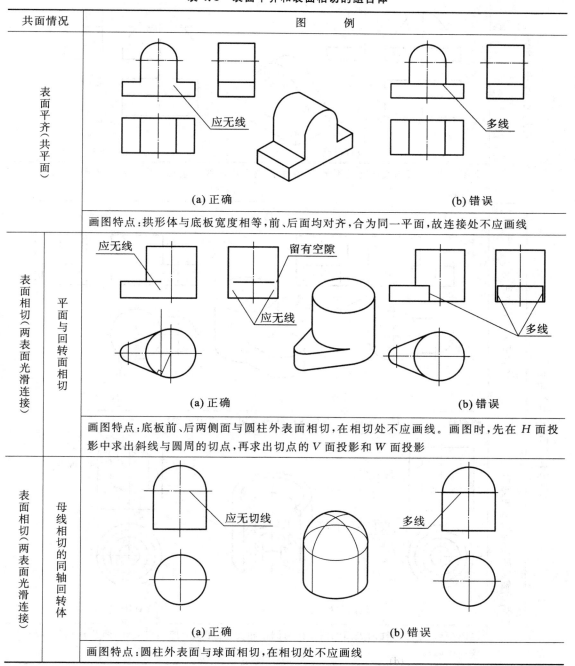

共面情况		图 例
表面平齐(共平面)		(a) 正确 应无线 (b) 错误 多线
		画图特点:拱形体与底板宽度相等,前、后面均对齐,合为同一平面,故连接处不应画线
表面相切(两表面光滑连接)	平面与回转面相切	应无线 留有空隙 应无线 多线 (a) 正确 (b) 错误
		画图特点:底板前、后两侧面与圆柱外表面相切,在相切处不应画线。画图时,先在 H 面投影中求出斜线与圆周的切点,再求出切点的 V 面投影和 W 面投影
表面相切(两表面光滑连接)	母线相切的同轴回转体	应无切线 多线 (a) 正确 (b) 错误
		画图特点:圆柱外表面与球面相切,在相切处不应画线

2. 非共面连接

两表面非共面连接时,在视图上两表面连接处必有分界线。

表 4.2 所示为表面不平齐和表面不相切(相交或交错)两种情况。

表 4.2　表面不平齐和表面不相切的组合体

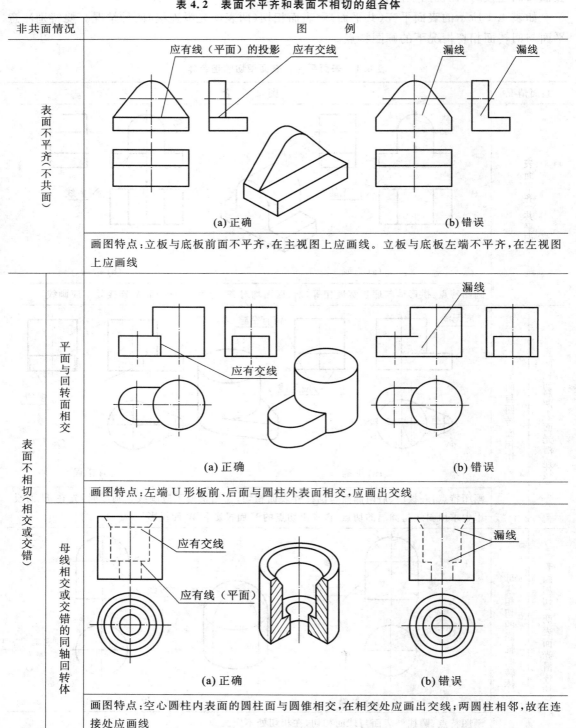

非共面情况	图　　例
表面不平齐(不共面)	(a) 正确　　　　　　　　　　　(b) 错误
	画图特点:立板与底板前面不平齐,在主视图上应画线。立板与底板左端不平齐,在左视图上应画线
表面不相切(相交或交错)：平面与回转面相交	(a) 正确　　　　　　　　　　　(b) 错误
	画图特点:左端 U 形板前、后面与圆柱外表面相交,应画出交线
母线相交或交错的同轴回转体	(a) 正确　　　　　　　　　　　(b) 错误
	画图特点:空心圆柱内表面的圆柱面与圆锥相交,在相交处应画出交线;两圆柱相邻,故在连接处应画线

从表 4.1 和表 4.2 可以看出,对于同轴回转体主要需分析其母线是否相切。母线相切时为共面,视图上无表面分界线,否则为非共面,必有表面分界线。

4.2　画组合体三视图的方法和步骤

下面以图 4.2(a)所示轴承座为例,说明画组合体三视图的具体方法和步骤。

1. 进行形体分析

把组合体分解为若干形体,并确定它们的组合形式,以及相邻表面间的相互位置。图4.2(a)所示的轴承座是用来支承轴的,应用形体分析法来分析,可以把它分成四部分:与轴相配合的圆筒Ⅰ,用来支承圆筒的支承板Ⅱ和肋板Ⅲ,固定支承板Ⅱ和肋板Ⅲ的底板Ⅳ,如图 4.2(b)所示。

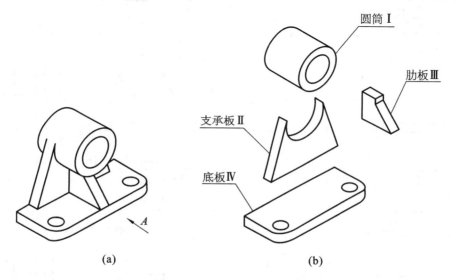

(a)　　　　　　　　　　　　　　　　　　　　　(b)

图 4.2　轴承座的形体分析

2. 确定主视图

三视图中,主视图是最重要的视图。画图时应首先选择主视图。选择主视图应从以下方面考虑。

(1) 根据形体稳定性和画图方便性确定组合体的安放位置,一般使形体的主要平面与投影面处于平行或垂直位置。

(2) 能充分反映组合体的形体特征及其相互位置关系。

(3) 使各视图中不可见的形体为最少。

综合考虑上述因素,以图 4.2(a)中箭头所指方向 A 作为轴承座的主视图投射方向。

3. 选比例、定图幅

画图时,尽量选用1∶1的比例。这样既便于直接估量组合体的大小,也便于画图。按选定的比例,根据组合体的长、宽、高计算出三视图所需长度、宽度和高度,并在视图之间留出标注尺寸的位置和适当的间距,据此选用合适的标准图幅。

4. 布图、画基准线

首先固定好图纸,然后根据各视图的位置和大小,画出基准线。基准线画出后,各视图的具体位置随之而定。基准线是指画图时确定尺寸的基准,每个视图需要确定两个方向的基准线。一般采用对称中心线、轴线和较大的平面作为基准线,如图 4.3(a)所示。

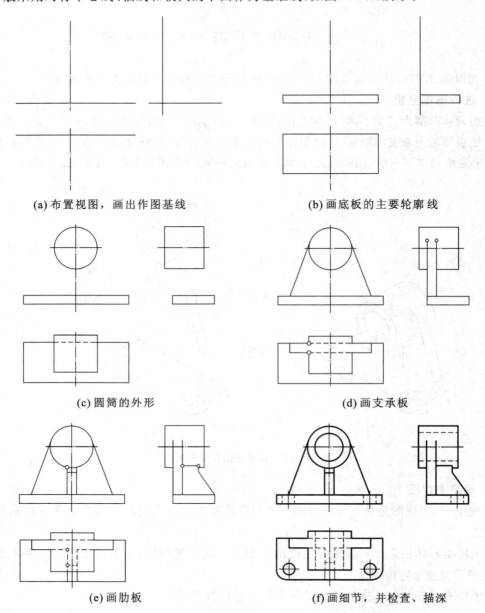

(a) 布置视图,画出作图基线　　　　　　(b) 画底板的主要轮廓线

(c) 圆筒的外形　　　　　　(d) 画支承板

(e) 画肋板　　　　　　(f) 画细节,并检查、描深

图 4.3　画组合体的三视图的方法和步骤

5. 逐个画出各形体的三视图

　　根据各形体的投影规律,逐个画出形体的三视图。画各形体时,要三个视图联系起来画,并从反映形体特征的视图画起,再按投影规律画出其他两个视图。画形体的顺序是:先实(实形体)后虚(挖去的形体);先大(大形体)后小(小形体);先轮廓后细节。如图 4.3(b)至图 4.3(f)所示。

注意：

(1) 图 4.3(c)中，底板与圆筒的相对位置关系要正确；

(2) 图 4.3(d)中，支承板与圆筒相切处在俯、左视图上不画切线投影；

(3) 图 4.3(e)中，在左视图上应画出肋与圆筒的交线，取代圆筒的一段轮廓线。

6. 检查、描深

画完底稿后，按形体逐个仔细检查，纠正错误和补充遗漏。按标准图线描深，可见部分用粗实线画出，不可见部分用细虚线画出。对称图形、半圆或大于半圆的圆弧要画出对称中心线，回转体必须要画出轴线，对称中心线和轴线用细点画线画出，如图 4.3(f)所示。

当几种图线重合时，按粗实线、细虚线、细点画线和细实线的顺序取舍。由于细点画线要画出图形外 2～5 mm，当它与其他图线重合时，在图形外的那段不可省略不画。

例 4.1 画出图 4.4(a)所示切割型组合体的三视图。

分析 此切割体可以看作由带有斜面的四棱柱，在左、右两侧的上方各切去一个棱柱Ⅰ，在中间上方和下方分别切去棱柱Ⅱ和Ⅲ而成，如图 4.4(a)所示。

作图

(1) 确定主视图。选择图 4.4(a)中箭头所指方向 A 为主视图投射方向。

(2) 选比例、定图幅。以 1∶1 的比例确定图幅。

(3) 布图、画基准线，如图 4.4(b)所示。

(4) 逐个画出形体的三视图。先画出未被切割之前的四棱柱的三面投影，如图 4.4(b)所示。再逐一画出挖去棱柱Ⅰ、Ⅱ、Ⅲ后的三面投影，如图 4.4(c)至图 4.4(e)所示。

(5) 检查、描深，如图 4.4(f)所示。可根据类似性检查侧垂面的投影是否正确。

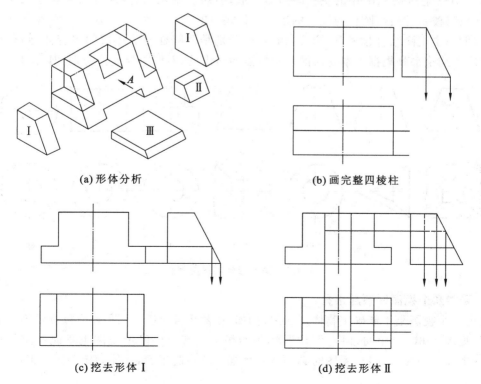

(a) 形体分析   (b) 画完整四棱柱

(c) 挖去形体Ⅰ   (d) 挖去形体Ⅱ

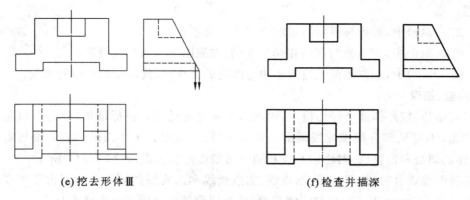

(e) 挖去形体Ⅲ　　　　　　　　　　　(f) 检查并描深

图 4.4　画切割型组合体的三视图

4.3　组合体的看图方法

看图是画图的逆过程。画图是把空间的组合体用正投影法表示在平面上,而看图则是根据已画出的视图,运用投影规律,想象出组合体的空间形状。画图是看图的基础,而看图既能提高空间想象能力,又能提高投影分析能力。

4.3.1　看图时要注意的几个问题

1. 要熟练掌握基本形体的投影特点

图 4.5(a)至图 4.5(d)中的主视图同为梯形,但结合俯视图看,则可判断这些几何体分别为四棱台、三棱台、圆台、圆台与棱台的组合。同理,图 4.5(e)至图 4.5(g)中俯视图均为两个同心圆,但与主视图结合起来看,则可判断它们分别是两圆柱叠加形成的组合体、圆筒和穿孔圆球。这些结论都是根据基本立体的投影特点而得出的,看图时要能熟练地加以运用。

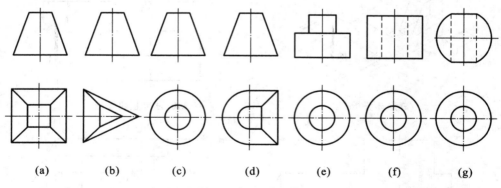

(a)　　　　(b)　　　　(c)　　　　(d)　　　　(e)　　　　(f)　　　　(g)

图 4.5　基本形体的投影特点

2. 要将几个视图联系起来看

仅由一个视图是不能确定物体形状的,例如,虽然图 4.6(b)至图 4.6(f)所示五个物体的主视图(见图 4.6(a))相同,但它们的形状各不相同。有时由两个视图也不能确定物体的形状,例如图 4.7 所示。所以,看图时必须将几个视图联系起来看,才能确定物体的形状。

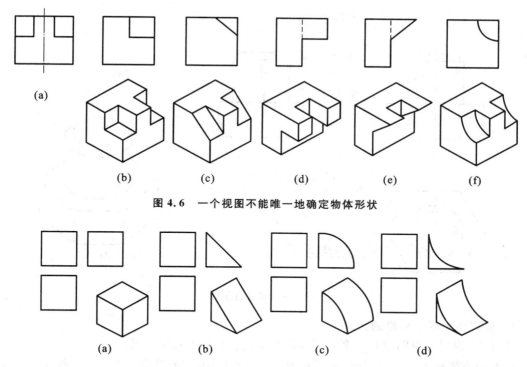

图 4.6 一个视图不能唯一地确定物体形状

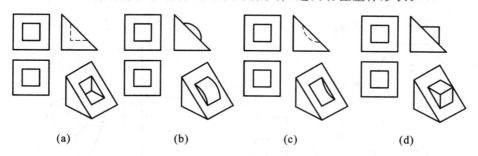

图 4.7 物体视图的主、俯视图相同,但形状不同

3. 要找出特征视图

所谓特征视图是指最能反映物体的形状特征或位置特征的视图。如图 4.8 所示物体的主视图表达了主要结构的形状和位置特征,而左视图则表达了物体中部结构的形状特征。

一个较复杂的组合体,其形状特征或位置特征并非总是集中在一个视图上,看图时需找出反映特征较多的视图,这样才能较容易地逐个判断形体,进而看懂整体形状。

图 4.8 找出物体的特征视图

4. 要弄清视图中图线的含义

视图中的每一条线,无论是粗实线、细虚线还是点画线,都各有其含义。

粗实线和细虚线可能是物体下列要素的投影(见图 4.9)。

(1) 平面或曲面具有积聚性的投影。

(2) 面与面交线的投影。

(3) 曲面转向轮廓线的投影。

点画线代表回转体轴线的投影、圆或圆弧的中心线以及对称物体的对称中心线。

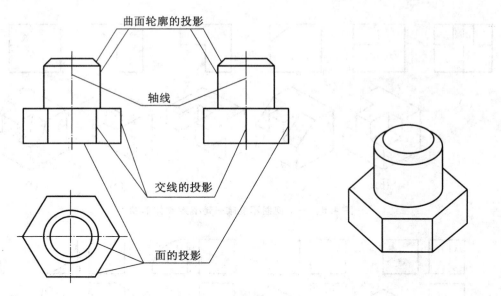

图 4.9　图线的含义

5. 要弄清视图中线框的含义

图 4.10 说明了视图中每一个封闭线框的含义。有下列几种情况。

(1) 一个线框表示一个平面,如图 4.10(a)及图 4.10(b)俯视图中表示顶面的线框。

(2) 一个线框表示一个曲面,如图 4.10(a)中表示锥面的线框,图 4.10(c)中表示内、外圆柱面的虚、实线框。

(3) 一个线框表示平面与曲面或曲面与曲面相切的组合面,如图 4.10(a)中表示柱、球组合面的线框,图 4.10(b)中表示锥面与平面组合面的线框,与图 4.10(c)中表示平、曲组合面的线框。

(4) 一个线框也可能表示一个孔,如图 4.10(c)中表示圆柱孔的线框。

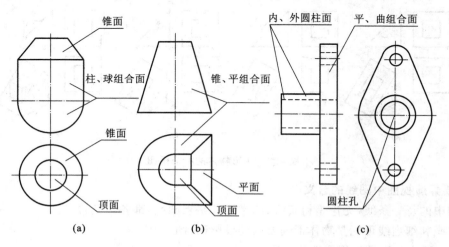

(a)　　　　　　　　(b)　　　　　　　　(c)

图 4.10　线框的含义

6. 要善于判断各表面的相对位置

某一视图中相邻的两线框一般代表两个不同的面,它们必然处于两种不同的位置,要区分出它们的前后、上下、左右和相交等位置关系,以帮助看图,如图 4.11 所示。

(1) 在俯视图中找出与主视图线框对应的图线,以确定线框所代表的面的前后位置,如图 4.11(a)所示。

(2) 在主视图中找出与左视图线框对应的图线,以确定线框所代表的面的左右位置,如图 4.11(a)所示。

(3) 在主视图中找出与俯视图线框对应的图线,以确定线框所代表的面的上下位置,如图 4.11(a)所示。

(4) 由图 4.11(b)、图 4.11(c)中的俯视图可知,主视图中两线框所代表的面为相交面。

至于图 4.11(d)中各表面的相对位置,请读者自行分析。

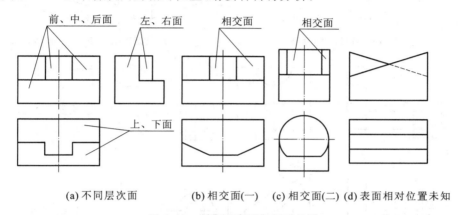

(a)不同层次面　　(b)相交面(一)　(c)相交面(二)(d)表面相对位置未知

图 4.11　判断两表面间相对位置

4.3.2　看图的方法和步骤

1. 形体分析法

形体分析法是看组合体视图的基本方法。把比较复杂的视图,按线框分成几个部分,根据已掌握的简单形体的投影特点,运用三视图的投影规律,通过分析、比较,分别想象出各形体的形状及相互连接方式,最后综合起来想象出整体。下面以图 4.12(a)所示的组合体三视图为例,说明看图的一般步骤。

1) 分析视图,划分线框

划分线框的目的是把组合体分解为若干基本形体。如图 4.12(a)所示,在主视图中按实线框将组合体分成Ⅰ、Ⅱ、Ⅲ、Ⅳ四个部分。无论在哪个视图上划分线框,都要符合"划分后的形体简单,各形体连接关系明显"的原则。

2) 对照投影,想象出形体

按投影关系在各视图中找出各线框的对应投影,在分析每一部分的三视图时,要抓住特征视图,从而想象出这部分的形状,如图 4.12(b)至图 4.12(e)所示。

3) 确定位置,想象出整体

分析各形体相对位置时,根据主视图判断其上下、左右位置;根据俯视图和左视图判断其前后位置。确定了各形体的形状及其相互位置后,整个组合体的形状也就清楚了,如图 4.12(f)所示。

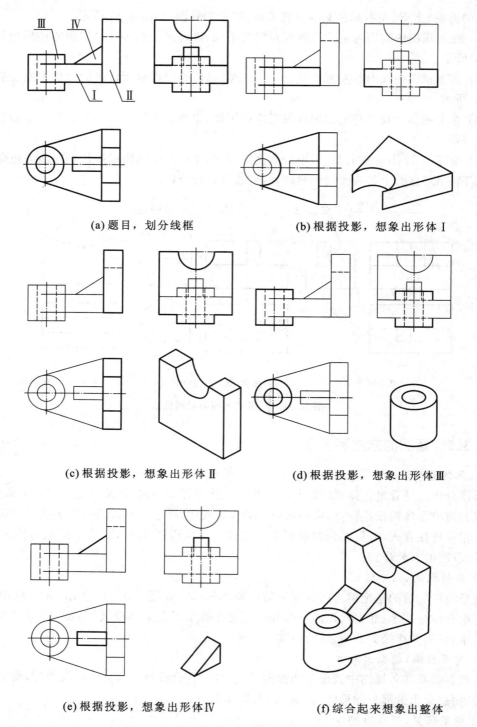

(a) 题目，划分线框　　　　　　　(b) 根据投影，想象出形体 Ⅰ

(c) 根据投影，想象出形体 Ⅱ　　　　　(d) 根据投影，想象出形体 Ⅲ

(e) 根据投影，想象出形体Ⅳ　　　　　(f) 综合起来想象出整体

图 4.12　用形体分析法看组合体的三视图

例 4.2　根据图 4.13(a)所示的组合体的主、俯视图,补画出左视图。

分析　根据组合体的主、俯视图,想象出物体的形状。

对照组合体主视图及俯视图的投影关系及形状特点可知,组合体由底板、空心圆柱体及两块肋板组合而成。其中：底板可视为圆柱体，该圆柱体的前、后被两个正平面切割，底部被挖切去了一个方槽；底板的上中部是空心圆柱体，圆柱体内部开有轴线为铅垂线的同轴线圆柱和圆台孔，下部的圆柱孔为通孔，空心圆柱体的前上方开有方形槽、后部开有圆形孔；底板的上部、空心圆柱体的两侧分别有一块肋板，如图 4.13(b)所示。

作图

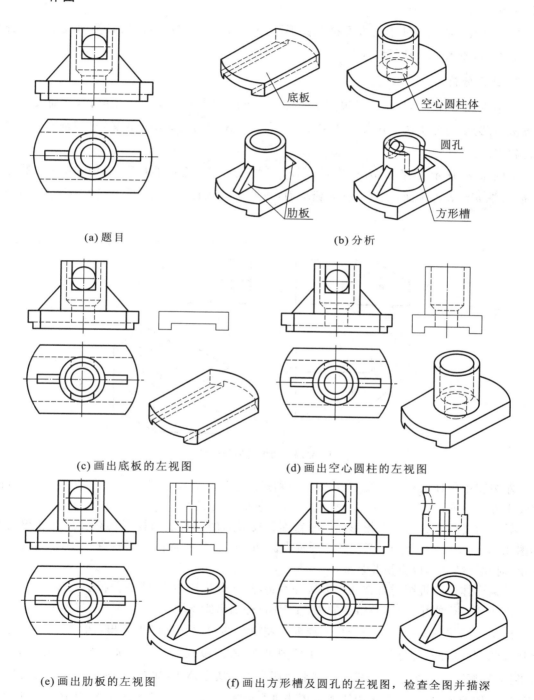

(a) 题目　　　　　　　　　　　　　(b) 分析

(c) 画出底板的左视图　　　　　(d) 画出空心圆柱的左视图

(e) 画出肋板的左视图　　(f) 画出方形槽及圆孔的左视图，检查全图并描深

图 4.13　根据组合体的主、俯视图，补画出左视图

（1）根据主、俯视图，画出底板的侧面投影，如图 4.13（c）所示。

（2）根据主、俯视图，画出空心圆柱体的侧面投影，注意画出圆柱、圆台孔交线的投影，如图 4.13（d）所示。

（3）根据主、俯视图，画出肋板的侧面投影，注意肋板上的正垂面与圆柱的截交线是一段椭圆弧线，如图 4.13（e）所示。

（4）根据空心圆柱体上的方形槽及圆形孔的正面及水平投影，画出其侧面投影。检查全图并描深，如图 4.13（f）所示。

2. 线面分析法

运用线、面的投影规律，分析视图中图线和线框所代表的意义和相互位置，从而看懂视图的方法，称为线面分析法。这种方法主要用来分析视图中的局部复杂投影，对切割式的组合体用得较多。

如图 4.14 所示，线框 a、b、c、d'、e'、b''、e''、f'' 均表示了一个面的投影，其中线框 a、c 代表水平面，线框 b 代表正垂面，线框 e' 代表铅垂面，线框 d' 代表正平面，线框 f'' 代表侧平面。

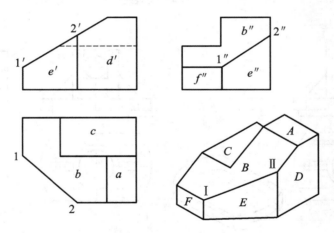

图 4.14　物体的线面分析

左视图中为什么有一斜线 $1''$、$2''$ 呢？分别找出它的正面投影 $1'$、$2'$ 和水平投影 1、2，便可知道线 Ⅰ Ⅱ 为一般位置直线，它是铅垂面 E 和正垂面 B 的交线。

看图时要注意到物体上投影面的平行面和投影面的垂直线的投影具有实形性和积聚性，如图 4.15 和图 4.16 所示；而投影面的垂直面和一般位置平面的投影具有类似性，如图 4.17 所示，对此要特别加以重视并掌握。

看组合体的三视图时常常两种方法并用：以形体分析法为主，线面分析法为辅。

例 4.3　根据图 4.18（a）给定的主、左视图，补画出俯视图。

分析　根据主视图只有一个封闭线框及左视图的轮廓线可以想象出：物体是由一个四棱柱体经切割而成的。对照投影关系由主视图可知，该四棱柱的左上端被一个正垂面切去了一块形体 A，底部被一个水平面和两个侧平面切去了一块形体 B，如图 4.18（b）所示。为正确画出该组合体的俯视图，还应运用线面分析法进行分析。该组合体有一个水平面 P、一个正垂面

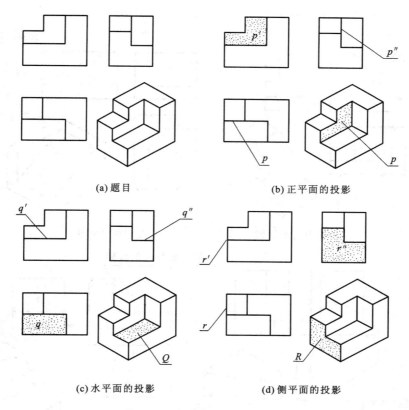

(a) 题目

(b) 正平面的投影

(c) 水平面的投影

(d) 侧平面的投影

图 4.15 投影面平行面的投影

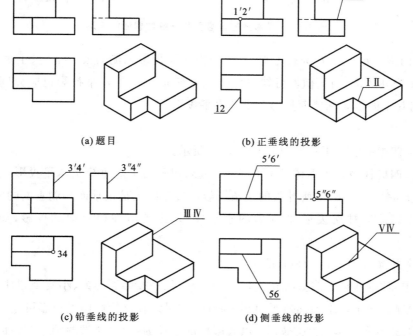

(a) 题目

(b) 正垂线的投影

(c) 铅垂线的投影

(d) 侧垂线的投影

图 4.16 投影面垂直线的投影

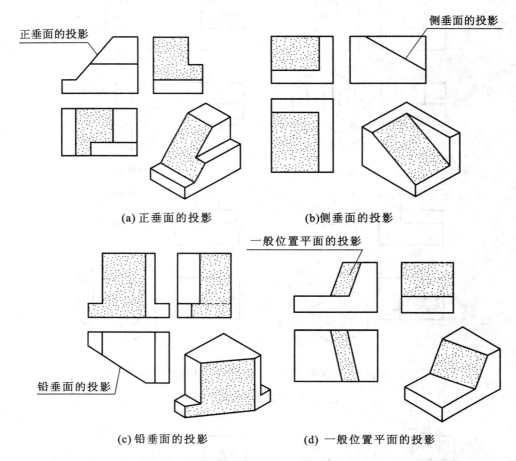

(a) 正垂面的投影　　　　　　　(b)侧垂面的投影

(c) 铅垂面的投影　　　　　　　(d) 一般位置平面的投影

图 4.17　投影面的垂直面和一般位置面的投影

Q、两个侧垂面 R。水平面 P 为长方形,其边长由正面投影和侧面投影确定;正垂面 Q 为四边形、侧垂面 R 为九边形,由类似性可知正垂面 Q 及侧垂面 R 的水平投影也应分别为四边形及九边形,根据其正面投影和侧面投影可求其水平投影。

作图

(1) 画出四棱柱的水平投影,如图 4.18(c)所示。

(2) 画出四棱柱被切去形体 A 后的水平投影,即画出正垂面 Q 的水平投影,如图 4.18(d)所示。实际上,图 4.18(d)中所补画的两条一般位置直线正是正垂面和侧垂面的两条交线。

(3) 画出四棱柱被切去形体 B 后的水平投影,用类似性检查面的投影,如图 4.18(e)所示。

(4) 检查并描深,如图 4.18(f)所示。

在制图中,常常遇到轴线垂直相交,且都平行于某一投影面的大、小两个圆柱(直径不很接近)相贯的情况。在不要求精确地画出相贯线时,相贯线在该投影面上投影可用根据大圆柱半径所作的圆弧来代替。具体画法如下:以大圆柱的半径为半径,通过两圆柱在该面投影转向轮廓线的交点画圆弧(圆心在小圆柱的轴线上)。该圆弧即可作为相贯线在该投影面上的投影。

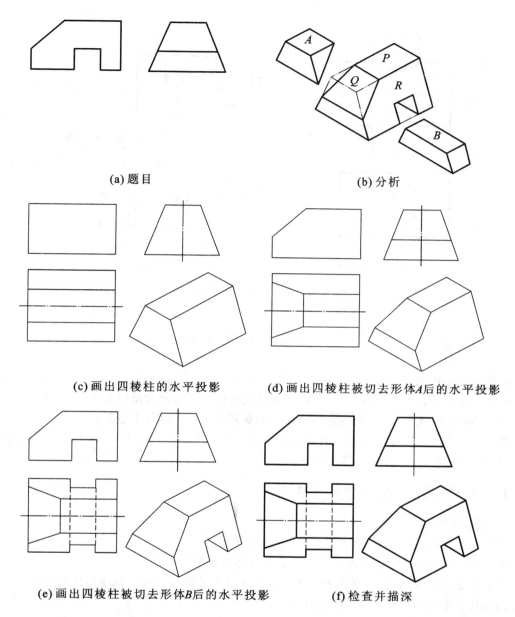

(a) 题目

(b) 分析

(c) 画出四棱柱的水平投影

(d) 画出四棱柱被切去形体A后的水平投影

(e) 画出四棱柱被切去形体B后的水平投影

(f) 检查并描深

图 4.18　根据主、左视图,补画出俯视图

作图时要注意:相贯线的圆弧应凸向大圆柱的轴线一边,如图 4.19(a)所示。

当两圆柱的直径相差较大,相贯线的投影比较平直时,为简化作图,相贯线的投影允许用直线代替,如图 4.19(b)所示。

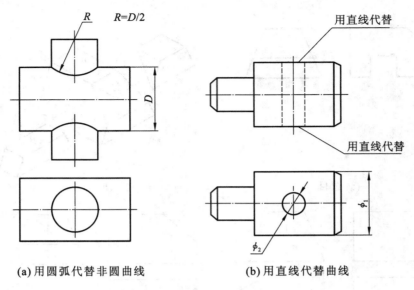

(a)用圆弧代替非圆曲线　　　　　　(b)用直线代替曲线

图 4.19　圆柱相贯线的简化画法

4.4　组合体的尺寸标注

视图只能表明物体的形状,不能确定物体的大小。而在制造机件时,不仅要知道它的形状,而且还要知道它各部分的大小,因此正确地在视图上注写尺寸是极为重要的,要求做到:

(1) 尺寸标注完整,能完全确定出物体的形状和大小,不遗漏,不重复;

(2) 尺寸标注严格遵守国家标准(GB/T 16675.2—2012 和 GB/T 4458.4—2003)的规定;

(3) 尺寸标注合理,位置安排要清晰。

4.4.1　组合体尺寸分类和尺寸基准

1. 定形尺寸

定形尺寸是确定组合体各组成部分形状大小的尺寸。

图 4.20(b)中所注尺寸均为支架三个基本形体的定形尺寸。

要掌握定形尺寸的注法,必须先掌握基本形体的尺寸注法。标注基本形体尺寸,一般要注出长、宽、高三个方向的尺寸,如图 4.21 所示。

2. 定位尺寸

定位尺寸是确定各基本形体之间相对位置的尺寸。

图 4.20(c)中所注尺寸均为支架三个基本形体的定位尺寸。

3. 总体尺寸

总体尺寸是确定组合体的总长、总宽和总高的尺寸。

有些组合体,当标注了总体尺寸后,可以省略某些定形尺寸,如图 4.20(d)所示。左视图上标出中心孔轴线至底板下底面的距离 31 和圆弧半径 R16,便省略了立板圆孔高 20;有时,定形尺寸就是总体尺寸,如图 4.20(d)中俯视图上的尺寸 52 和 40,既是底板的定形尺寸,也是支架的总长和总宽尺寸。

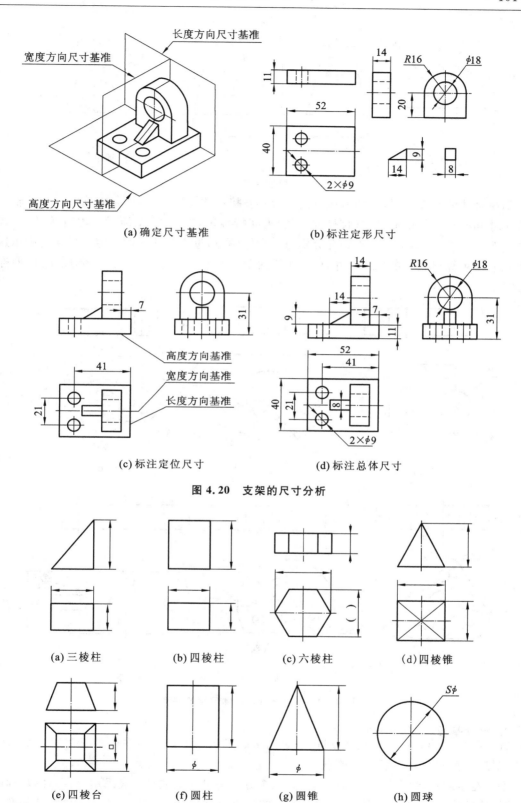

(a) 确定尺寸基准　　　　　(b) 标注定形尺寸

(c) 标注定位尺寸　　　　　(d) 标注总体尺寸

图 4.20　支架的尺寸分析

(a) 三棱柱　　(b) 四棱柱　　(c) 六棱柱　　(d) 四棱锥

(e) 四棱台　　(f) 圆柱　　(g) 圆锥　　(h) 圆球

图 4.21　基本形体尺寸标注

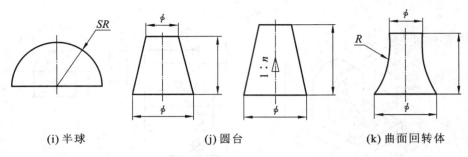

(i) 半球　　　　　　　(j) 圆台　　　　　　(k) 曲面回转体

续图 4.21

　　当组合体的端部是回转面时,该方向一般不直接标注总体尺寸,而是由确定回转面轴线的定位尺寸和回转面的定形尺寸(直径或半径)来间接确定,如图 4.22 所示。也有例外的情况,如图 4.23(a) 所示,图中四个小圆孔分别与圆角同轴,通过小圆孔的两个定位尺寸与圆角这一定形尺寸便可算出底板的总体尺寸,但为了满足加工要求,这里既要标注总体尺寸,也要标注定形尺寸。

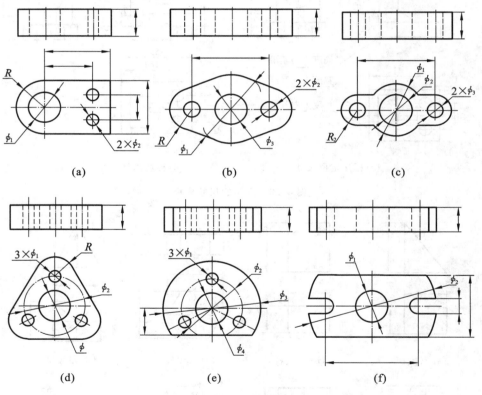

图 4.22　不直接标注总体尺寸的图例

4. 尺寸基准

　　标注尺寸的起始处就是尺寸基准,它是用来确定机器工作时零件位置或在加工及测量时用来确定零件位置的一些面、线或点。

　　在三维空间中,组合体应该有长、宽、高三个方向的尺寸基准。一般采用组合体的对称中心线、回转体轴线和较大的平面作为尺寸基准。图 4.20(a)中标出了支架三个方向的尺寸基准。

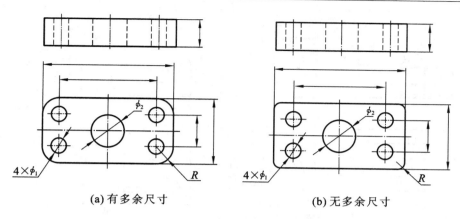

(a)有多余尺寸　　　　　　　　　(b)无多余尺寸

图 4.23　标全标注总体尺寸的图例

4.4.2　标注尺寸时应注意的问题

（1）交线上不应直接注尺寸。

在形体的叠加或切割过程中，形体的相邻表面处于相交位置时，自然会产生交线。由两个形体的定形尺寸和定位尺寸就已完全确定了交线的形状和大小，因此，在交线上不应再另注尺寸。如图 4.24 所示，尺寸分别表示截平面的定位尺寸和两相贯体的定位尺寸，其中图 4.24（e）、（j）所示为错误的注法，其余为正确注法。

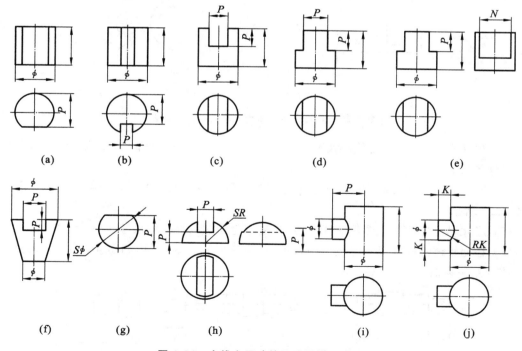

（a）　　　　（b）　　　　（c）　　　　（d）　　　　（e）

（f）　　　　（g）　　　　（h）　　　　（i）　　　　（j）

图 4.24　交线上尺寸的正确及错误注法

（2）同一形体的尺寸应尽量集中标注。

（3）尺寸应标注在反映形体特征最明显的视图上，如图 4.25 所示。

（4）同轴回转体的直径最好标注在非圆视图上，均布小孔的直径或圆弧半径尺寸则必须

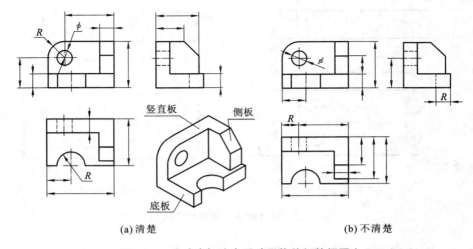

(a) 清楚　　　　　　　　　　　(b) 不清楚

图 4.25　尺寸应标注在反映形体特征的视图上

标注在投影为圆的视图上,如图 4.26 所示。

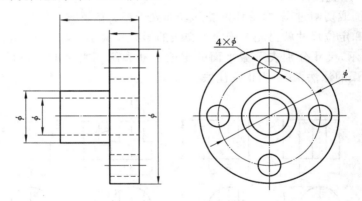

图 4.26　同轴回转体和均布小孔的尺寸注法

　　(5) 相互平行的尺寸,要使小尺寸靠近图形,大尺寸依次向外排列,要避免尺寸线与尺寸线或尺寸界线相交。

　　(6) 同一方向上连续标注的几个尺寸应尽量配置在少数几条线上,并避免标注封闭尺寸,如图 4.27 所示。

　　(7) 尺寸尽可能注在视图轮廓线外面;尽量避免在虚线上标注尺寸。

　　(8) 在回转体上标注尺寸时应以轴线定位,不应以轮廓线定位,如图 4.24(j)中两处尺寸 K 的注法是错误的。

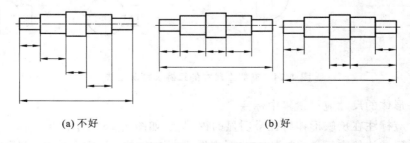

(a) 不好　　　　　　　　　　　(b) 好

图 4.27　同一方向上的连续尺寸

例 4.4　标注图 4.28(a)所示轴承座的尺寸。

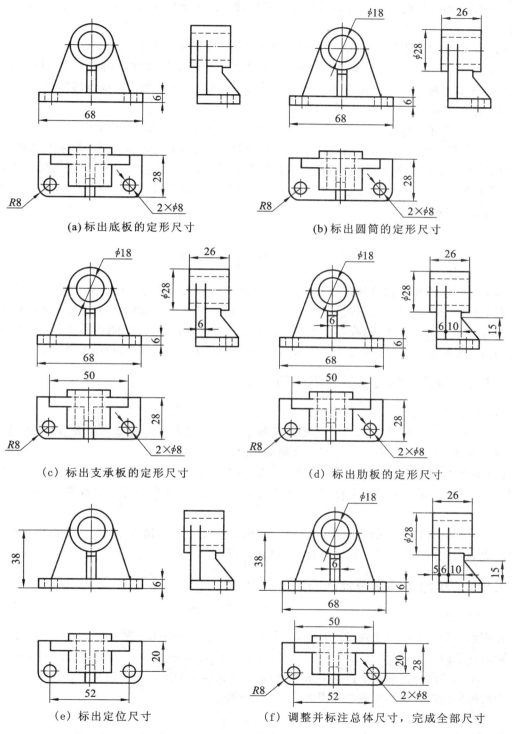

图 4.28　轴承座尺寸注法

标注尺寸的顺序是：先标注形体的定形尺寸，再标注确定各形体位置的定位尺寸，最后调整并标注总体尺寸。具体步骤如下：

（1）进行形体分析。该组合体可分解为底板、圆筒、支承板和肋板四个基本部分，如图4.2所示。

（2）逐个标注形体的定形尺寸，如图4.28(a)至图4.28(d)所示。

（3）选定尺寸基准，如图4.28(e)所示。选择底板的底面为高度方向的基准，选择通过圆筒轴线的左右对称平面为长度方向的尺寸基准，选择圆筒的后端面为宽度方向的尺寸基准。

（4）标注定位尺寸，如图4.28(e)所示。

（5）调整并标注总体尺寸，如图4.28(f)所示。总长尺寸在图上已标出，即底板长68，故不再标注；支架的总宽尺寸，应为底板宽28与圆筒伸出底板的长度5之和，若标出总宽尺寸，则会出现重复尺寸，根据尺寸的重要程度，此时总宽尺寸不需要标出；支架的总高尺寸亦不需标出，因为在加工时，为便于确定圆孔φ18的中心位置，必须直接标注出孔的中心高38，此时总高尺寸需省略。

4.5　组合体的构型设计

根据已知条件构思组合体的形状、大小并表达成图形的过程称为组合体的构型设计。

在掌握组合体画图与读图的基础上，进行组合体构型设计的训练。可以把空间想象、形体构思和表达三者结合起来，这样不仅能促进画图、读图能力的提高，还能进一步提高空间想象能力和形体设计能力，发挥构思者的创造性，为今后的工程设计及创新打下基础。

4.5.1　组合体构型设计基本原则

（1）组合体的构型应基本符合工程上物体结构的设计要求。

（2）构型应符合物体结构的工艺要求且便于成形。组合体的构型不但要合理，而且要易于实现。对此，应该避免出现一些不合常规或难以成形的构型。

（3）构型应体现稳定、平衡或静中蕴动等造型艺术效果。对称的结构能使形体具有平衡、稳定的效果；对于非对称的组合体，采用适当的形体分布，可以获得力学与视觉上的平衡感与稳定感。

（4）构型应具有奇妙的构思和创新性。在满足已知条件的情况下，构型应充分发挥空间想象能力，设计出具有多种不同风格且结构新颖的形体。

4.5.2　组合体构型设计的方法

1. 构型设计

根据给出的一个或两个视图，构思出不同结构的组合体的方法，称为构型设计。图4.29所示为给出一个俯视图，构思出几个不同的组合体的例子；图4.30所示为给定主视图和俯视图，构思出几个不同的组合体的例子。其中图4.30(a)所示为给定的主视图和俯视图，图4.30(b)～(e)所示为构思出的组合体和相应的左视图。

2. 叠加式设计

给定几个基本体，通过叠加而构成的不同的组合体，称为叠加式设计。图4.31所示为给定俯视图，采用不同的基本体及不同的叠加方式构思出不同的组合体的例子。

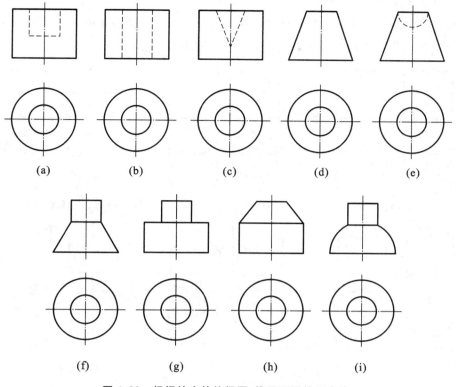

图 4.29　根据给定的俯视图,构思不同的组合体

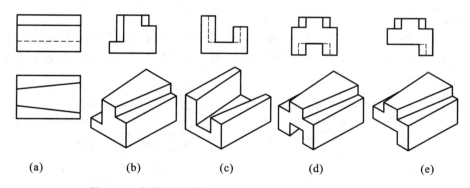

图 4.30　根据给定的主视图和俯视图,构思不同的组合体

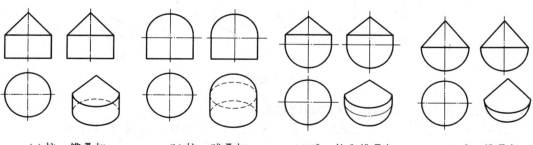

(a)柱、锥叠加　　　　(b)柱、球叠加　　　　(c)球、柱和锥叠加　　　　(d)球、锥叠加

图 4.31　叠加式设计

3. 切割式设计

给定一基本体,采用不同的切割或穿孔形式而构成不同的组合体的方法称为切割式设计。图 4.32 所示为一圆柱体经不同的切割方法而形成的组合体。

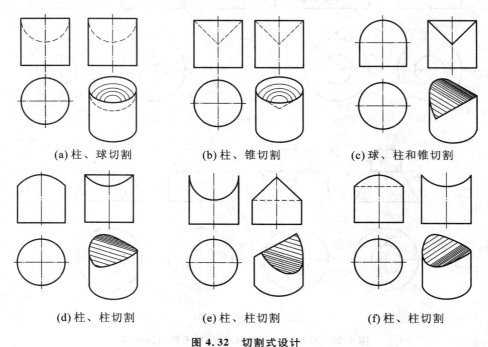

(a) 柱、球切割   (b) 柱、锥切割   (c) 球、柱和锥切割

(d) 柱、柱切割   (e) 柱、柱切割   (f) 柱、柱切割

图 4.32　切割式设计

4. 组合式设计

给定若干基本体,经过叠加、切割(包括穿孔)等方法而构成组合体的方法称为组合式设计。图 4.33 为给定两个基本体,经过不同的组合设计而构成七个不同的组合体的例子。

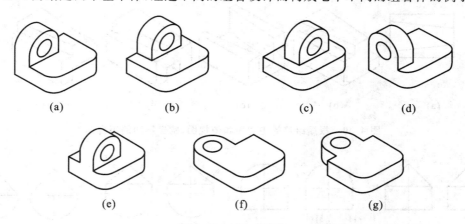

(a)   (b)   (c)   (d)

(e)   (f)   (g)

图 4.33　组合式设计

5. 通过表面的凹凸、正斜、平曲的联想构思组合体

如图 4.34(a)中主视图所示,假定该组合体是由上、下两块长方板叠加而成的,上面一块板的前面有三个不同的可见表面。通过改变这三个表面的凹凸、正斜、平曲特征可构成多种不同形状的组合体,如图 4.34 所示。

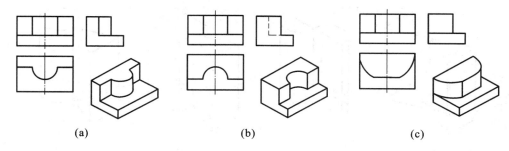

(a)   (b)   (c)

图 4.34 通过表面的凹凸、正斜、平曲联想构思组合体

6. 通过基本体和它们之间组合方式及位置的变化构思组合体

图 4.35 所示为给定主视图和俯视图,通过基本体和它们之间组合方式及位置的变化构思出不同的组合体的例子。

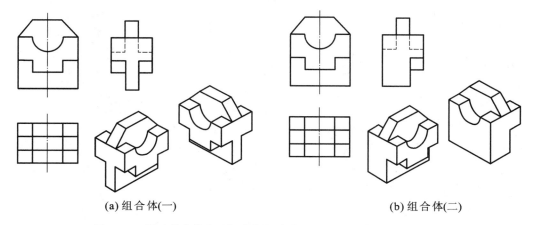

(a) 组合体(一)   (b) 组合体(二)

图 4.35 通过基本体和它们之间组合方式及位置的变化构思组合体

4.5.3 组合体构型设计应注意的问题

为使构型符合工程实际,构型时应注意以下几点。

(1) 两形体不能以点连接,如图 4.36(a)、(b)中两形体均以点连接。

(2) 两形体不能以线连接,如图 4.37(a)～(d)中为两形体均以直线连接。

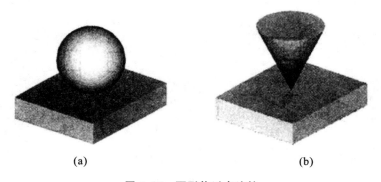

(a)   (b)

图 4.36 两形体以点连接

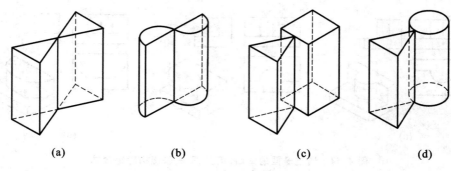

(a)　　　　　　　(b)　　　　　　　(c)　　　　　　　(d)

图 4.37　两形体以直线连接

第 5 章　轴　测　图

多面正投影图在工程上得到了广泛的应用,是因为它能够完全确定物体的形状和大小,度量性好,作图简单,但它缺乏立体感,需要经过专门的训练才能读懂。轴测图是用平行投影法形成的一种单面投影图,能同时反映出物体的长、宽、高三个方向的尺寸,有较好的直观性,能帮助人们更好地读懂多面正投影图。因此工程上常采用这种度量性较差,但立体感较强的轴测图作为辅助图样。另外轴测图还应用在空间设计构思、插图说明、外观造型设计和广告设计等方面。图 5.1 所示的是一组合体的多面正投影图与轴测图。本章将介绍轴测图的形成,平面立体、曲面立体及组合体等常用轴测图的画法。

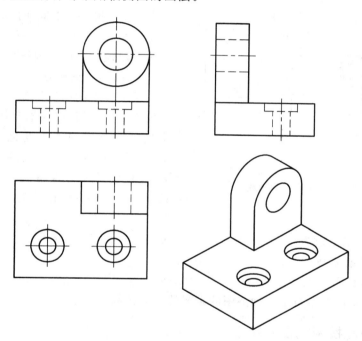

图 5.1　组合体的多面正投影图与轴测图

5.1　概　　述

5.1.1　轴测投影图的形成

将物体连同其参考直角坐标系,沿不平行于任何坐标平面的 S 方向,用平行投影法向单一投影面 P 进行投射得到的投影图称为轴测投影图,简称轴测图,如图 5.2 所示。它能够同时反映物体多面的形状,立体感较强。被选定的单一投影面 P 称为轴测投影面;物体上被选定的直角坐标轴 OX、OY、OZ 在 P 平面上的投影 O_1X_1、O_1Y_1、O_1Z_1 称为轴测投影轴,简称轴测轴。

轴测图有以下两种基本形成方法。

（1）使形体的三个坐标面相对轴测投影面 P 均处于倾斜位置,然后用正投影法向该投影面进行投影,所得到的投影图称为正轴测投影图,简称为正轴测图,如图 5.2（a）所示。

（2）用斜投影的方法将形体和附于形体的三个坐标面一同投影到轴测投影面上,所得到的投影图称为斜轴测投影图,简称为斜轴测图。为简化作图过程,作图时一般使物体的 OXZ 平面平行于 P 平面,如图 5.2（b）所示。

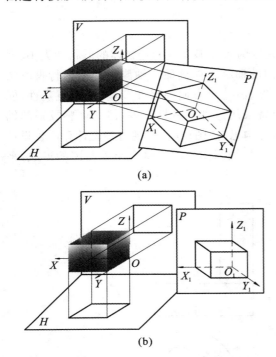

(a)

(b)

图 5.2　轴测投影图的形成

5.1.2　轴间角与轴向伸缩系数

1. 轴间角

两轴测轴之间的夹角 $\angle X_1 O_1 Y_1$、$\angle X_1 O_1 Z_1$、$\angle Y_1 O_1 Z_1$ 称为轴间角。改变轴间角可以控制物体轴测投影的形状变化。

2. 轴向伸缩系数

轴测轴上的单位长度与相应坐标轴上的单位长度的比值,称为轴向伸缩系数,它可以反映轴测投影的大小变化。$O_1 X_1$ 轴、$O_1 Y_1$ 轴、$O_1 Z_1$ 轴上的轴向伸缩系数分别用 p、q、r 表示,设线段 u 为直角坐标系上各轴的单位长度,i、j、k 是它们在轴测投影面 P 上的投影长度,则:

$O_1 X_1$ 轴向伸缩系数为 　　　　　　　　　$p = i/u$

$O_1 Y_1$ 轴向伸缩系数为 　　　　　　　　　$q = j/u$

$O_1 Z_1$ 轴向伸缩系数为 　　　　　　　　　$r = k/u$

轴间角和轴向伸缩系数是画轴测图的重要的基本参数。

5.1.3　轴测投影的投影特性

由于轴测投影是在单一投影面上获得的平行投影,因此它具有平行投影的一切投影特性,尤其是平行性和定比性,它们是作轴测图的重要理论依据。

1. 平行性

空间内相互平行的直线,其轴测投影仍相互平行。因此,形体上平行于某坐标轴的线段,其轴测投影平行于相应的轴测轴。

2. 定比性

平行两线段长度之比,或同一直线上两线段之比,在轴测图上保持不变。

5.1.4　轴测投影的分类

1. 根据投射线和轴测投影面相对位置的不同分类

根据投射线和轴测投影面相对位置的不同,轴测投影可分为:

（1）正轴测投影，其投射线 S 垂直于轴测投影面 P；

（2）斜轴测投影，其投射线 S 倾斜于轴测投影面 P。

2. 根据轴向伸缩系数的不同分类

根据轴向伸缩系数的不同，轴测投影又可分为：

（1）正（或斜）等轴测投影，轴向伸缩系数 $p＝q＝r$；

（2）正（或斜）二等轴测投影，轴向伸缩系数 $p＝r\neq q$ 或 $p＝q\neq r$ 或 $p\neq q＝r$；

（3）正（或斜）三测投影，轴向伸缩系数 $p\neq q\neq r$。

5.2 常用的轴测投影图

工程实际中，一般采用以下两种轴测图：正等轴测图，简称正等测；斜二等轴测图，简称斜二测。

5.2.1 正等轴测图

1. 正等轴测图的形成及参数

当物体上选定的三个直角坐标轴与轴测投影面的倾角相等时，用正投影法得到的轴测投影图称为正等轴测图。

由于三个直角坐标轴与轴测投影面的倾角相等，因此正等轴测中的三个轴间角相等，即轴间角 $\angle X_1 O_1 Z_1 ＝ \angle X_1 O_1 Y_1 ＝ \angle Y_1 O_1 Z_1 ＝ 120°$，如图 5.3 所示。

正等轴测图的三个轴向伸缩系数也相等，经数学方法推证，正等轴测的轴向伸缩系数 $p＝q＝r\approx 0.82$。为使作图简便，通常采用简化的轴向伸缩系数 $p＝q＝r＝1$ 来作图，其形状不变，但图形比实际物体放大了 $1/0.82\approx 1.22$ 倍，如图 5.4 所示。

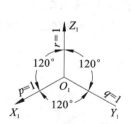

图 5.3 正等轴测图的轴间角与伸缩系数

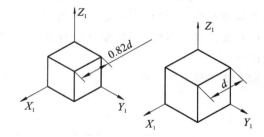

图 5.4 不同伸缩系数下的正等轴测图

2. 平面立体的正等轴测图

画平面立体的轴测图的基本方法是坐标法。所谓坐标法就是选好坐标系，画出对应的轴测轴，并找出立体表面各个顶点的坐标，然后将其连接成平面立体的方法。在此基础上还可以根据立体的集合操作形式，灵活采用端面拉伸、截切、叠加等手段，提高作图效率。

例 5.1 根据图 5.5(a)所示的正六棱柱体的两视图，画出它的正等轴测图。

分析 在轴测图中，为了使画出的轴测图更加清楚，通常不画物体的不可见轮廓线。本题关键是选好坐标轴和坐标原点。根据给定的两面投影可知，正六棱柱上、下两底面均为正六边形，且大小相等，在轴测图中上底面可见，下底面不可见，所以把坐标原点设在上底面正六边形的几何中心。先确定上底面的各顶点的坐标位置，再沿 Z_1 轴方向从上向下量取棱柱高度 h，这样可避免画多余的线条，使作图简便。

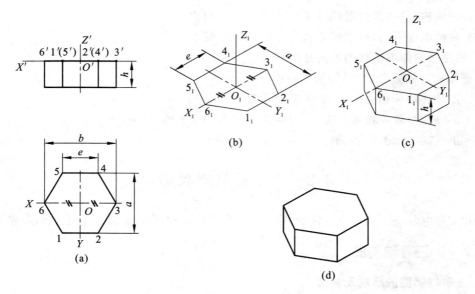

图 5.5　正六棱柱体的正等轴测图

作图

(1) 进行形体分析,确定坐标轴。将直角坐标轴的原点 O' 放在上底面的几何中心,并确定坐标轴 OX、OY、OZ,如图 5.5(a)所示。

(2) 作出轴测轴 O_1X_1、O_1Y_1、O_1Z_1,利用坐标法及平行性,作出上底面正六边形各顶点的轴测投影,如图 5.5(b)所示。

(3) 用端面拉伸的方法画出六棱柱的轴测图。即过上底面各点作平行于 O_1Z_1 轴的可见侧棱并量取高度 h,定出各对应点,然后作出可见轮廓的轴测投影,如图 5.5(c)所示。

(4) 擦去多余图线,用粗实线加深物体的可见轮廓线,得到六棱柱的正等轴测图,如图 5.5(d)所示。

例 5.2　图 5.6(a)所示的是平面立体的三视图,画出其正等轴测图。

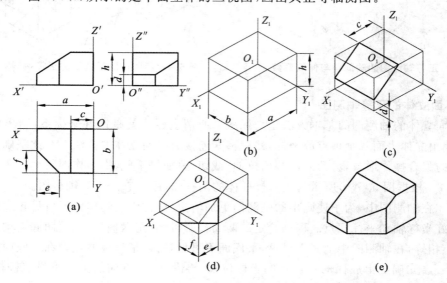

图 5.6　平面立体正等轴测图的画法

分析　从图 5.6(a)所示的三视图可知,这是一个由长方体切去两个三棱柱(左上方、左前方)而得到的一个平面立体。可以采用截切的方法来绘制其正等轴测图。即先绘制长方体的轴测图,然后用截切的方法逐步画出各个切口部分。

作图

(1) 由三视图分析,确定坐标轴 OX、OY、OZ,如图 5.6(a)所示。

(2) 作出轴测轴 O_1X_1、O_1Y_1、O_1Z_1,按坐标法作出完整的长方体的正等轴测图,如图 5.6(b)所示。

(3) 根据投影图上的尺寸 c、d,沿相应轴测轴方向量取尺寸,应用平行线的投影特性,作出左上角的三棱柱,如图 5.6(c)所示。

(4) 同理,切去左前方的三棱柱,如图 5.6(d)所示。

(5) 擦去多余作图线,整理,加深,完成平面立体的正等轴测图,如图 5.6(e)所示。

3. 圆的正等轴测图

1) 用平行弦法画圆的正等轴测图

根据正等轴测投影特性,圆的正等轴测投影一般为椭圆,可以采用坐标法求得。即在圆上取若干平行于某坐标轴的弦,再在轴测轴上度量出这些弦的端点的位置,依次光滑地连接这些点即得到圆的正等轴测投影——椭圆。这种方法被称为平行弦法。图 5.7(a)所示为一水平圆,图 5.7(b)所示为该圆的正等轴测图,其作图步骤如下。

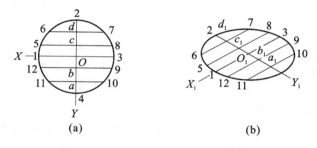

(a)　　　　　　　　　　　　(b)

图 5.7　用平行弦法画圆的正等轴测图

(1) 过圆心作轴 OX、OY,得到坐标轴与圆的四个交点 1、2、3、4。

(2) 作轴测轴 O_1X_1、O_1Y_1,并作出轴测轴上相应的点的投影。

(3) 过 OY 轴上任意点 a、b、c、d,作 OX 轴的平行弦与圆分别相交于点 11、10、12、9、5、8、6、7,并作出轴测轴上相应的点的投影。

(4) 依次光滑地连接各点,加深即得所求圆的正等轴测图。

2) 坐标面或平行于坐标面的平面上圆的正等轴测图

在三个坐标面或平行于坐标面的平面上的圆,其正等轴测投影为椭圆。该椭圆的长轴是圆内与轴测投影平行的某条直径的投影,短轴则是圆内与轴测投影面倾斜角度最大的某条直径的投影。根据直角投影定理,与某一坐标平面垂直的轴测轴必然与平行于该坐标平面的椭圆长轴垂直,并与短轴平行。图 5.8(a)显示了位于或平行于三个坐标面、轴向伸缩系数为 0.82 的圆的轴测投影——三个形状和大小一样但方向不同的椭圆,各椭圆的长轴为圆的直径 d,短轴为 $0.58d$。利用简化画法作轴测图(伸缩系数=1)时椭圆的长轴不等于直径的长度,它和短轴一样都被放大了 1.22 倍,如图 5.8(b)所示。

3) 圆的正等轴测图(椭圆)的近似画法

椭圆常用的简化画法是四心法。即先画出圆的外切正方形的轴测投影——菱形,然后利

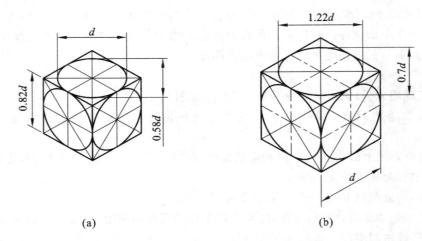

(a)　　　　　　　　　　　　(b)

图 5.8　平行于坐标面的圆的正等轴测图

用四心法近似画出椭圆。如图 5.9 所示,以水平圆为例,介绍圆的正等轴测投影——椭圆的近似画法,其作图步骤如下:

(1) 过圆心 O 作坐标轴 OX、OY,画出圆的外切正方形,切点为 a、b、c、d,如图 5.9(a)所示;

(2) 作轴测轴 O_1X_1、O_1Y_1,并作出点 a_1、b_1、c_1、d_1,过这四点作轴测轴的平行线,得到菱形,如图 5.9(b)所示;

(3) 分别过点 a_1、b_1、c_1、d_1 作菱形各边的垂线,两两相交,在菱形的对角线上得到两个交点 1、2,再加上菱形的顶点 3、4,即为画椭圆时四段圆弧的圆心,如图 5.9(c)所示;

(4) 分别以 1、2 为圆心,以 $1 a_1$($1 b_1$)、$2 c_1$($2 d_1$)为半径画圆弧,再以 3、4 为圆心,以 $3 a_1$($3 d_1$)、$4 b_1$($4 c_1$)为半径画圆弧,得到近似椭圆,如图 5.9(d)所示。

以上四段圆弧组成的近似椭圆,即为所求水平圆的近似正等轴测投影。其中椭圆的长轴比实际长轴短 1.22 倍,短轴比实际短轴长 0.7 倍。

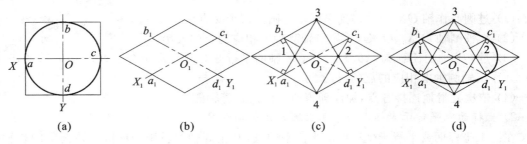

(a)　　　　　　(b)　　　　　　(c)　　　　　　(d)

图 5.9　椭圆的近似画法

4. 曲面立体的正等轴测图

1) 圆柱体的正等轴测图

例 5.3　根据图 5.10(a)所示圆柱体的两面投影,画出其正等轴测图。

分析　从图 5.10(a)所示的两面投影可知,此圆柱的轴线垂直于水平面,上、下底面为两个与水平面平行且大小相等的圆,在轴测图中均为椭圆,可以取上底圆的圆心为坐标原点。

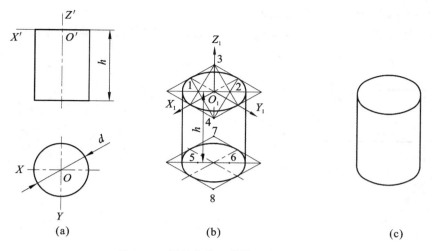

图 5.10 圆柱体的正等轴测图的画法

作图

（1）如图 5.10(a)所示，以上底圆的圆心为圆点 O，确定坐标轴 OX、OY、OZ。

（2）如图 5.10(b)所示，作出轴测轴 O_1X_1、O_1Y_1、O_1Z_1，用椭圆四心法画出上底圆，将上底圆的四心向下平移 h 得到 5、6、7、8 四点，画出下底圆，作出上、下两椭圆的公切线。

（3）如图 5.10(c)所示，擦去作图线和不可见轮廓线，加深可见轮廓线，完成圆柱的正等轴测图。

2）圆台的正等轴测图

例 5.4 图 5.11(a)所示是圆台的两视图，其正等轴测图的画法是分别画出上、下两个直径不等的圆的轴测投影，然后作出它们的公切线，最后整理和加深，具体作法如图 5.11(b)、(c)所示。

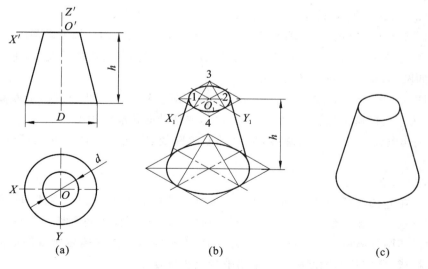

图 5.11 圆台的正等轴测图的作法

3) 带圆角的曲面柱体的正等轴测图

例 5.5　图 5.12(a)所示为一曲面柱体,根据投影图画出它的正等轴测图。

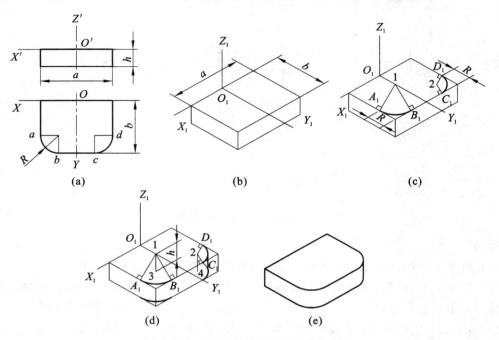

图 5.12　曲面柱体的正等轴测图的作法

分析　由投影图可以看到,曲面柱体有两个半径为 R 的圆角,作图时可以先画出四棱柱,再根据圆角半径,参照圆的正等轴测图——椭圆的近似画法,定出近似轴测投影圆弧的圆心,作出圆角的正等轴测图。

作图

(1) 如图 5.12(a)所示,确定坐标轴 OX、OY、OZ,找出切点 a、b、c、d。

(2) 如图 5.12(b)所示,作出轴测轴 O_1X_1、O_1Y_1、O_1Z_1,画出四棱柱的轴测图。

(3) 如图 5.12(c)所示,找出切点 A_1、B_1、C_1、D_1 并过切点作切线的垂线,两垂线的交点 1、2 即为圆弧的圆心,画出圆角 A_1B_1、C_1D_1。

(4) 如图 5.12(d)所示,采用移心法分别过 1、2 两点作 O_1Z_1 的平行线,量取高度 h 得到 3、4 两点,即为下底两圆弧的圆心,作出两段圆弧,并把转向轮廓线画出。

(5) 擦去作图线和不可见轮廓线,加深可见轮廓线,完成曲面柱体的正等轴测图,如图 5.12(e)所示。

4) 交线的正等轴测图

例 5.6　图 5.13(a)所示为一带切口圆柱体的三视图,画出该切口圆柱体的正等轴测图。

分析　这是一个被三个平面截切后得到的圆柱体,三个平面中两个是水平面,一个是正垂面。水平面截切圆柱体后所得的截面形状为矩形,正垂面截切圆柱体后所得的截面形状由椭圆弧加直线构成,椭圆弧的轴测图可以采用平行弦法来画。

作图

(1) 画出圆柱体的轴测图。

(2) 先作用两水平面截切后得到的平面图形,再用平行弦法作出其属于椭圆弧的一系列

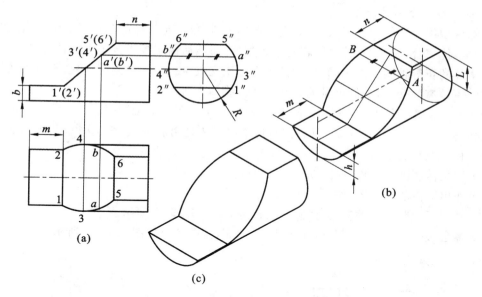

图 5.13 带切口圆柱体的正等轴测图的作法

点的轴测投影,把所求的点光滑连接起来,如图 5.13(b)所示。

（3）整理、加深图线,完成带切口圆柱体的轴测图的画法,如图 5.13(c)所示。

例 5.7 图 5.14(a)是两圆柱体正交叠加所构成组合体的三视图,按其尺寸画出组合体的正等轴测图。

分析与作图 图 5.14 所示的是两个直径不等的圆柱体相交叠加形成的相交叠加型组合体,画它的轴测图需要先分别画出两圆柱体的轴测图,然后添加两者的表面交线,最后擦去位于两者体内的图线,具体作法如图 5.14(a)、(b)所示。完成的正等轴测图如图 5.14(c)所示。

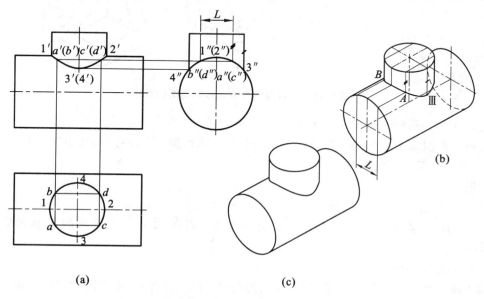

图 5.14 相交叠加型组合体的正等轴测图的作法

5）综合型组合体的正等轴测图

画综合型组合体的轴测图，首先要进行形体分析，搞清楚形体的基本组成情况，比如，它是由哪些基本体集合，组合方式怎样，相对位置如何等；然后由正投影选定坐标轴，按坐标关系将各个基本体的正等轴测图逐一画出，并按组合方式完成组合体的轴测图；擦去不可见的轮廓线和形体间不该有的交线，加深可见的轮廓线和交线即为所求。

例 5.8　根据组合体的三视图（见图 5.15(a)），画出其正等轴测图。

分析与作图　由图 5.15(a)可以看到，这个组合体是由底板、套筒、立板、肋板四部分简单叠加组成的。具体作法如下。

（1）用拉伸法画出底板，如图 5.15(b)所示。

（2）作出圆筒的轴测图，如图 5.15(c)所示。

（3）画立板和肋板的轴测图，注意相切部分，如图 5.15(d)所示。

（4）擦去多余的线和不可见的轮廓线，并加深，作图结果如图 5.15(e)所示。

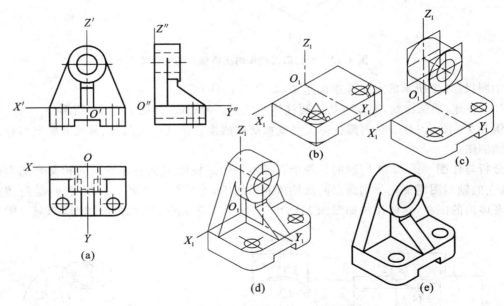

图 5.15　综合型组合体正等轴测图的画法

例 5.9　根据图 5.16 所示三视图，画正等轴测图。

分析　由图 5.16(a)可知，该形体是由一个长方体切除一个棱柱后，又切除一个 V 形槽所形成的，所以应采用切割法作图。

作图

（1）在三视图上确定坐标轴，如图 5.16(a)所示。

（2）先画出坐标轴和完整长方体的轴测投影，再画水平面和斜面的轴测投影，如图 5.16(b)所示。

（3）画出 V 形槽的八个角点，如图 5.16(c)所示。

（4）画出 V 形槽的轴测投影，擦去多余的图线，检查、描深，完成全图，如图 5.16(d)所示。

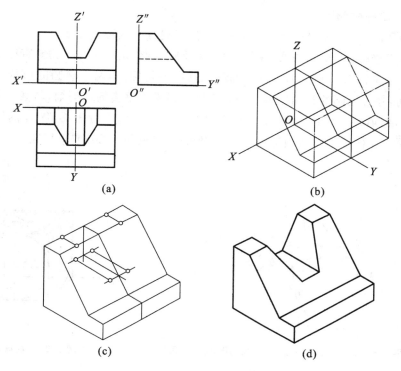

(a) (b)

(c) (d)

图 5.16 用切割法画正等轴测图

5.2.2 斜二等轴测图

1. 斜二等轴测图的形成及参数

当投射方向 S 与轴测投影面 P 相倾斜,且物体的某个坐标平面平行于轴测投影面 P 时,在轴测投影面 P 上得到的投影称为斜二等轴测图。

为保证作图方便,一般使 OXZ 坐标面平行于轴测投影面,得到的是正面斜二等轴测图,轴测轴 O_1X_1、O_1Z_1 分别沿水平方向和竖直方向,O_1Y_1 与水平方向成 $45°$ 角,轴向伸缩系数 $p = r = 1$,$q = 0.5$,轴间角 $\angle X_1O_1Z_1 = 90°$,$\angle X_1O_1Y_1 = \angle Y_1O_1Z_1 = 135°$,如图 5.17 所示。这样得到的斜二等轴测图在 OXZ 坐标面内的投影反映实形。

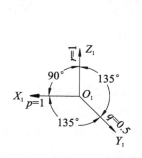

图 5.17 斜二等轴测图的参数

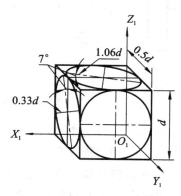

图 5.18 平行于坐标面的圆的斜二等轴测图

2. 圆的斜二等轴测图

图 5.18 所示为平行于坐标面的圆的斜二等轴测投影,其特点如下。

(1) 平行于坐标面 OXZ 的圆的斜二轴测图反映实形,是一个与实物等直径的圆。

(2) 平行于坐标面 OXY、OYZ 的圆的斜二轴测图是椭圆,两个椭圆的形状相同,但长、短轴的方向不同,并且椭圆的长轴也不再垂直于该坐标平面垂直的轴测轴,与某一坐标轴所成的角度约为 $70°$,长轴为 $1.06d$,短轴为 $0.33d$。图 5.19 所示为平行于 OXY 面的圆的斜二等轴测图的近似画法。椭圆的近似画法也可以采用八点法(见图 5.20)或平行弦法。

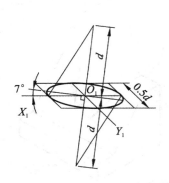

图 5.19　平行于 OXY 面的圆的斜二等轴测图的近似画法　　　　图 5.20　八点法

3. 组合体的斜二等轴测图

斜二等轴测图的基本作图方法和正等轴测图的一样,由于物体的坐标平面 OXZ 平行于投影面 P,所以当物体的正面形状较复杂,具有较多圆或圆弧时,采用斜二等轴测图比较方便。图 5.21(b)~(d)是图 5.21(a)所示组合体的斜二等轴测图的画法及步骤。

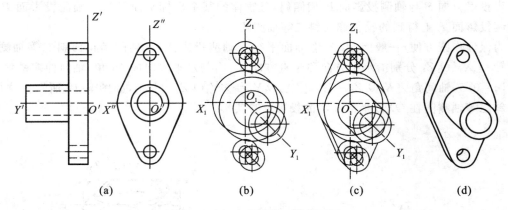

(a)　　　　　　　　(b)　　　　　　　　(c)　　　　　　　　(d)

图 5.21　组合体的斜二等轴测图

例 5.10　图 5.22(a)为连杆的主视图和俯视图,求作连杆的斜二等轴测图。

分析　图 5.22(a)所示连杆在同一方向上有圆和圆弧,作斜二等轴测图比较方便。由俯视图可以看出,这些圆和圆弧分别在连杆的前、后端面和中间层面上,所以作图时应首先定出三个层面上圆和圆弧的圆心位置,分别作出各层面上的圆和圆弧,然后再作出连杆的外轮廓线。

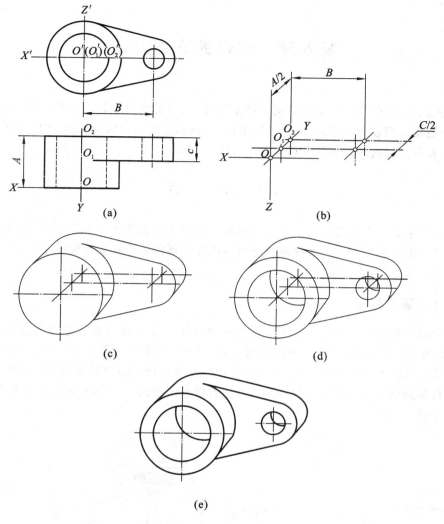

图 5.22 连杆斜二轴测图画法

作图

(1) 作出轴测轴 OX、OY、OZ，由于原点 O 定在连杆的前端面，可过 O 作向右、向上的 $45°$ 线作为 OY 轴。根据给定的尺寸 A、B、C 定出前、后各层面的圆心位置，如图 5.22(b) 所示。

(2) 分别画出三个层面上的圆和圆弧，并作左、右两边的大、小圆弧和端前、后圆弧的公切线，即连杆的外轮廓线，如图 5.22(c) 所示。

(3) 画出两个圆孔，注意不要漏画两个圆孔在后端面上的可见部分圆弧，如图 5.22(d) 所示。

(4) 擦去多余的作图线，检查、描深，如图 5.22(e) 所示。

第6章 机件的表达方法

生产实践中,当机件的形状和结构比较复杂时,仅用前面所学到的三个视图是难以准确、完整、清晰地将它们表达清楚的。为此,国家标准《技术制图》和《机械制图》中规定了各种表达方法,本章着重介绍机件的一些常用的表达方法。

6.1 视 图

机件向投影面投影所得到的图形称为视图。视图主要用于表达机件的可见部分,必要时才画出机件的不可见部分。国家标准规定表达机件的视图通常有基本视图、向视图、斜视图和局部视图等。

6.1.1 基本视图

机件向基本投影面投射所得的视图称为基本视图。基本投影面除原有的三个投影面(V面、H面和W面)外,还增设了三个投影面。六个投影面构成一个正六面体,如图6.1(a)所示。分别从机件的上、下、左、右、前、后六个方向向基本投影面投射就可得到六个基本视图。

六个投影面展开时,正面仍保持不动,其他各投影面按图6.1(b)所示的方向展开,至与正面在同一平面上。

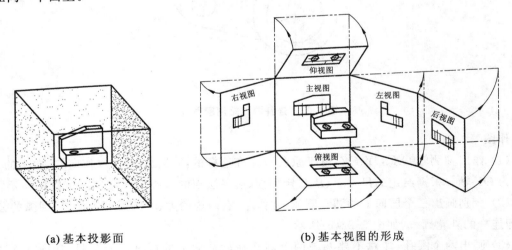

(a)基本投影面   (b)基本视图的形成

图6.1 基本投影面投影及基本视图的形成

在六个基本视图中,除前面章节介绍的主视图、俯视图和左视图外,还包括:自机件的右方投射,在左侧投影面上所得的视图——右视图;自机件下方投射,在上方投影面上所得的视图——仰视图;自机件后方向前方投影面投射得到的视图——后视图。在同一个图面内,按图6.2配置视图时,一律不注视图名称。

六个基本视图依然保持着"长对正,高平齐,宽相等"的投影规律。若以主视图为准,俯、

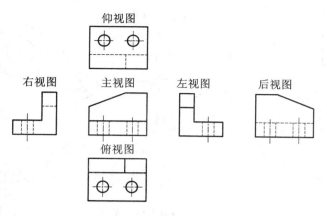

图 6.2　基本视图的规定配置

左、仰、右视图,远离主视图的一侧为机件的前面,靠近主视图的一侧为机件的后面。

　　画图时,不是任何机件都需要画六个基本视图,而是根据机件的结构特点和复杂程度选用其中的几个。

6.1.2　向视图

　　向视图是一个可以自由配置的辅助视图。当六个基本视图不按展开的方式配置时可以用向视图,如图 6.3 所示。

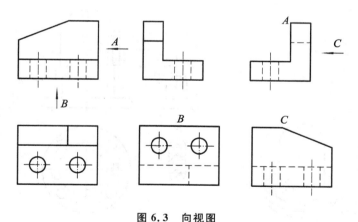

图 6.3　向视图

　　为了便于看图,此时应在向视图的上方标注出视图的名称"×"("×"为大写的拉丁字母代号,后同),在相应的视图附近用箭头指明投影方向,并注上同样的字母。

6.1.3　斜视图

　　当机件向不平行于任何基本投影面投影时,所得到的视图称为斜视图。如图 6.4(a)所示压板的倾斜部位,用基本视图不能够反映该部分真实形状,会给画图和看图带来不便,而用斜视图表达就比较清晰,如图 6.4(b)所示。斜视图通常只画机件的倾斜部分,其余部分可不必画出,用波浪线或双折线将它们分开。

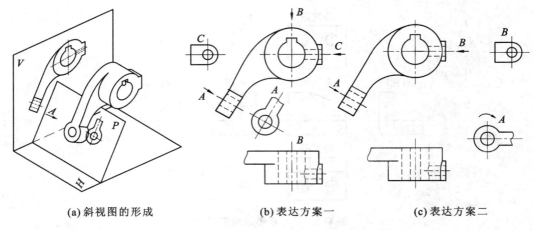

(a) 斜视图的形成　　　(b) 表达方案一　　　(c) 表达方案二

图 6.4　斜视图

斜视图通常按向视图的配置形式标注，必要时，允许将斜视图旋转配置，如图 6.4(c) 所示。也允许将旋转角度标注在字母之后，如可标注成"⌒ A"或"⌒ A45°"，箭头表示旋转方向。

6.1.4　局部视图

将机件的某一部分向基本投影面投影所得到的视图称为局部视图。局部视图可以按基本视图配置，也可以按向视图配置。如图 6.5 所示，压罩的凸台部分的表达采用了局部视图。

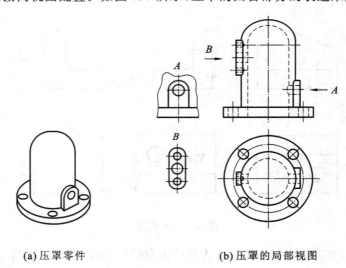

(a) 压罩零件　　　　　(b) 压罩的局部视图

图 6.5　局部视图

画局部视图时应注意以下几点。

(1) 一般应在局部视图上方用字母标注出视图的名称；在相应的视图附近用箭头指明投射方向，并注写相同的字母。

(2) 局部视图应尽量按投影关系配置，并与原有视图保持投影关系。

(3) 当局部视图按投影关系配置，中间又无其他图形隔开时，可省略标注。

(4) 局部视图的断裂边界以波浪线表示。当所表达的局部结构完整，且外轮廓线又是封闭的时，波浪线可省略不画，如图 6.5(b) 中的 B 向视图。

6.2　剖　视　图

当机件的内部结构比较复杂时,视图上会出现大量的虚线,此时实线和虚线在图形上重叠,会影响图样的清晰,造成看图困难,也不利于尺寸标注。如图 6.6(a)所示机件的两视图,它的主视图就出现了表达内部结构的虚线。为了清晰地表达机件的内部结构,又避免在视图中出现过多的虚线,采用剖视图来表达,使不可见的结构转化为可见。

6.2.1　剖视图的概念和画法

1. 剖视图的概念

如图 6.6(b)所示,假想用一平面(剖切面)把机件剖开,将剖切面与观察者之间的部分移去,如图 6.6(c)所示,则机件内部的结构清晰可见,原来的虚线也就变成了实线。把余下的部分进行投影,在主视图的位置上就得到剖视图,如图 6.6(d)所示。

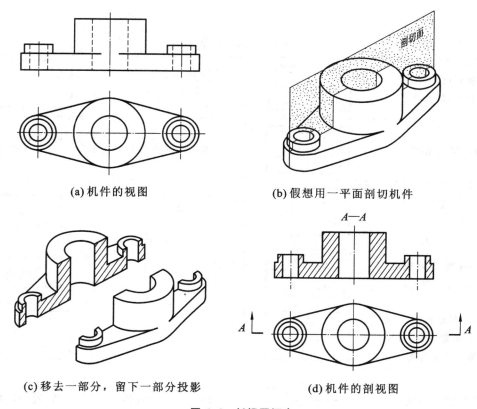

(a) 机件的视图　　　　　　　　　　　　(b) 假想用一平面剖切机件

(c) 移去一部分，留下一部分投影　　　　　　(d) 机件的剖视图

图 6.6　剖视图概念

2. 剖视图的画法

画剖视图时,必须考虑以下几个问题。

1) 确定剖切面的位置

为了能够反映出机件内部结构的真实形状,剖切面通常应与投影面平行,并沿孔、槽等的对称平面或通过这些结构的轴线。

2）画出剖切面切开机件后的断面图形

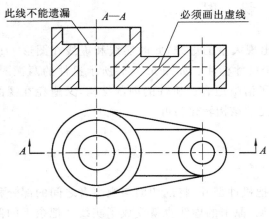

图 6.7　剖视图中不能漏掉的线

该断面图形是剖切面与机件内、外表面的接触部分所围成的图形,也称剖切区域。

机件被剖开之后,余下部分的可见轮廓线务必全部画出,不得遗漏。剖视图上一般不画虚线,若需要可在剖视图中画出必要的虚线,以减少图样中视图的数量,如图 6.7 所示。

3）在断面上应画出剖面符号

剖面符号不仅用于区分机件的空心部分与实心部分,还用于表示机件材料的类别。表 6.1 为国家标准《机械制图》中规定的部分剖面符号。

表 6.1　剖面符号

金属材料(已有规定剖面符号的除外)		玻璃及观察用的其他透明材料	
线圈绕组元件		基础周围的泥土	
转子电枢变压器和电抗器等的叠钢片		混凝土	
非金属材料(已有规定剖面符号的除外)		钢筋混凝土	
型砂材料、填砂材料、粉末冶金材料、砂轮、陶瓷刀片、硬质合金刀片等		砖	
木质胶合板(不分层数)		格网(筛网、过滤网等)	
木材	纵剖面	液体	
	横剖面		

国家标准规定:若需要在断面区域中表示材料的类别,应采用特定的剖面符号;若不需要表示材料的类别,可用通用剖面线表示。通用剖面线最好与机件的主要轮廓线或剖面区域的对称线成45°角。当图形中主要轮廓线与水平方向成45°角时,该图形的剖面线应画成与水平方向成30°或60°的平行线,其倾斜方向仍与其他图形的剖面线一致,如图6.8所示。国家标准还规定,通用剖面线为间隔均匀的细实线,在同一张图样上表示同一机件的剖面线,其方向和间隔应一致。

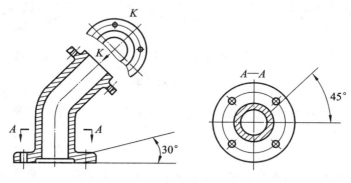

图 6.8　剖面线的画法

4) 剖切符号、剖切位置与剖视图标注

为了便于看图,在画剖视图时应将剖切位置、剖切后的投射方向和剖视图名称标注在相应的视图上。

(1) 剖切符号　剖切符号表示剖切面的位置。剖切符号一般在剖切面的起、讫和转折处用线宽为(1~1.5)b 的短画粗实线画出,尽可能地不要与图形的轮廓线相交。

(2) 投射方向　在剖切符号的两端外侧用箭头指明剖切后的投射方向。

(3) 剖视图名称　在剖视图的上方用大写字母注明剖视图的名称"×—×",并在剖切符号的一侧注上相同的字母。

在下列情况下可以省略或简化标注:

(1) 当单一剖切面通过机件的对称平面或基本对称平面,且剖视图按投影关系配置,中间又无其他图形隔开时,可以省略标注,如图6.9(c)所示。

(2) 当剖视图按投影关系配置,中间又没有其他图形隔开时,箭头可以省略,如图6.10(d)所示。

6.2.2　剖视图的种类

剖视图的种类按剖切范围不同,可以分为全剖视图、半剖视图和局部剖视图。

1. 全剖视图

用剖切平面完全地剖开机件所得到的剖视图称为全剖视图。如图6.9(a)所示压盖的两视图,从图中可以看出它的外形比较简单,而内部结构相对较复杂。如图6.9(b)所示,假想地用一剖切平面沿压盖的前、后对称平面将它完全剖开,移去前半部分后,向正面投射便得到全剖视图,如图6.9(c)所示。

由于剖切面与压盖的对称平面重合,且视图按投影关系配置,中间没有其他图形隔开,因此,省略了剖切符号和视图名称。

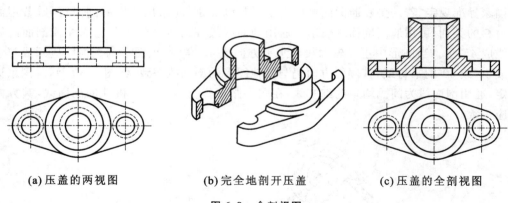

(a) 压盖的两视图　　　　　　(b) 完全地剖开压盖　　　　　(c) 压盖的全剖视图

图 6.9　全剖视图

全剖视图通常用于外部结构比较简单,内部结构比较复杂,且平行于投影面方向具有完全对称平面的机件。

2. 半剖视图

当机件具有对称平面,向垂直于对称平面的投影面上投射时,可以将该视图以对称中心为界,一半画成剖视图,一半画成一般视图,这种剖视图称为半剖视图。图 6.10(a)所示为支架的两视图,从图中可看出,该机件的内、外结构都比较复杂,但前后、左右都对称。为了清楚地

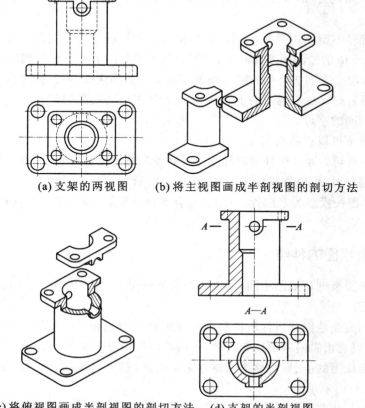

(a) 支架的两视图　　(b) 将主视图画成半剖视图的剖切方法

(c) 将俯视图画成半剖视图的剖切方法　　(d) 支架的半剖视图

图 6.10　半剖视图

表达支架的内、外结构形状,用图 6.10(b)和图 6.10(c)所示的剖切方法将主视图和俯视图画成半剖视图,如图 6.10(d)所示。

由于是用支架前、后对称平面剖切而得到主视图的半剖视图的,主、俯视图之间没有其他视图隔开,因此省略了主视图剖切位置和投影方向的标注;而用水平面剖切时,因水平剖切面不是支架的对称面,俯视图的半剖视图不能省略标注,所以在俯视图上方标出"A—A",并在主视图的相应位置用带字母"A"的剖切符号表示剖切位置;由于图形按投影关系配置,中间又没有其他图形隔开,所以省略了箭头。

半剖视图主要用于表达内、外结构都比较复杂的对称的机件或基本对称的机件。如图 6.11所示的带轮属于基本对称机件,因轴孔结构采用局部视图表达清楚了,可用半剖视图表达。

画半剖视图时应注意以下几点。

(1) 在半剖视图中,半个外形视图和半个剖视图的分界线应画成点画线,不能画成粗实线。

(2) 由于图形对称,机件的内部结构已经在半个剖视图中表达清楚,所以在表达外部结构的半个视图中,虚线应省略不画。但是,如果机件的某些内部结构在半剖视图中没有表达清楚,则在表达外部形状的半个视图中,表示该结构的虚线不能省略,如图 6.10(d)中,表示支架的上、下长方形板中的孔的虚线不能省略。

(3) 机件的剖切是假想的,因此,当将机件的某一视图表达为半剖视图时,其他视图的图形还是完整的。

3. 局部剖视图

用剖切平面局部地切开机件所得到的剖视图称为局部剖视图。图 6.12(a)所示为箱体的两视图。从图中可

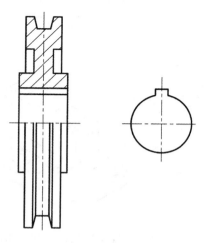

图 6.11　带轮

见,其顶部有一矩形孔,底板上有四个圆孔,前面壁上有一带有孔的耳板,箱体上下、左右、前后都不对称。为了兼顾内、外结构形状的表达,如图 6.12(b)和(c)所示,在主视图中,采用两个局部剖切来表达矩形孔的深度、空腔壁厚和底板孔,俯视图采用局部剖切,既保留了顶部外形又表达了耳板的孔深和形状。这样既能表达机件的外形,又能反映出机件的内部结构,如图 6.12(d)所示。

局部剖视图的应用灵活性较大,剖切范围可大可小,是一种比较灵活的剖切表达方法。局部剖视图适用于结构形状不对称,内、外结构又需要在同一视图中表达的机件,或者只有局部结构的内部需要剖切表达而又不适合采用其他剖视图的机件。

画局部剖视图时应注意以下几点。

(1) 局部剖视图和视图之间用波浪线作为分界线;当被剖结构为回转体时,允许将该结构的中心线作为分界线。波浪线作为分界线时不应与图形上其他线重合;波浪线不能超出视图的轮廓线,通过机件的中空处时应断开,如图 6.13 所示。

(2) 同一个视图中,局部剖切部位不宜过多,以免使图形显得破碎,影响图样清晰度。

(3) 局部剖视图的标注与其他剖视图标注方式相同。当单一剖切位置明显时,可省略标注,如图6.12(d)所示。

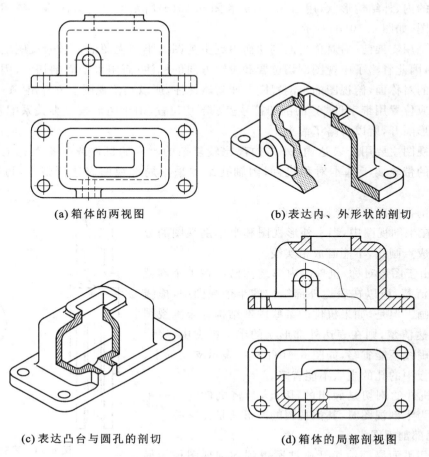

(a) 箱体的两视图   (b) 表达内、外形状的剖切

(c) 表达凸台与圆孔的剖切   (d) 箱体的局部剖视图

图 6.12　箱体的局部剖视表达

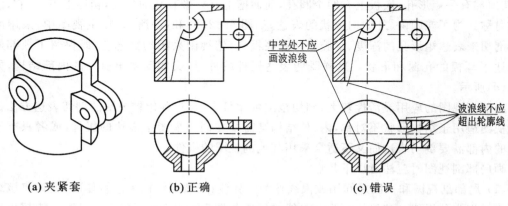

(a) 夹紧套   (b) 正确   (c) 错误

图 6.13　局部剖切示例

6.2.3　剖切面和剖切方法

　　剖视图通常采用平面来剖切机件，有时也可采用柱面剖切。表达机件的整体结构时可选择的剖切形式主要有：单一剖切面剖切、几个平行的平面剖切和几个相交的平面剖切，以及由

这些剖切面组合的组合面剖切。

1. 单一剖切面剖切

单一剖切面剖切是指只采用一个剖切面剖开机件而得到剖视图。

（1）用平行于某基本投影面的平面剖切。前面所讲到的全剖视图、半剖视图、局部剖视图都采用了这种剖切方式，如图 6.9、图 6.10、图 6.11 所示。

（2）用不平行于任何基本投影面的平面剖切。用这种剖切方法得到的视图也称为斜剖视图。如图 6.14(a)所示的机件，结构倾斜的部分可以用一个垂直于正面的剖切面将其剖切，再投射到与剖切面平行的投影面上，如图 6.14(b)所示。

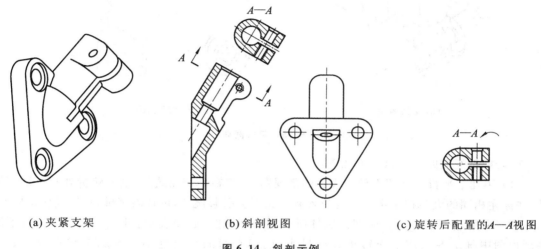

(a) 夹紧支架　　　　(b) 斜剖视图　　　　(c) 旋转后配置的*A—A*视图

图 6.14　斜剖示例

斜剖视图的表达及标注和斜视图相类似，通常按向视图的配置方法配置，既可以按投影关系配置在与剖切符号相对应的位置，也可以配置在其他适当的位置，还允许旋转后配置，如图 6.14(c)所示。斜剖视图必须标注出剖切符号、投射方向的箭头、剖视图名称。

（3）柱面剖切　如图 6.15(a)所示的扇形块机件，为了表达机件圆周上分布的孔和槽等结构，采用圆柱面进行剖切。采用柱面剖切的剖视图，一般展开绘制，因此在绘制的视图上方标注出"×—×展开"的字样。如图 6.15(b)所示为扇形块的剖视图。

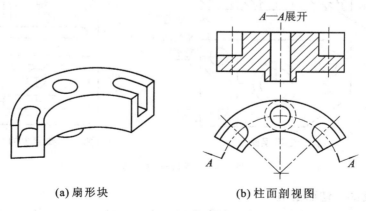

(a) 扇形块　　　　(b) 柱面剖视图

图 6.15　柱面剖切示例

2. 几个平行的剖切面剖切

用几个平行的平面剖开机件所得到的剖视图，习惯上称为阶梯剖视图。如图 6.16(a)所示机件，通过两个平行的剖切平面剖切，可将上方板的孔、槽结构和下方的圆筒结构表示清楚，如图 6.16(b)所示。

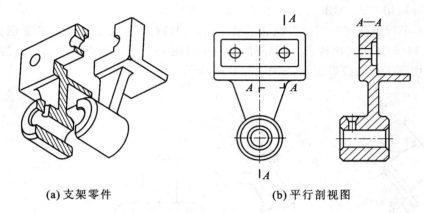

(a) 支架零件   (b) 平行剖视图

图 6.16　平行剖切

画阶梯剖视图时应注意以下几点：

(1) 用几个平行的剖切面剖切表达的剖视图中，应在剖切面的起、讫及转折处画上剖切符号，并标注相同的大写拉丁字母。若位置有限又不会引起误解，可省略字母，只标剖切符号。

(2) 采用几个平行剖切面剖开机件所绘制的剖视图，必须表示在同一个图形上，但不能在剖视图中画出各剖切平面转折处的投影；剖切平面的转折处不应与轮廓线重合。如图 6.17(a)所示。

(3) 平行剖切时，不能使图形内出现不完整结构，如图 6.17(a)所示。只有当两个要素在剖视图中具有公共对称轴线时才能各表达一半，如图 6.17(b)所示，此时应以中心线或对称轴线为界。

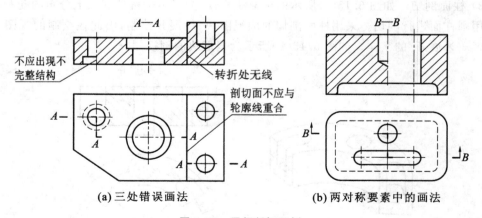

(a) 三处错误画法   (b) 两对称要素中的画法

图 6.17　平行剖切示例

3. 几个相交的剖切面剖切

用两个或两个以上相交的剖切面(交线垂直于某一投影面)剖切机件形成的剖视图，习惯上称为旋转剖视图。如图 6.18(a)所示的摇杆，左边部分与水平面平行，投影反映实形；右边部分与水平面倾斜,投影不反映实形。根据摇杆中间有一个回转轴的特点,采用两个相交的剖切平面剖切摇杆,把摇杆的左边部分结构、中轴孔以及倾斜部分结构表示清楚,如图 6.18(b)所示。

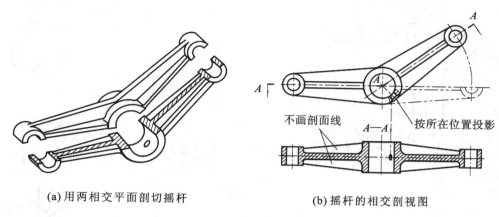

(a) 用两相交平面剖切摇杆　　　　　　　　(b) 摇杆的相交剖视图

图 6.18　相交剖切示例一

绘制旋转剖视图时应注意以下几点。

(1) 采用几个相交剖切面画出的剖视图,必须在剖切面的起、讫及转折处位置画上剖切符号,并标注相同的大写拉丁字母,而且要用箭头标明投射方向,如图 6.18(b)所示。若位置有限又不会引起误解,可省略字母。

(2) 采用这种剖切方法绘制剖视图时,是将机件剖切后,把倾斜部分的结构旋转到与投影面平行的位置再进行投射,如图 6.19(a)所示。

(3)当剖切面通过机件加强肋等的纵向对称面时,这些部分不画剖面符号,用粗实线将它与相邻部分分开,如图 6.18(b)、图 6.19(a)所示。

(4) 在剖切平面后方的其他结构一般仍按原来的位置投影,如图 6.18(b)中的油孔。当剖切后产生不完整要素时,应将该部分按不剖绘制,如图 6.19(b)所示。

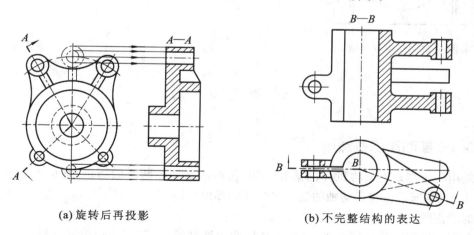

(a) 旋转后再投影　　　　　　　　　　(b) 不完整结构的表达

图 6.19　相交剖切示例二

当机件上的结构比较复杂时,可以将几种剖切面组合在一起进行剖切。将几种剖切面组合在一起对机件进行剖切得到的剖视图称为组合剖视图。图 6.20(a)所示为底座的组合剖视图。图 6.20(b)所示为挂轮架的剖视图,采用几个剖切面剖切后展开成一个平面来表达,习惯上又称为展开视图。用这种方法表达时,应在视图上方标注出"×—× 展开"字样。

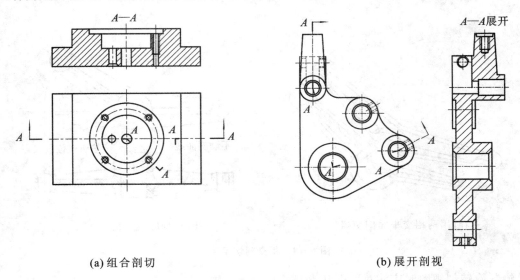

(a) 组合剖切　　　　　　　　　　(b) 展开剖视

图 6.20　几个相交平面剖切示例

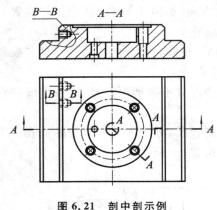

图 6.21　剖中剖示例

在剖视图中还可以再做一次局部剖切,这种表达方法习惯上称为剖中剖。采用这种表达方法时,两个剖面的剖面线方向和间隔应相同,但要相互错开,并用引出线加以标注,如图 6.21 所示。

6.3　断　面　图

6.3.1　断面图的概念

假想用一个剖切平面将机件的某处剖切,仅画出剖切处断面的图形,则该图形称为断面图。图 6.22(a)所示为将传动轴的键槽和销孔的部位剖切,图 6.22(b)所示为表达该传动轴两处结构的断面图。

断面图与剖视图的区别在于:断面图是机件上被剖切后,剖切处断面的投影,而剖视图则是剖切后的机件的投影,如图 6.22(c)所示为该轴的剖视图。

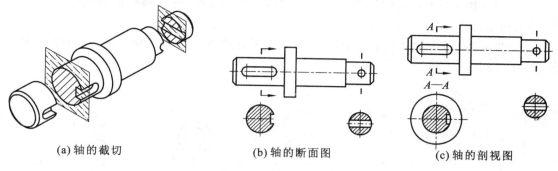

(a) 轴的截切　　　　　(b) 轴的断面图　　　　　(c) 轴的剖视图

图 6.22 断面图的概念

6.3.2 断面图的种类和画法

断面图分为移出断面图和重合断面图两种,习惯上称为移出断面和重合断面。

1. 移出断面图

画在视图轮廓外的断面图称为移出断面图,如图 6.22(b)所示。

移出断面图的画法如下:

(1) 移出断面的轮廓线用粗实线绘制,配置在剖切符号的延长线上或其他适当的位置;在不会引起误解时,允许将图形旋转,如图 6.23(b)中的"$B—B$"断面就采用了这种画法。

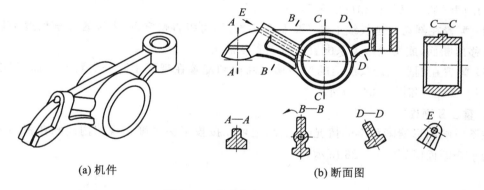

(a) 机件　　　　　　　　　　　(b) 断面图

图 6.23 移出断面图画法(一)

(2) 当断面图形对称时,断面可以画在视图的中断处,如图 6.24(a)所示。

(3) 用两个或多个相交平面剖切得到的移出断面,中间应断开,如图 6.24(b)所示。

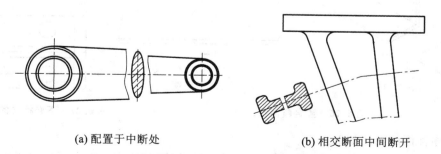

(a) 配置于中断处　　　　　　　(b) 相交断面中间断开

图 6.24 移出断面图画法(二)

（4）当剖切平面通过由回转面形成的孔或凹坑的轴线时，这些结构按剖视图绘制，如图6.25(a)所示。

（5）当剖切平面通过非圆孔，会导致出现完全断开的两个断面时，则这些结构按剖视图绘制，如图6.25(b)所示。

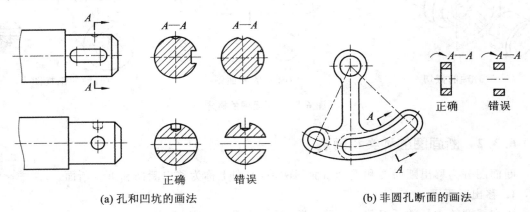

(a) 孔和凹坑的画法　　　　　　　　(b) 非圆孔断面的画法

图 6.25　移出断面图画法（三）

移出断面图的标注要点如下：

（1）一般用粗短线表示剖切面位置，用箭头表示投射方向，并注上大写拉丁字母，在断面图上方用同样的字母标注相应的名称"×—×"。

（2）配置在剖切线延长线上的不对称移出断面，可以省略字母；未配置在剖切线延长线上的对称移出断面，或按投影关系配置的可以省略箭头。

（3）配置在剖切线延长线上的对称移出断面和配置在视图中断处的移出断面，都不必标注，如图6.22(b)和图6.24(a)所示。

2. 重合断面图

在不影响图形清晰程度的情况下，断面也可以按投影关系画在视图内。画在视图内的断面称为重合断面图，如图6.26所示。

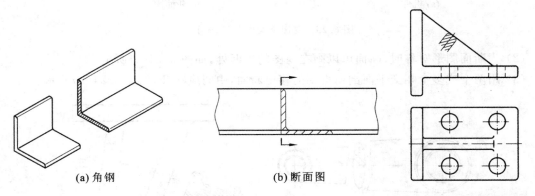

(a) 角钢　　　　　　　　(b) 断面图

图 6.26　重合断面图画法　　　　　　　图 6.27　不必标注的重合断面

重合断面图的画法如下。

（1）重合断面图轮廓线用细实线绘制，以便与原视图相区别。重合断面与视图中轮廓线重叠时，轮廓线仍应连续画出，不可间断。

（2）不对称的重合断面只要画出剖切符号和箭头，不需标注字母，如图 6.26（b）所示；对称的重合断面不必标注，如图 6.27 所示。

6.4　局部放大图和简化画法

6.4.1　局部放大图

在绘制机件上的一些较小结构时，在视图上由于图形过小，会造成表达不清或尺寸标注困难。将这些结构用大于原图形比例画出，这样的图形称为局部放大图，如图 6.28（a）、（b）所示。

局部放大图可以画成视图，也可以画成剖视图或断面图，它与被放大部分的表示方法无关。局部放大图应尽量配置在被放大部位的附近。

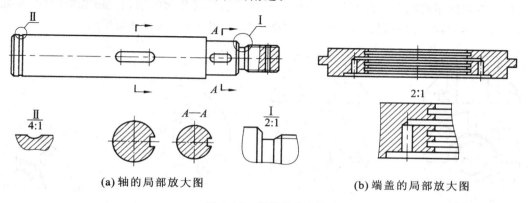

(a) 轴的局部放大图　　　　(b) 端盖的局部放大图

图 6.28　局部放大图

绘制局部放大图时，一般应用细实线圈出被放大的部位。当同一机件上有几处被放大的部位时，应该用罗马数字依次标明被放大的部位，并在局部放大图上方标注相应的罗马数字和采用的比例，如图 6.28（a）所示。当机件上被放大的部位仅一个时，在局部放大图的上方只需注明所采用的比例，其他的可以省略，如图 6.28（b）所示。

特别指出的是：局部放大图上所注明的比例是指该图形与机件的实际大小的线性尺寸比，跟原图形所采用的比例无关。

6.4.2　简化画法

在不影响对机件表达的完整性和图形清晰程度的前提下，为使图形绘制简便，国家标准中规定了一系列简化表示法。本节介绍一些常用的规定画法和简化画法。

（1）相同要素的简化画法　当机件上具有若干相同的结构，且这些结构按一定规律分布时，只需画出几个完整的结构，再用细实线连接即可。在机件图样中注明该结构的总数，如图 6.29（a）、（b）所示。

（2）规律分布孔的画法　当机件上具有若干直径相同、且按规律分布的孔（如圆孔、螺孔等），可以仅画出一个或少量几个完整的结构，其余的用点画线表示其中心位置，并在机件图中注明孔的总数，如图 6.30 所示。

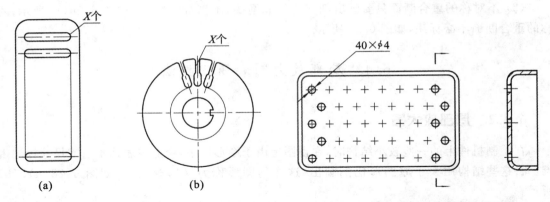

图 6.29　相同要素的画法　　　　　　　图 6.30　按一定规律分布的孔的画法

（3）均匀分布的肋与孔的画法　当机件回转体上均匀分布的肋、轮辐、孔等结构，不处于剖切平面上时，可将这些结构旋转到剖切平面上画出，如图 6.31(a)、(b)所示。

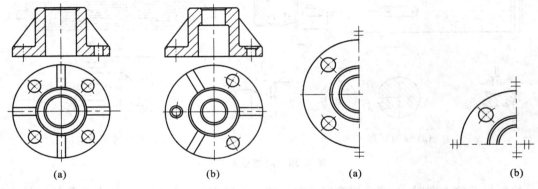

图 6.31　均匀分布的肋与孔的画法　　　　　图 6.32　图形对称时的画法

（4）对称机件的画法　在不致引起误解时，对称机件的视图可画一半或四分之一，并在对称中心线的两端画出两条与其垂直的细实线作为对称符号，如图 6.32(a)、(b)所示。

（5）剖面符号的简化　在不致引起误解时，机件图中的移出断面图允许省略剖面符号，但剖切位置和断面图的标注必须遵照原来的规定，如图 6.33 所示。

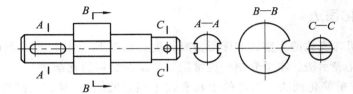

图 6.33　剖面符号的简化

（6）较小结构的画法　机件上较小的结构已在一个图形中表示清楚时，则在其他图形中可以简化或省略，即不必按投影画出所有的线条，如图 6.34(a)、(b)所示。机件上斜度不大的结构，若在一个图形中已表示清楚，在其他图形中可以只按小端画出，如图 6.34(c)所示。

（7）平面的表示画法　当机件回转体上的平面在图形中不能充分表达时，为了避免增加

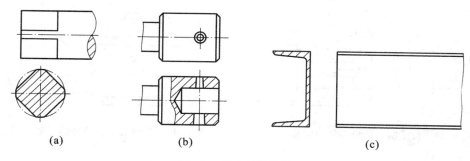

图 6.34 较小结构的画法

视图或剖视图,可用细实线绘制出对角线来表示,如图 6.35 所示。

（8）滚花的画法 网状物、编织物或机件的滚花部分,可在轮廓线附近用粗实线示意画出,并在图上或技术要求中注明这些结构的具体要求,如图 6.36 所示。

（9）相贯线的简化画法 机件上某些相贯线,在不致引起误解时,可以用直线绘制,如图 6.37 所示。

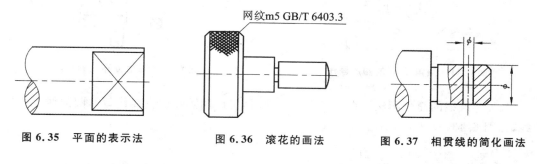

图 6.35 平面的表示法　　图 6.36 滚花的画法　　图 6.37 相贯线的简化画法

（10）较长机件的画法 较长的机件(如轴、杆、型材等)沿长度方向的形状一致时,或按一定规律变化时,可断开后缩短绘制,但标注尺寸时应按未缩短时的实际尺寸标注,如图 6.38(a)、(b)所示。

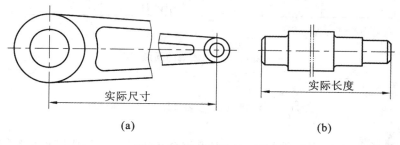

图 6.38 较长机件的画法

（11）位于剖切面前的结构的画法 需要表示位于剖切平面前的结构轮廓时,用双点画线表示,如图 6.39 所示。

（12）对称机件上的局部视图 对称机件上的局部结构可以按图 6.40 所示方法表达。

（13）小于或等于 30°倾斜圆的简化画法 对投影面的倾角≤30°的圆或圆弧,可用圆或圆弧代替椭圆或椭圆弧来绘制其投影,但圆心须按投影关系确定,如图 6.41 所示。

（14）法兰孔的画法 圆柱形法兰和类似机件上均匀分布的孔,可按图 6.42 所示方法绘制。

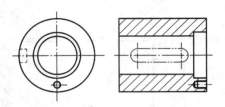

图 6.39　位于剖切面前的结构的画法

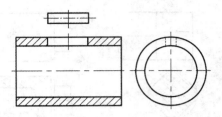

图 6.40　对称机件上的局部视图的画法

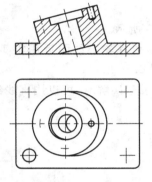

图 6.41　倾角≤30°的圆的画法

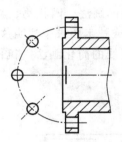

图 6.42　法兰分布孔的画法

（15）过渡线的简化画法　在不致引起误解时，可以用圆弧或直线代替非圆曲线来绘制过渡线，如图 6.43(a)、(b)所示。

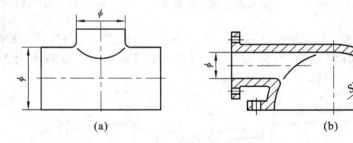

(a)　　　　　　　　　　　　　　　(b)

图 6.43　过渡线的画法

6.5　各种表达方法综合举例

　　绘制机件图样时，应根据机件的具体情况而综合运用视图、剖视图、断面图，以及简化画法等各种表达方法，使得机件各部分的结构与形状均能表达确切与清楚。对同一个机件，可以有多种表达方案，在完整、清晰地表达机件各部分形状、结构和相对位置的前提下，力求图形数量少、作图简便、避免不必要的细节重复等。

　　图 6.44(a)、(b)所示为从两个不同角度观察到的某减速器箱体结构，从图中可以看到，其主要是由一些用于安放传动轴所需的、起支承作用的孔系结构组成。箱体四侧壁上的孔系内、外配有凸台，一侧箱壁上有一螺孔和小孔。箱体底部有底板，底板上有四个安装孔。箱体顶部四角各有一个带孔的凸台。图 6.44(c)所示是该箱体的三视图。显然，仅用三视图是无法将

该箱体机件表达清楚的。下面对减速器箱体机件采用不同的表达方案，进行分析比较。

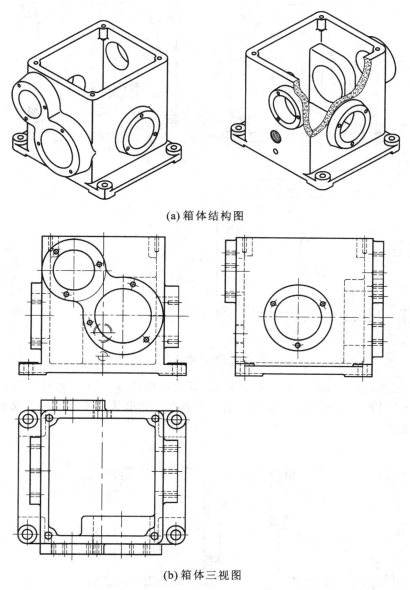

(a) 箱体结构图

(b) 箱体三视图

图 6.44　箱体结构图及三视图

（1）方案一　如图 6.45 所示，在参照三视图表达的基础上，主视图采用全剖视图，即 A—A 剖切，表达两同轴孔的形状，以及同侧壁上孔的相对位置和箱内凸台的形状。此外，用虚线表示后箱壁面上凸台的形状和位置。用双点画线表示前壁面上已被切去的螺孔和小孔的假想投影。俯视图表达箱体顶部及底板上安装孔的位置，底板的底部凸台形状用虚线表示。左视图三处采用局部剖视，上面部分表达前后的同轴孔，左下表示较大尺寸的孔，右下表示螺孔和小孔，中间未剖部分用于表示箱体侧壁上带轴孔的凸台形状和其上的孔的位置。

（2）方案二　如图 6.46 所示，主视图和左视图分别采用阶梯剖视图和全剖视图表达三个孔的相对位置。俯视图主要表达顶部和底板结构形状，并对一个轴孔采用了局部剖切表达。

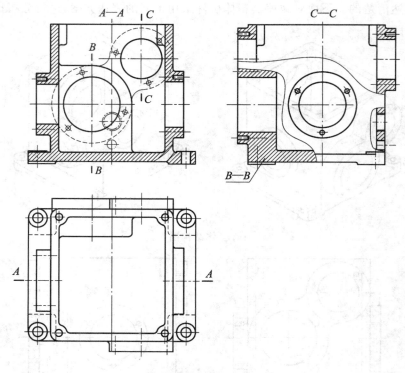

图 6.45　箱体表达方案一

用 C 向视图表达箱壁一侧面上的凸台的形状和其上孔的位置。用 D 向视图表达底板上凸台的形状。B—B 局部视图则表达下部较大轴孔内壁凸台的形状。通过这几个视图把箱体全部结构表达清楚。

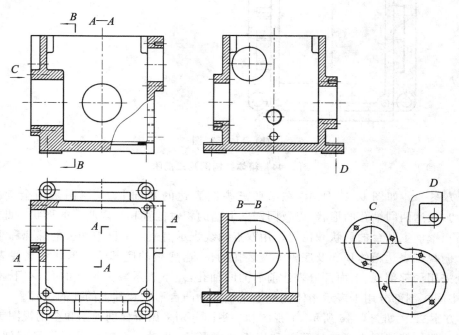

图 6.46　箱体表达方案二

比较两个表达方案可知,方案一的视图数量较少,其主视图更能反映箱体的形状结构特征。但是,方案一的主视图和俯视图上用虚线表示的凸台等结构不够清晰,不利于尺寸的标注,左视图采用三个局部剖视图也显得比较零碎。方案二虽然视图数量多,但较方案一清晰,且容易看图。

6.6　第三角投影举例

国家标准规定:技术图样应采用正投影法绘制,并优先采用第一角画法。目前世界各国的工程图样有两种画法:第一角画法和第三角画法。

在投影体系中,投影面 V 面和 H 面将空间分成四个分角,如图 6.47 所示。前面章节中所介绍的内容均采用的是在第一分角中形成的投影。为了适应国际间技术交流的需要,这里对物体在第三分角的投影做一些介绍。

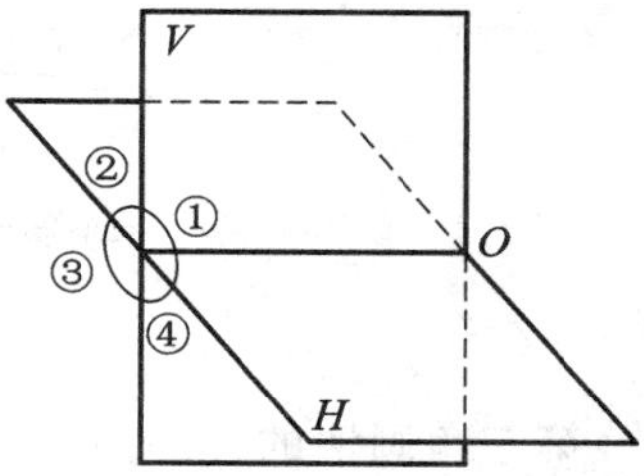

图 6.47　四个分角

6.6.1　第三角投影画法

1. 第三角投影概念

将物体置放于第三分角内进行投射,展开后所得到的视图为第三角投影,如图 6.48(a)、(b)所示。

第一角投影画法与第三角投影画法的区别如下。

(1) 第一角投影是将物体放在观察者与投影面之间(见图 6.49(a)),三者的位置关系是:观察者—物体—投影面。所得到的视图展开后如图 6.49(b)所示。

(2) 第三角投影是将投影面放在观察者与物体之间(见图 6.48(a)),三者的位置关系是观察者—投影面—物体。即,把投影面看成是透明的平面,观察者用平行的视线在透明的板上观察物体而得到视图,如图 6.48(b)所示。

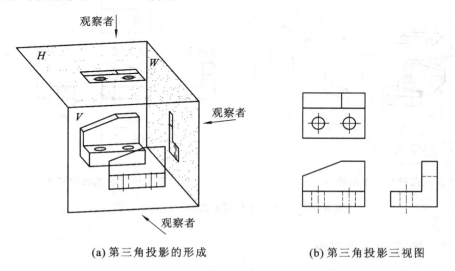

(a) 第三角投影的形成　　　　　(b) 第三角投影三视图

图 6.48　第三角投影画法

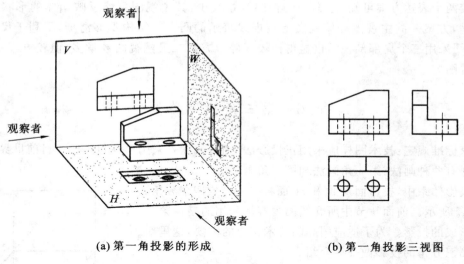

(a) 第一角投影的形成　　　　　　　　(b) 第一角投影三视图

图 6.49　第一角投影画法

第三角画法的投影面展开与第一角画法相似:V 面保持不动,H 面绕着 V 面与 H 面的相交轴向上翻转,与 V 面成同一平面;W 面绕着与 V 面的相交轴顺时针向前翻转,与 V 面处于同一平面。展开后的各视图分别称为主视图(也称前视图)、顶视图和右视图。以主视图为准,顶视图画在主视图的上方,右视图画在主视图的右方。

2.第三角投影的基本视图

与第一角投影画法一样,第三角画法也有六个基本视图。将机件向正六面体的六个平面进行投射,按图 6.50(a)所示方式展开即得六个基本视图。展开后基本视图的配置如图 6.50(b)所示。

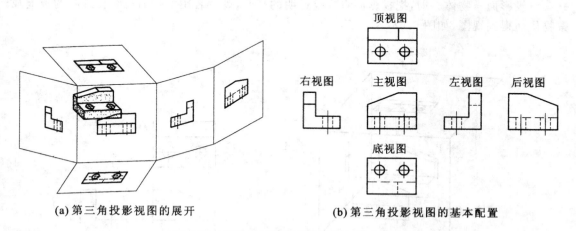

(a) 第三角投影视图的展开　　　　　　　(b) 第三角投影视图的基本配置

图 6.50　第三角投影视图的展开与基本配置

6.6.2　第三角画法举例

如图 6.51(a)所示的机件,采用第三角画法得到的三视图如图 6.51(b)所示,采用第一角画法得到的三视图如图 6.51(c)所示。

国家标准中为区别第一角投影画法和第三角投影画法,规定了两种投影的识别符号,如图

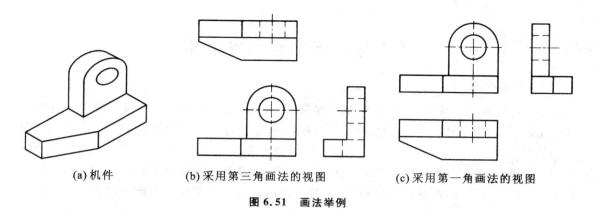

(a) 机件　　　　(b) 采用第三角画法的视图　　　　(c) 采用第一角画法的视图

图 6.51　画法举例

6.52(a)、(b)所示。同时还规定：当采用第一角画法时，在图样中一般不画识别符号；当采用第三角画法时，必须在图样中画出第三角投影的识别符号。

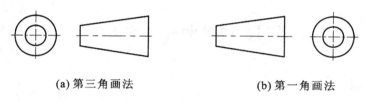

(a) 第三角画法　　　　　　　　(b) 第一角画法

图 6.52　第三角和第一角投影的识别符号

第7章 标准件和常用件

在各种机器和设备上,经常用到螺栓、螺母、垫圈、键、销、滚动轴承、弹簧等零件。这些零件由于用量大,为了提高产品质量,降低生产成本,一般由专门工厂大批量生产。为了设计、制造和使用方便,它们的结构、尺寸和技术要求等有的已经完全标准化,因此将这类零件称为标准件。还有些常用到的零件(如齿轮),国家只对它们的部分结构和尺寸实行了标准化,习惯上称这类零件为常用件,在设计、绘图和制造时必须严格遵守国家标准规定和遵循已经形成的规律。

对于标准件和常用件,在绘图时某些结构和形状不必按其真实投影画出,而是根据相应的国家标准所规定的画法、代号和标记进行绘图和标记。

7.1 螺纹和螺纹紧固件

7.1.1 螺纹

1. 螺纹的形成

在圆柱或圆锥表面上,沿着螺旋线所形成的,具有相同断面的连续凸起和沟槽的结构称为螺纹。在圆柱或圆锥外表面上加工的螺纹称为外螺纹,在圆柱或圆锥内表面上加工的螺纹称为内螺纹。内、外螺纹一般是成对使用的。常用的螺纹加工方法是在车床上车削出螺纹。

2. 螺纹的基本要素

螺纹的结构是由牙型、大径和小径、螺距和导程、线数和旋向等要素确定的。其部分结构要素如图 7.1 所示。

1) 牙型

螺纹的牙型是指在通过螺纹轴线的剖面区域上,螺纹的轮廓形状。螺纹凸起的顶端称为牙顶,沟槽的底部称为牙底。不同的牙型有不同的用途,常见螺纹牙型有三角形牙、梯形牙和锯齿形牙等。

2) 直径

螺纹的直径有大径、小径和中径。代表螺纹尺寸的直径通常为螺纹的大径。外螺纹直径用小写字母表示,内螺纹直径用大写字母表示。

(1) 大径 螺纹的最大直径,也称为基本直径,是代表螺纹尺寸的直径。对于外螺纹,是与牙顶相重合的假想圆柱的直径,用 d 表示;对于内螺纹,是与牙底相重合的假想圆柱的直径,用 D 表示。

(2) 小径 螺纹的最小直径。对于外螺纹,是与牙底相重合的假想圆柱的直径,用 d_1 表示;对于内螺纹,是与牙顶相重合的假想圆柱的直径,用 D_1 表示。

(3) 中径 中径是指通过螺纹牙型上凸起和沟槽宽度相等处的假想圆柱面的直径,对于外螺纹用 d_2 表示,对于内螺纹用 D_2 表示。

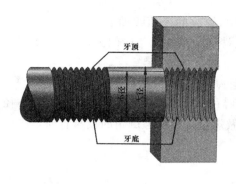
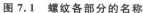

图 7.1　螺纹各部分的名称

(a) 左旋　　　　(b) 右旋

图 7.2　螺纹的旋向

3）线数

螺纹有单线和多线之分。沿一条螺旋线形成的螺纹为单线螺纹；沿两条或两条以上在轴向等距分布的螺旋线形成的螺纹称为多线螺纹。螺纹线数用 n 表示。

4）螺距与导程

相邻两牙在螺纹中径线上对应两点间的轴向距离称为螺距，用 P 表示。同一条螺旋线上相邻两牙在螺纹中径线上对应两点间的距离称为导程，用 P_h 表示。导程与螺距的关系式为

$$P_h = nP$$

5）旋向

螺纹有右旋螺纹和左旋螺纹两种。将外螺纹轴线竖直放置，螺纹右高左低则为右旋，左高右低为左旋，如图 7.2 所示。当内、外螺纹旋合时，顺时针方向旋入的螺纹是右旋螺纹，逆时针方向旋入的为左旋螺纹。

上述五项要素任何一项发生变化，就会得到不同的螺纹，只有这五项要素全相同的内、外螺纹才能互相旋合。为了便于设计和制造，国家标准对螺纹的牙型、大径和螺距都做了统一规定。凡是牙型、大径和螺距均符合国家标准规定的螺纹称为标准螺纹；牙型符合国家标准规定，公称直径不符合规定的螺纹称为特殊螺纹；牙型不符合国家标准规定的螺纹称为非标准螺纹。

3. 螺纹的工艺结构

螺纹常见的工艺结构有倒角、倒圆、螺尾和退刀槽。

1）倒角和倒圆

在螺纹起、始处常做出圆台形或球面形的倒角，称为螺纹的倒角或倒圆，这样便于安装和防止损坏螺纹起始圈。

2）螺尾和退刀槽

当车削螺纹的刀具快到达螺纹终止处时，为防止撞刀，需将刀具逐渐径向离开工件，因此，螺纹终止处附近形成不完整的螺纹牙型，称为螺纹的螺尾。为了避免产生不完整螺纹，便于退刀，可以预先在螺纹末尾处加工出退刀槽，然后再车削螺纹。

7.1.2　螺纹的规定画法

螺纹的真实投影比较复杂，为了便于绘图，螺纹不需按原形画出，国家标准《机械制图　螺纹及螺纹紧固件表示法》(GB/T 4459.1—1995)规定了螺纹的画法，现对此做简要介绍。

1. 外螺纹的画法

（1）螺纹的画法与螺纹的牙型无关。在非圆视图中，螺纹的牙顶线即表示大径的直线采用粗实线，牙底线即表示小径的直线采用细实线。螺纹端部如果有倒角或倒圆，细实线要画入倒角或倒圆部分，一般画图可近似取 $d_1 = 0.85d$。

（2）螺纹终止线即牙型中有效螺纹与螺纹收尾或退刀槽的分界线，用粗实线表示。

（3）在投影为圆的视图中，螺纹的牙顶圆即表示大径的圆采用粗实线，牙底圆即表示小径的圆采用细实线（画约 3/4 圆，空出约 1/4 圆的位置未做规定），螺杆上倒角的投影省略不画。

（4）在图上一般不画螺尾。

外螺纹的画法如图 7.3 所示。

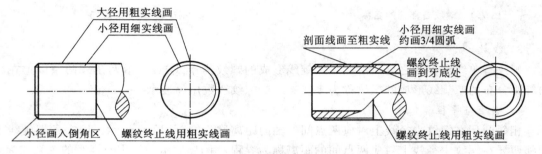

图 7.3 外螺纹的画法

2. 内螺纹的画法

（1）内螺纹的画法与螺纹的牙型无关。在非圆视图中，内螺纹通常画成剖视图，螺纹的牙底线即表示大径的直线画为细实线，牙顶线即表示小径的直线画为粗实线且不画入倒角区。在剖视图或断面图中，剖面线都必须画到粗实线处。当螺孔不剖开时，所有图线均用虚线表示。

（2）螺纹的终止线画为粗实线。

（3）在垂直于内螺纹轴线的投影面的视图中，螺纹的牙底圆即表示大径的圆采用细实线（画约 3/4 圆，空出约 1/4 圆的位置未做规定），螺纹的牙顶圆即小径的圆采用粗实线，螺孔上倒角的投影不画。一般画图可近似取 $D_1 = 0.85D$。

（4）绘制不穿通的螺孔时，一般应将钻孔深度与螺纹部分深度分别画出。在盲孔内加工内螺纹时，先按照内螺纹的小径用钻头加工出圆柱孔，因此孔的底部留有顶部角度为 120° 的锥坑，不必标注此锥坑的尺寸。如图 7.4 所示。

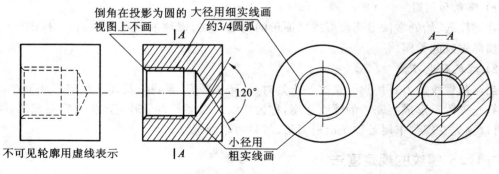

图 7.4 内螺纹的画法

3. 螺纹连接的画法

（1）在内、外螺纹连接的剖视图中，旋合部分按外螺纹画，其余部分按各自的规定画法绘制，如图 7.5 所示。

（2）内、外螺纹的小径和大径的粗、细实线应分别对齐，并将剖面线画到粗实线。螺杆为实心杆件，通过其轴线全剖视时，标准规定该部分按不剖绘制。

（3）也可在螺纹连接主视图中的旋合部分确定 $A-A$ 剖切平面位置，将左视图用剖视图表达。

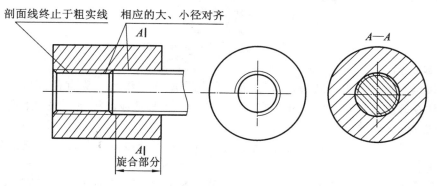

图 7.5　螺纹连接的画法

4. 特殊螺纹和非标准螺纹的画法

对于特殊螺纹，应在牙型符号前加注"特"字。画非标准螺纹时，应画出螺纹牙型，并标注出螺纹的大径、小径、螺距和牙型的尺寸。如图 7.6 所示。

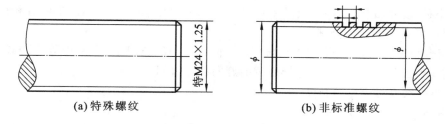

(a) 特殊螺纹　　　　　　　　　　(b) 非标准螺纹

图 7.6　特殊螺纹和非标准螺纹的画法

5. 螺孔相贯线的画法

螺纹孔相交时，只画出钻孔的交线（用粗实线表示），如图 7.7 所示。

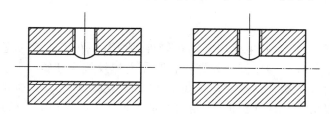

图 7.7　螺纹孔中相贯线的画法

7.1.3　常用螺纹的种类及其标注

1. 螺纹的种类

常用螺纹按用途分为连接螺纹和传动螺纹，前者用于连接，后者用于传动和运动。常见的螺纹分类如表 7.1 所示。

表 7.1　常见螺纹的分类

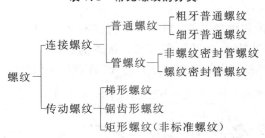

2. 螺纹的标注

螺纹按国家标准的规定画法画出后,需要用代号或标记将其公称直径、螺距、线数和旋向等要素标注在螺纹公称直径的尺寸线或其引出线上。各种螺纹的标注方法如下所述。

1)普通螺纹的标注

普通螺纹的标记由螺纹特征代号、螺纹公差带代号和螺纹旋合长度代号三部分组成。具体格式如下:

| 螺纹特征代号 | 公称直径 | × | 螺距 | — | 中径公差带代号 | 顶径公差带代号 | — | 旋合长度 | — | 旋向 |

(1)普通螺纹的特征代号为 M;公称直径为螺纹大径;因为同一大径的粗牙普通螺纹只有一种螺距,所以不标注螺距,细牙普通螺纹必须标注螺距,多线时标注为"导程(P 螺距)"。

(2)螺纹公差带代号是由表示公差大小的公差等级数字和表示公差位置的基本偏差的字母(内螺纹为大写,外螺纹为小写)组成,包括中径公差带代号和顶径(对于外螺纹为大径,对于内螺纹为小径)公差带代号,中径公差带代号在前,顶径公差带代号在后,当两者相同时,只标注一个代号,两者不同时应分别标注。

(3)旋合长度分为短(S)、中(N)、长(L)三种。在一般情况下,采用中等旋合长度时省略标注;右旋螺纹的旋向省略标注,左旋螺纹的旋向标注"LH"。

2)梯形螺纹和锯齿形的标注

梯形和锯齿形螺纹的标注格式如下:

| 螺纹特征代号 | 公称直径 | × | 螺距 | — | 中径公差带代号 | 顶径公差带代号 | — | 旋合长度 | — | 旋向 |

梯形螺纹特征代号为 Tr,锯齿形螺纹特征代号为 B;公称直径均为大径;右旋螺纹的旋向省略标注,左旋螺纹的旋向标注"LH"。如果是多线螺纹,则螺距处标注"导程(P 螺距)";只标中径公差带代号。

3)管螺纹的标注

管螺纹是在管子上加工的,主要用于连接管件,常用的有 55°非密封管螺纹和 55°密封管螺纹两种。非密封管螺纹连接由圆柱外螺纹和圆柱内螺纹旋合获得,密封管螺纹连接则由圆锥外螺纹和圆锥内螺纹或圆柱内螺纹旋合获得。圆锥螺纹设计牙型的锥度为 1:16。管螺纹的标记都是用指引的方法标注在图形上,指引线都指到螺纹的大径上。管螺纹的标记格式为

| 螺纹特征代号 | 尺寸代号 | — | 公差等级代号 | — | 旋向 |

55°非密封管螺纹的内、外螺纹的特征代号都是 G。55°密封管螺纹的特征代号分别为:Rp——与圆锥外螺纹旋合的圆柱内螺纹;Rc——与圆锥外螺纹旋合的圆锥内螺纹;R_1——与圆柱内螺纹旋合的圆锥外螺纹;R_2——与圆锥内螺纹旋合的圆锥外螺纹。管螺纹的尺寸代号与带有外螺纹的管子的孔径的英寸数相近;当螺纹左旋时,在尺寸代号后需注明代号 LH。由

于 55°非密封管螺纹的外螺纹的公差等级有 A 级和 B 级,所以标记时需在尺寸代号之后或尺寸代号与左旋代号 LH 之间加注公差等级 A 或 B。表 7.2 列出了一些标准螺纹的标注示例。

表 7.2　常用标准螺纹的标注示例

螺纹种类	标注示例	说明	螺纹种类	标注示例	说明
普通螺纹	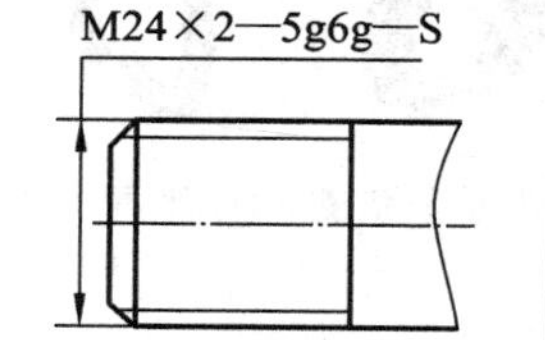 M24×2—5g6g—S	表示细牙普通外螺纹,公称直径为 24 mm,螺距为 2 mm,中径公差带代号为 5g,顶径公差带代号为 6g,短旋合长度,右旋	非螺纹密封的管螺纹	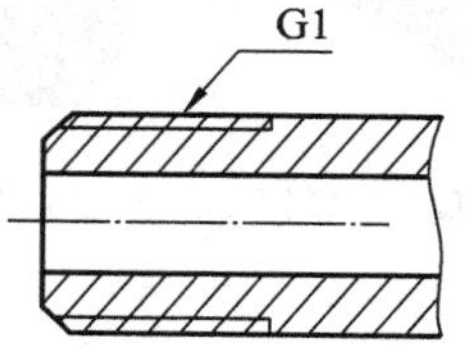 G1	管螺纹外螺纹,右旋,尺寸代号为 1
普通螺纹	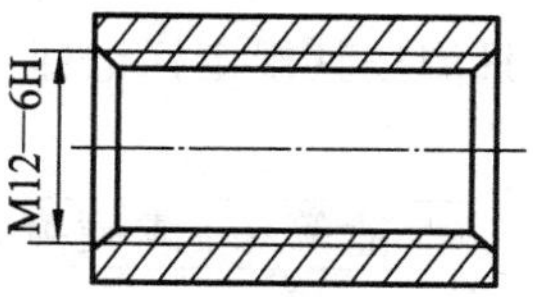 M12—6H	表示粗牙普通内螺纹,公称直径为 12 mm,中径、顶径公差带代号均为 6H,右旋	非螺纹密封的管螺纹	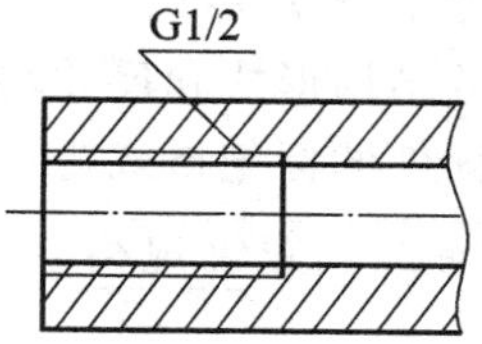 G1/2	管螺纹内螺纹,右旋,尺寸代号为 1/2
梯形螺纹	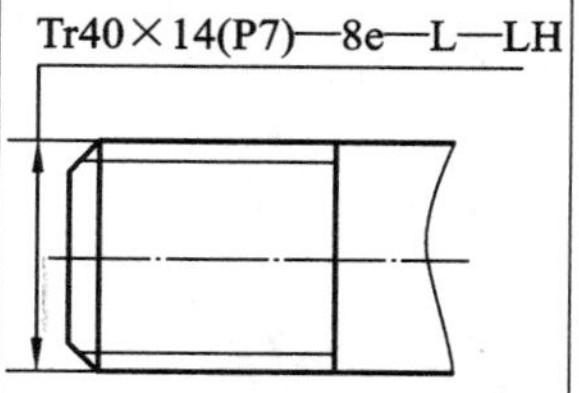 Tr40×14(P7)—8e—L—LH	表示梯形螺纹,公称直径为 40 mm、导程为 14 mm、螺距为 7 mm、双线,中径、顶径公差带代号均为 8e,长旋合长度,左旋	用螺纹密封的管螺纹	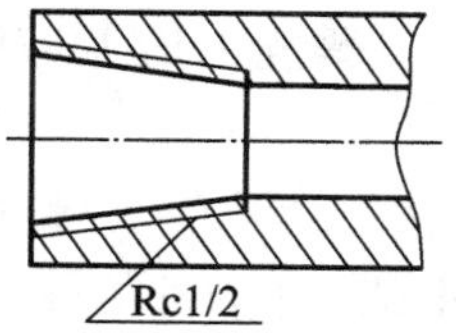 Rc1/2	圆锥管螺纹,内螺纹,右旋,尺寸代号为 1/2
锯齿形螺纹	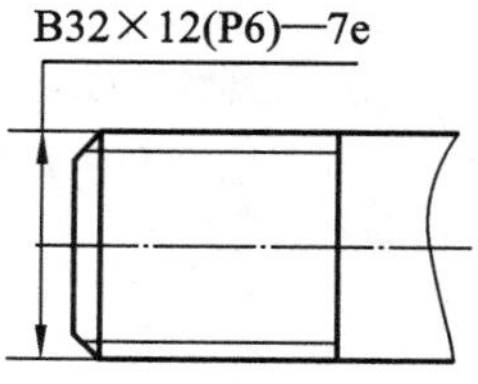 B32×12(P6)—7e	表示锯齿形螺纹,公称直径为 32 mm,导程为 12 mm,螺距为 6 mm,双线,中径、顶径公差带代号均为 7e	用螺纹密封的管螺纹	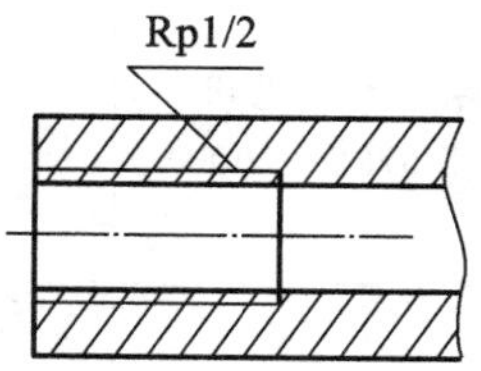 Rp1/2	与圆锥外螺纹相匹配的圆锥内螺纹,右旋,尺寸代号为 1/2

7.1.4　螺纹紧固件的种类

螺纹紧固件是指通过螺纹旋合来实现连接和紧固功能的零件。常用的螺纹紧固件有螺栓、双头螺柱、螺钉、螺母、垫圈等,如图 7.8 所示。它们均为标准件,根据其规定标记就能在相应标准中查出它们的结构和相关尺寸。

(a)六角头螺栓　(b)双头螺柱　(c) I 型槽螺钉　(d)内六角圆柱头螺钉　(e)紧定螺钉

(f)十字槽沉头螺钉 (g)普通六角螺母 (h)开槽六角螺母 (i)普通平垫圈　(j)弹簧垫圈

图 7.8　螺纹紧固件

7.1.5　螺纹紧固件的规定标记和画法

1. 螺纹紧固件的规定标记

螺纹紧固件的结构形式和尺寸均已标准化,不必画零件图,只需按其规定标记即可。国家标准规定螺纹紧固件的标记格式为:

| 类别 | 标准编号 | 螺纹规格 | × | 公称长度 | — | 产品形式 | — | 性能等级(或硬度、材料) |

| 产品等级 | 表面处理 |

例如:螺纹规格为 M10、公称长度 $l=45$、性能等级为 10.9 级,产品等级为 A,表面氧化处理的六角头螺栓的完整标记为

螺栓 GB/T 5782—2000　M10×45—10.9—A—O

也可简化标记为

螺栓 GB/T 5782　M10×45

表 7.3 为几种螺纹紧固件的标记示例。

表 7.3　常用螺纹的紧固件及其标记示例

序号	名称	图例	标记示例
1	六角头螺栓—A 级和 B 级(GB/T 5782—2000)	M12　60	螺栓　GB/T 5782—2000 M12×60
2	双头螺柱(GB/T 899—1988)	M12　50	螺柱　GB/T 899—1988 M12×50
3	I 型六角螺母—A 级和 B 级(GB/T 6170—2000)	M12	螺母　GB/T 6170—2000 M12

序号	名称	图例	标记示例
4	开槽沉头螺钉 (GB/T 68—2000)	M8　30	螺钉　GB/T 68 —2000 M8×30
5	开槽圆柱头螺钉 (GB/T 65—2000)	M10　45	螺钉　GB/T 65 —2000 M10×45

2. 螺纹紧固件的画法

在画装配图时经常会碰到螺纹紧固件,其尺寸可以根据标记从相应的国家标准中查出。螺纹紧固件按尺寸来源不同,分为查表画法和比例画法,在绘图时为了提高效率,大多采用比例画法,即螺纹紧固件的各部分大小(公称长度除外)都可按其公称直径的一定比例画出。

下面分别介绍六角头螺栓、六角螺母、垫圈、双头螺柱和螺钉的比例画法。

(1) 六角头螺栓　六角头螺栓各部分尺寸与螺纹大径 d 的比例关系如图 7.9(a)所示。

(2) 六角螺母　六角螺母各部分尺寸及其表面上几段用圆弧表示的交线,都按与螺纹大径 d 的比例关系画出,如图 7.9(b)所示。

(3) 垫圈　垫圈各部分尺寸按与它相配螺纹紧固件的大径 d 的比例关系画出,如图 7.9(c)所示。

(4) 双头螺柱　双头螺柱的外形可按图 7.9(d)所示的比例关系画出。

(5) 螺钉　螺钉的外形可按图 7.9(e)所示的比例关系画出。

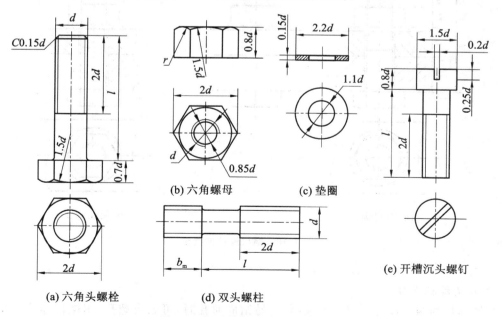

(a) 六角头螺栓　　　(b) 六角螺母　　　(c) 垫圈　　　(d) 双头螺柱　　　(e) 开槽沉头螺钉

图 7.9　螺纹的紧固件的比例画法

3. 螺纹紧固件的连接画法

对螺纹紧固件的装配图的画法有如下规定。

（1）剖切平面通过实心零件或螺纹连接件（如螺栓、双头螺柱、螺钉、螺母、垫圈等）的轴线时，这些零件均按不剖绘制，只画外形，需要时可采用局部剖。

（2）两零件的接触表面画一条线，不接触面画两条线。

（3）在剖视图中，相邻两零件剖面线的方向应相反，或方向相同但间距不同，但同一零件在各剖视图中，剖面线的方向、间距应一致。

（4）画连接图时，可采用简化画法。

下面介绍常用螺纹紧固件的连接画法。

1）螺栓连接

螺栓连接中常用到螺栓、螺母和垫圈三种连接件。螺栓连接用于连接两个不太厚的零件，用在需要经常拆卸并且被连接零件允许钻通孔的场合。连接时，螺栓穿入两零件的光孔，套上垫圈再拧紧螺母，垫圈可以增加受力面积，并且能避免损伤被连接件表面。图 7.10 所示为螺栓连接的比例画法。

螺栓连接时要先确定螺栓的公称长度 l，其计算公式如下，然后查表选取。

$$l \geqslant t_1 + t_2 + h + m + a$$

式中　t_1、t_2—— 被连接件的厚度；

　　　h—— 垫圈厚度，对于平垫圈，$h = 0.15d$；

　　　m—— 螺母厚度，$m = 0.8d$；

　　　a—— 螺栓伸出螺母的长度，$a \approx 0.3d$。

被连接零件上光孔的直径按 $1.1d$ 绘制。

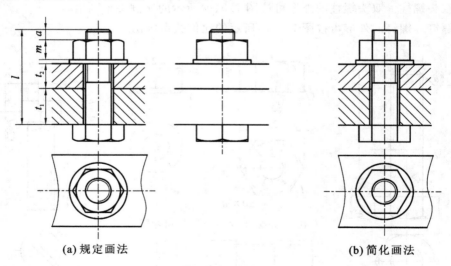

(a) 规定画法　　　　　　　　　　　(b) 简化画法

图 7.10　螺纹连接的画法

2）双头螺柱连接

当被连接的两个零件中有一个较厚，不易钻成通孔时，可制成螺孔，用螺柱连接。双头螺柱用于被连接零件之一较厚，或不允许钻成通孔的情况。双头螺柱的两端都加工有螺纹。一端螺纹称为旋入端，用于旋入被连接零件的螺孔内；另一端称为紧固端，用于穿过另一零件上的通孔,套上垫圈后拧紧螺母。图 7.11(b)所示为双头螺柱连接的规定画法;也可采用简化画法,如图 7.11(c)所示,可不画出钻孔深度。由图中可见,双头螺柱连接的上半部与螺栓连接的画法相似,其中,双头螺柱的紧固端长度按 $2d$ 计算。下半部为内、外螺纹旋合连接的画法,旋入端长度 b_m,根据有螺孔的零件材料选定,国家标准规定有四种规格:

$b_\mathrm{m}=d$　　　GB/T 897—1988,用于钢或青铜

$b_\mathrm{m}=1.25d$　　GB/T 898—1988,用于铸铁

$b_\mathrm{m}=1.5d$　　GB/T 899—1988,用于铸铁

$b_\mathrm{m}=2d$　　　GB/T 900—1988,用于铝

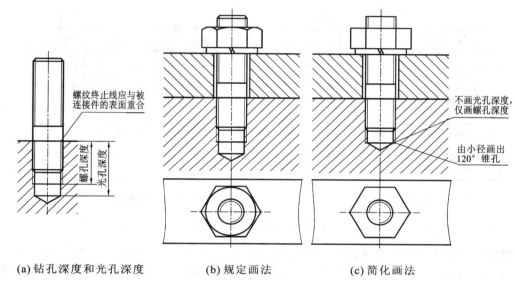

(a) 钻孔深度和光孔深度　　　(b) 规定画法　　　(c) 简化画法

图 7.11　双头螺柱连接的画法

螺孔和光孔的深度分别按 $b_\mathrm{m}+0.5d$ 和 $0.5d$ 画出。

螺柱的公称长度 l 按下式估算,然后查表选取。

$$l \geqslant \delta + h + m + a$$

式中　　δ—— 通孔零件厚度;

　　　　h—— 垫圈厚度,弹簧垫圈 $h=0.25d$;

　　　　m—— 螺母厚度,$m=0.8d$;

　　　　a——螺栓伸出螺母的长度,$a \approx 0.3d$。

由上式计算出螺柱长度后,还需要查螺柱的标准长度系列,选取与它接近的标准值。

画螺柱连接图时,还应注意,螺柱旋入端的螺纹终止线应与结合面平齐,表示旋入端螺纹全部拧入,并且拧紧。弹簧垫圈的开口槽方向应是能阻止螺母松动的方向,要画成左上方与水平线成 45°斜口的两条线(或一条加粗线)。

3) 螺钉连接

螺钉连接不用螺母,而是将螺钉直接拧入机件的螺孔里。螺钉按其用途分为连接螺钉和紧定螺钉两种。连接螺钉用于连接零件,其按头部形状分有开槽圆柱头螺钉、开槽沉头螺钉、内六角圆柱头螺钉等多种类型。螺钉一般用在不经常拆卸且受力不大的地方。通常在较厚的零件上制出螺孔,另一零件上加工出通孔(孔径约为 $1.1d$)。连接时,将螺钉穿过通孔,旋入螺

孔拧紧即可。

螺钉旋入深度与双头螺栓旋入金属端的螺纹长度 b_m 相同,它与被旋入零件的材料有关,但螺钉旋入后,螺孔应留一定的旋入余量。图 7.12 所示为连接螺钉的画法。

画螺钉连接图时,应注意:

螺钉的螺纹终止线应画在两个被连接件的结合面以下。螺钉头部的一字槽在投影为圆的视图中应画成与水平线成 45°夹角(见图 7.12(a)),可简化为双倍粗实线;在投影面与螺钉轴线平行的视图上,应画出槽口实形,也可简化为一小段双倍粗实线,如图 7.12(b)所示。对于不穿通的螺孔,可以不画出钻孔深度,仅按螺纹深度画出,如图 7.12(b)所示。

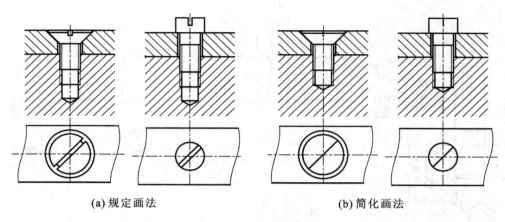

(a) 规定画法　　　　　　　　　　　(b) 简化画法

图 7.12　螺钉连接的画法

紧定螺钉则主要用于两零件之间的固定,使它们之间不产生相对运动。图 7.13 所示为紧定螺钉连接的例子。可先在轮毂的适当位置加工出螺孔,然后将轮、轴装配在一起,以螺孔导向,在轴上钻出锥坑,最后拧入紧定螺钉,即可限定轮、轴的相对位置,使其不能产生轴向运动。

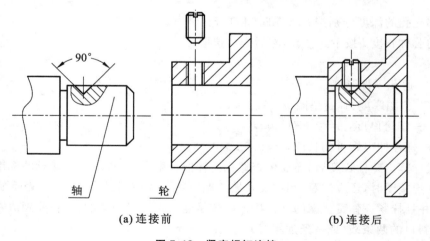

(a) 连接前　　　　　　　　　　　　(b) 连接后

图 7.13　紧定螺钉连接

7.2　键　连　接

7.2.1　常用键

键是标准件,主要用于连接轴和轴上的传动零件如齿轮、皮带轮等,实现轴上零件的轴向固定,传递扭矩。使用时,常在轮孔和轴的接触面处挖一条键槽,将键嵌入,使轴和轮一起转动,如图 7.14 所示。

 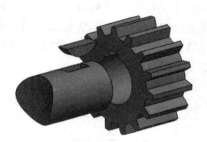

(a) 皮带轮的普通平键连接　　　　　(b) 齿轮的半圆键连接

图 7.14　键连接

键有普通平键、半圆键和钩头楔键等几种类型,其形式和规定标记如表 7.4 所示。键是标准件,其尺寸及轴和轮毂上的键槽剖面尺寸,可根据被连接件的轴径 d 查阅有关标准。

表 7.4　键的画法及其标记示例

名称	图例	标记示例
普通平键 (GB/T 1096—2003)		$b=8$ mm、$h=7$ mm、$L=25$ mm 的普通平键(A 型)标记为 GB/T 1096 键 8×7×25
半圆键 (GB/T 1099.1—2003)		$b=6$ mm、$h=10$ mm、$d_1=25$ mm、$L=24.5$ mm 的半圆键标记为 GB/T 1099 键 6×10×25
钩头楔键 (GB/T 1565—2003)		$b=18$ mm、$h=11$ mm、$L=100$ mm 的钩头楔键标记为 GB/T 1565 键 18×11×100

1. 普通平键与半圆键

普通平键的形式有 A 型（两端圆头）、B 型（两端平头）、C 型（单端圆头）三种，其中，以 A 型平键应用最广。

在标记时，A 型普通平键省略 A 字，B 型和 C 型普通平键则应加注 B 或 C 字。例如：键宽 b ＝12 mm、键高 h＝8 mm、公称长度 L＝50 mm 的 A 型普通平键的标记为

GB/T 1096 键 12×8×50

而相同规格尺寸的 C 型普通平键则应标记为

GB/T 1096 键 C 12×8×50

键的结构尺寸设计可根据轴的直径查键的标准（见附录 C），得出它的尺寸，同时也可查得键槽的宽度和深度。键的长度 L 则应根据轮毂长度及受力大小选取相应的系列值。图 7.15 所示为普通平键连接轴和轮毂上键槽的画法及尺寸标注。其中键槽宽度 b、深 t_1 和 t_2 的尺寸，可根据轴径 d 由附录 C 中表 C.11 中查得。

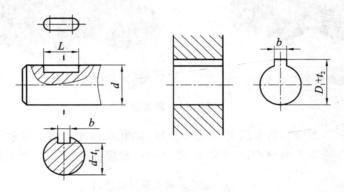

图 7.15　普通平键键槽的画法和尺寸标注

图 7.16(a) 所示为轴和轮毂用键连接的装配画法。剖切平面通过轴和键的轴线或对称面时，轴和键应按不剖形式绘制；为表示连接情况，常采用局部剖视。普通平键连接时，键的两个侧面是工作面，上、下两底面是非工作面。工作面即平键的两个侧面与轴和轮毂的键槽面相接触，在装配图中画一条线，上顶面与轮毂键槽的底面间有间隙，应画两条线。

半圆键具有自动调位的优点，主要用于锥形轴与轴轻载时的连接中。半圆键的工作面也是两侧面，其连接画法与普通平键的连接画法相似，如图 7.16(b) 所示。

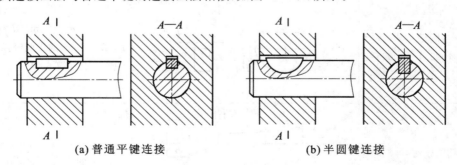

(a) 普通平键连接　　　　　　　　　(b) 半圆键连接

图 7.16　键连接的画法

2. 钩头楔键

钩头楔键的顶面有 1∶100 的斜度，装配时将键打入键槽，依靠上（顶）面、下（底）面与轴和轮

毂上键槽底面的接触挤压产生摩擦力而连接,因此,键的顶面和底面同为工作面,槽底和槽顶都没有间隙,而键的两侧面为非工作面,与键槽的两侧面留有间隙,应画成两条线,如图7.17所示。键的钩头供拆卸用,轴上的键槽要加工制造到轴端,以使得拆卸方便。

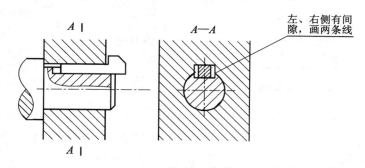

图 7.17　钩头楔键连接的画法

7.3　销

7.3.1　销及其标记

销通常用于零件间的连接或定位。常用的有圆柱销、圆锥销和开口销等,如图 7.18 所示。开口销常与带孔螺栓和带槽螺母配合使用。它穿过螺母上的槽和螺杆上的孔,并在尾部叉开以防螺母松动。销也是标准件,其规格和尺寸可以从相关国家标准中查找。

(a) 圆柱销　　　　(b) 圆锥销　　　　　(c) 开口销

图 7.18　常用的销

销的标记内容与键的标记类似,只是国家标准代号的放置顺序不同。销的画法与标记如表7.5所示。

表 7.5　销的画法与标记

名称	图例	标记示例	说明
圆柱销 GB/T 119.1—2000	d　L	公称直径 $d=8$ mm、长度 $L=30$ mm 的 A 型圆柱销标记为 销 GB/T 119.1　A8×30	共有 A、B、C、D 四种形式不同的圆柱销,根据工作条件选用

续表

名称	图例	标记示例	说明
圆锥销 GB/T 117—2000	 1:50 d L	公称直径 $d=10$ mm、长度 $L=60$ mm 的 A 型圆锥销标记为 销 GB/T 117 A10 ×60	圆锥销按表面加工要求不同,分为两种类型,A 型为磨削加工圆锥销,B 型为车削加工圆锥销,公称直径为小端直径
开口销 GB/T 91—2000	b l a c d	公称直径 $d=5$ mm、长度 $L=50$ mm 的开口销标记为 销 GB/T 91 5×50	公称直径指与之相配的销孔直径,故开口销公称直径都大于实际尺寸

7.3.2　销连接画法

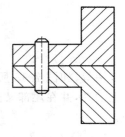

圆柱销连接的画法如图 7.19 所示,圆锥销连接的画法与此相同。当剖切平面通过销的轴线时,销按不剖处理。

圆柱销和圆锥销的装配要求较高,销孔一般在被连接零件装配后再加工。圆锥销孔的公称直径指小端直径,标注时应采用旁注法。

图 7.19　圆柱销连接的画法

7.4　滚　动　轴　承

滚动轴承是用于支承旋转轴的组件。由于滚动轴承具有结构简单、摩擦阻力小、损耗少、精度高等特点,所以是生产中广泛应用的一种标准件。国家标准 GB/T 4459.7—1998《机械制图 滚动轴承表示法》规定了滚动轴承的表示方法。

7.4.1　滚动轴承的结构、分类和代号

1. 滚动轴承的结构

如图 7.20 所示,滚动轴承一般由外圈、保持架、滚动体和内圈组成。

内圈紧密套在轴上,随轴转动;外圈装在轴承座的孔内,固定不动;内、外圈上有凹槽,以形成滚动体圆周运动时的滚动轨道,滚动体有圆球滚子、圆柱滚子、圆锥滚子等,排列在内、外圈之间;保持架用来把滚动体彼此隔开,避免滚动体互相接触,以减少摩擦与磨损。

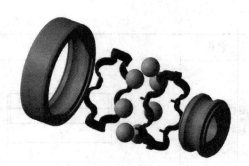

图 7.20　滚动轴承结构

2. 滚动轴承的种类

国家标准 GB/T 271—2008《滚动轴承 分类》规定,滚动轴承按其所承受的载荷方向或公称接触角的不同分为向心轴承和推力轴承(见表 7.6)。

向心轴承主要用于承受径向载荷,其公称接触角为 0°～45°。

推力轴承主要用于承受轴向载荷,其公称接触角大于 45°且小于 90°。

表 7.6 滚动轴承的分类

轴承分类	向心轴承		推力轴承	
	径向接触轴承	角接触向心轴承	角接触推力轴承	轴向接触轴承
公称接触角 α	$\alpha=0°$	$0°<\alpha\leqslant45°$	$45°<\alpha<90°$	$\alpha=90°$
示例	深沟球轴承 	圆锥滚子轴承 	角接触推力滚子轴承 	推力球轴承

注:公称接触角是垂直于轴承轴心线的平面(径向平面)与经轴承套圈和滚动体接触处的法线之间的夹角。

3. 滚动轴承的代号和标记

滚动轴承的代号由基本代号、前置代号和后置代号组成,详见国家标准 GB/T 272—1993《滚动轴承 代号方法》、GB/T 271—2008《滚动轴承 分类》,其排列顺序为前置代号、基本代号、后置代号。

前置、后置代号是轴承的结构形状、尺寸、公差、技术要求等改变时,在其基本代号前、后添加的补充代号;基本代号表示轴承的基本类型、结构和尺寸,是轴承代号的基础。

1)基本代号的组成

基本代号由滚动轴承的类型代号、尺寸系列代号和内径代号自左至右顺序排列而成。

(1)类型代号 类型代号由阿拉伯数字或大写拉丁字母表示,其含义见表 7.7。

表 7.7 滚动轴承的类型代号

代号	轴承类型	代号	轴承类型
0	双列角接触球轴承	6	深沟球轴承
1	调心球轴承	7	角接触球轴承
2	调心滚子轴承和推力调心滚子轴承	8	推力圆柱滚子轴承
3	圆锥滚子轴承	N	圆柱滚子轴承,双列或多列用字母 NN 表示
4	双列深沟球轴承	U	外球面球轴承
5	推力球轴承	QJ	四点接触球轴承

(2)尺寸系列代号 尺寸系列代号有轴承的(高)度系列代号(一位数字)和直径系列代号(一位数字)组成。它表示同一种轴承在内径相同时,其内、外圈的宽度和厚度不同,其承载能力也不同。

(3)内径代号 内径代号表示滚动轴承的公称内径(轴承内圈的孔径),由两位数字表示。

代号数字 00、01、02、03 分别表示内径 $d=10\ \text{mm}$、12 mm、15 mm、17 mm，代号数字≥04 时，则乘以 5，即为轴承内径 d 的毫米数。

2）滚动轴承的标记

滚动轴承的基本标记格式如下：

$$\boxed{\text{滚动轴承}}\quad\boxed{\text{基本代号}}\quad\boxed{\text{国标号}}$$

现举例说明如下：

滚动轴承　6 2 02 GB/T 276—2013
　　　　　　　　　　　　└──── 深沟球轴承国标号
　　　　　　　　　└──── 内径代号，内径d=15mm
　　　　　　　└──── 尺寸系列代号，"2"—(02)尺寸系列
　　　　　└──── 类型代号，"6"—深沟球轴承

滚动轴承　3 04 06 GB/T 297—1994
　　　　　　　　　　　　└──── 圆锥滚子轴承国标号
　　　　　　　　　└──── 内径代号，内径d=6×5mm=30mm
　　　　　　　└──── 尺寸系列代号，"03"—(04)尺寸系列
　　　　　└──── 类型代号，"3"—圆锥滚子轴承

图 7.21　滚动轴承标记

7.4.2　滚动轴承的画法

滚动轴承为标准件，不需要画零件图，按国家标准规定，只是在装配图中采用规定画法或特征画法。

在装配图中需要较详细地表示滚动轴承的主要结构时，可采用规定画法；在装配图中只需简单表达滚动轴承的主要结构时，可采用特征画法。

画滚动轴承时，先根据轴承代号由国家标准手册查出滚动轴承外径 D、内径 d 及宽度 B 等尺寸，然后按表 7.8 中的图形、比例关系画出。

表 7.8　常用滚动轴承画法

轴承名称和代号	规定画法	特征画法
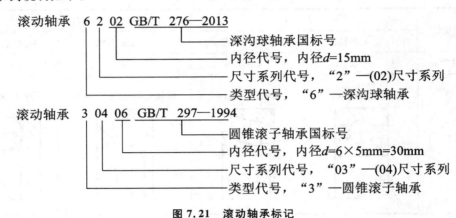　深沟球轴承 60000 型（GB/T 276—2013）		

续表

轴承名称和代号	规定画法	特征画法
圆锥滚子轴承 30000 型（GB/T 297—1994）		
推力球轴承 50000 型（GB/T 28697—2012）		

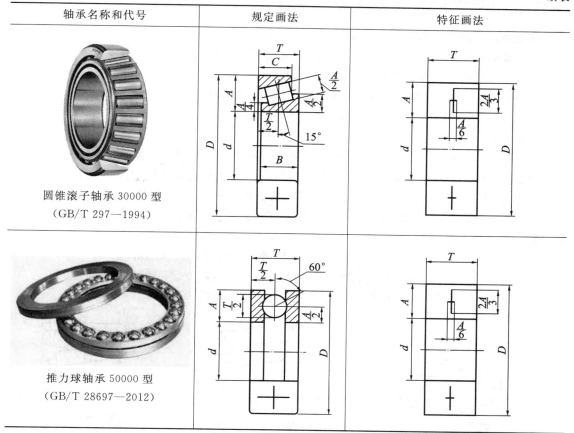

7.5 弹 簧

在各种机械设备和仪器仪表中,除经常要用到标准件外,还有些零件,如齿轮、弹簧等也应用广泛。这些零件虽不属于标准件,但它们的结构和尺寸部分实现了标准化,统称为标准结构件。

弹簧是机器中常用的零件,主要用于减振、夹紧、储存能量和测力等。弹簧的种类很多,有螺旋弹簧、板弹簧、涡卷弹簧等,如图 7.22 所示,其中螺旋弹簧应用较广。根据受力情况,螺旋弹簧又分为压缩弹簧、拉伸弹簧和扭转弹簧。

(a) 螺旋压缩弹簧　(b) 螺旋拉伸弹簧　(c) 螺旋扭转弹簧　(d) 涡卷弹簧　(e) 板弹簧

图 7.22　常见的弹簧种类

7.5.1　弹簧各部分的名称及尺寸关系

弹簧各部分的名称及尺寸关系如图 7.23(a)所示。

(1) 簧丝直径 d　簧丝直径为制造弹簧用的金属丝的直径。

(2) 弹簧外径 D　弹簧外径为弹簧的最大直径。

(3) 弹簧内径 D_1　弹簧内径为弹簧的最小直径，$D_1 = D - 2d$。

(4) 弹簧中径 D_2　弹簧中径为弹簧的平均直径，$D_2 = D - d$。

(5) 节距 t　除支承圈外，相邻两圈的轴向距离。

(6) 支承圈数 n_2　为了使压缩弹簧工作时受力均匀，支承平稳，要求弹簧轴线垂直于两端的支承面，因此制造时将弹簧两端并紧，并将端面磨平。这些并紧磨平的各圈称为支承圈，它仅起支承作用。支承圈数一般有 1.5 圈、2 圈和 2.5 圈三种，其中 2.5 圈用得较多。

(7) 有效圈数(或工作圈数)n　除支承圈外，弹簧保持相等节距的圈数称为有效圈数，它是计算弹簧受力时的主要依据。

(8) 总圈数 n_1　总圈数为有效圈数和支承圈数的总和，即 $n_1 = n + n_2$。

(9) 自由高度 H_0　自由高度为弹簧不受外力作用时的高度，$H_0 = nt + (n_2 - 0.5)d$。

(10) 旋向　弹簧的旋向有左旋、右旋之分，常用的是右旋弹簧。

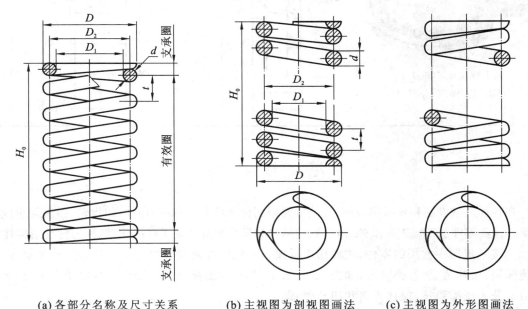

(a) 各部分名称及尺寸关系　　　　(b) 主视图为剖视图画法　　　(c) 主视图为外形图画法

图 7.23　圆柱螺旋压缩弹簧的一般画法

7.5.2　圆柱螺旋弹簧的规定画法

1. 圆柱螺旋压缩弹簧的规定画法

图 7.23(b)所示是圆柱螺旋压缩弹簧的规定画法。在平行于弹簧轴线的投影面上的视图，各圈轮廓应画成直线；有效圈数在 4 圈以上的弹簧，中间部分可以省略，用通过中径的细点画线连起来，中间部分省略后，图形长短可适当缩短；螺旋压缩弹簧要求两端并紧磨平时，无论支承圈的圈数是多少，均可按 2.5 圈的形式绘制，如图 7.23(b)、(c)所示；螺旋弹簧均可画成

右旋的,对必须保证的旋向要求应在"技术要求"中注明。

2. 圆柱螺旋压缩弹簧在装配图中的画法

在装配图中,螺旋弹簧被剖切时,允许只画出簧丝断面。当簧丝的直径较小(等于或小于 2 mm)时,簧丝断面全部涂黑,或采用示意画法。被弹簧挡住的轮廓线不必画出,未被挡住的轮廓线应画到弹簧外轮廓或簧丝断面的中心线处。如图 7.24 所示。

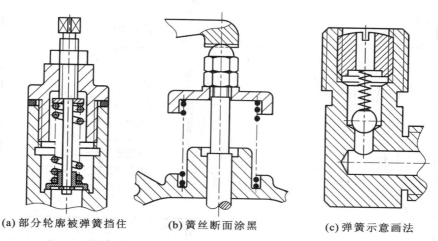

(a) 部分轮廓被弹簧挡住　　　(b) 簧丝断面涂黑　　　(c) 弹簧示意画法

图 7.24　圆柱螺旋压缩弹簧在装配图中的画法

3. 圆柱螺旋压缩弹簧作图步骤

若已知弹簧的中径 D_2、簧丝直径 d、节距 t 和有效圈数 n,其作图步骤如图 7.25 所示。

(1) 算出弹簧自由高度 H_0,根据 D_2 和 H_0 画图,如 7.25(a)所示。

(2) 根据簧丝直径 d,绘制两端支承圈的圆和半圆,如图 7.25(b)所示。

(3) 根据节距 t 画有效圈部分的圆,如图 7.25(c)所示。

(4) 按右旋方向作相应圆的公切线及剖面线,加深,即完成作图,如图 7.25(d)所示。

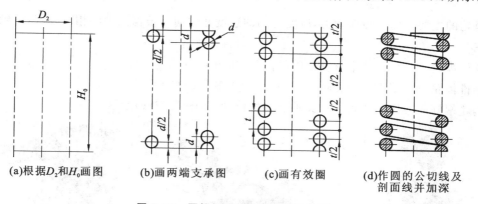

(a)根据D_2和H_0画图　　(b)画两端支承图　　(c)画有效圈　　(d)作圆的公切线及
　　　　　　　　　　　　　　　　　　　　　　　　　　　　　　　　　剖面线并加深

图 7.25　圆柱螺旋压缩弹簧作图步骤

7.5.3　圆柱螺旋弹簧的零件图

圆柱螺旋弹簧的零件图如图 7.26 所示,在绘制零件图时应注意:

(1) 弹簧的参数应直接标注在图形上,若直接标注有困难,可在技术要求中说明;

(2) 当需要标明弹簧的负荷与高度之间的变化关系时,必须用图解表示,其中 F_1 为弹簧的预加负荷,F_2 为弹簧的最大负荷,F_3 为弹簧的允许极限负荷。

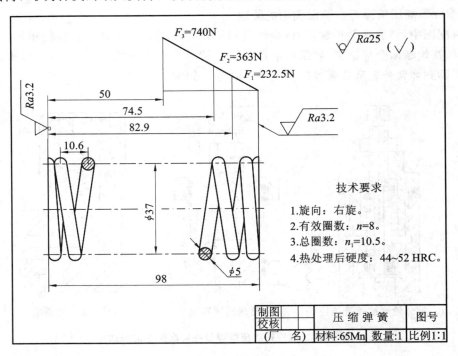

图 7.26　圆柱螺旋压缩弹簧零件图

7.6　齿　　轮

7.6.1　齿轮的作用及分类

齿轮的主要作用是传递动力,改变运动的速度和方向。根据两轴的相对位置,齿轮可分为以下三类。

圆柱齿轮——用于两平行轴之间的传动,如图 7.27(a)所示。

圆锥齿轮——用于两相交轴之间的传动,如图 7.27(b)所示。

蜗轮蜗杆——用于两垂直交叉轴之间的传动,如图 7.27(c)所示。

(a) 圆柱齿轮　　　　　　　(b) 圆锥齿轮　　　　　　　(c) 蜗轮蜗杆

图 7.27　齿轮形式

　　齿轮的一般结构如图 7.28 所示：最外部分的轮缘上加工有轮齿；中间与轴配合的部分为轮毂，轮毂内有轴孔和键槽；轮缘和轮毂两部分用辐板相连。轮齿是齿轮的主要结构，国家标准对轮齿的结构尺寸及画法都做了统一的规定。齿轮轮齿的齿廓曲线通常是渐开线，在特殊应用场合也可以是摆线或圆弧。

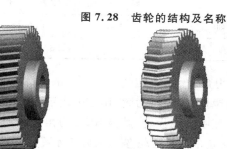

7.6.2　圆柱齿轮

　　圆柱齿轮按齿向分为直齿轮、斜齿轮和人字齿轮三种，如图 7.29 所示。

图 7.28　齿轮的结构及名称

(a)直齿圆柱齿轮　　　　(b)斜齿圆柱齿轮　　　　(c)人字齿圆柱齿轮

图 7.29　圆柱齿轮的种类

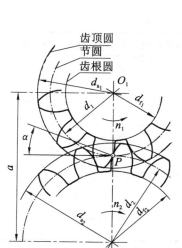

图 7.30　直齿圆柱齿轮的尺寸代号

1. 直齿圆柱齿轮各部位的名称、尺寸代号及基本参数

1) 直齿圆柱齿轮各部位的名称及尺寸代号

直齿圆柱齿轮各部位的名称及尺寸代号如图 7.28 和图 7.30 所示。

（1）齿顶圆　通过齿轮轮齿顶部的圆称为齿顶圆，其直径用 d_a 表示。

（2）齿根圆　通过齿轮轮齿根部的圆称为齿根圆，其直径用 d_f 表示。

（3）分度圆和节圆　分度圆是在设计和加工齿轮时，为计算尺寸和方便分齿而设定的一个基准圆，其直径用 d 表示。节圆是通过啮合齿轮的接触点 P（称为节点）的圆。对于标准齿轮，其分度圆周上的齿厚 s 和齿槽宽 e 相等，分度圆与节圆重合。两个齿轮正确啮合时，它们的分度圆相切。

（4）齿距、齿厚、槽宽　在分度圆上，相邻两轮齿对应点之间的弧长，称为齿距，用 p 表示；一个轮齿齿廓间的弧长称为齿厚，用 s 表示；一个齿槽齿廓间的弧长称为槽宽，用 e 表示。在标准齿轮中，$s=e$，$p=s+e$。

（5）齿高、齿顶高、齿根高　齿顶圆与齿根圆之间的径向距离，称为齿高，用 h 表示；齿顶圆与分度圆之间的径向距离称为齿顶高，用 h_a 表示；分度圆与齿根圆之间的径向距离，称为齿根高，用 h_f 表示。三者之间的关系为 $h=h_a+h_f$。

（6）中心距　两啮合齿轮轴线之间的距离称为中心距，用 a 表示。正确安装的标准齿轮，$a=(d_1+d_2)/2$。

2）直齿圆柱齿轮的基本参数

（1）齿数 z　齿数即为轮齿的数量，它是计算速比和加工时分度的依据。

（2）模数 m　模数是设计、制造齿轮的一个重要参数。

由几何关系可得分度圆的周长 $L=\pi d$，再由周长与齿数和齿距的关系得 $L=pz$，所以，由 $\pi d=pz$ 进一步得 $d=(p/\pi)z$，令模数 $m=p/\pi$，则 $d=mz$。

可见，在齿数一定的情况下，模数 m 值越大，齿轮的直径也越大，齿轮也就越大，故模数是衡量齿轮大小的几何参数。为了便于设计制造，国家标准对齿轮模数值做了统一的规定，表 7.9 中列出了小于 10 的齿轮模数系列。

表 7.9　齿轮模数系列（摘自 GB/T 1357—2008）

第一系列	1,1.25,1.5,2,2.5,3,4,5,6,8,10
第二系列	1.125,1.375,1.75,2.25,2.75,3.5,4.5,5.5,(6.5),7,9

（3）压力角 α　两个相啮合的轮齿的齿廓在节点 P 处的公法线方向与两分度圆的公切线之间所夹的锐角，称为压力角，用 α 来表示，标准齿轮的压力角为 $20°$。

一对相互啮合的齿轮，其模数、压力角必须相同。

3）标准直齿圆柱齿轮各部位的尺寸关系

在设计齿轮时，首先确定齿数、模数和压力角，其他各部位的尺寸均可由齿数和模数计算出来，其计算公式如表 7.10 所列。

表 7.10　标准直齿圆柱齿轮各部位尺寸的计算公式

各部位名称	代号	计算公式	计算举例（已知：$m=3,z=30,\alpha=20°$）
齿距	p	$p=\pi m$	$p=9.42$
齿顶高	h_a	$h_a=m$	$h_a=3$
齿根高	h_f	$h_f=1.25m$	$h_f=3.75$
齿高	h	$h=h_a+h_f=2.25m$	$h=6.75$
分度圆直径	d	$d=mz$	$d=90$
齿顶圆直径	d_a	$d_a=m(z+2)$	$d_a=96$
齿根圆直径	d_f	$d_f=m(z-2.5)$	$d_f=82.5$
中心距	a	$a=m(z_1+z_2)/2$	

2. 斜齿圆柱齿轮的结构特点

斜齿圆柱齿轮的齿向与轴线不平行，齿面呈螺旋状，如图 7.31(a) 所示。斜齿轮的螺旋角是指分度圆上的螺旋角，即图 7.31(b) 所示分度圆柱面与齿面交线的展开图中交线相对于轴线方向的倾角，用字母 β 表示。按右螺旋线加工成的斜齿轮称为右旋齿轮，按左螺旋线加工成的斜齿轮称为左旋齿轮。斜齿轮在端面上的齿形和在垂直于轮齿方向的法平面上的齿形不同，因而也就有端面模数 m_t 和法向模数 m_n、端面齿距 p_t 和法向齿距 p_n 之分，它们的关系为

$$p_n=p_t\cos\beta, \quad m_n=m_t\cos\beta$$

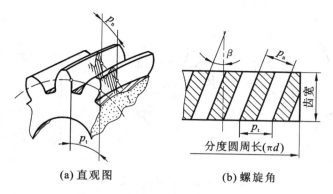

(a) 直观图　　　　　(b) 螺旋角

图 7.31　斜齿圆柱齿轮的螺旋结构

　　斜齿轮的法向模数一般取标准模数值,一对轴线平行的斜齿轮相啮合的条件是:模数、压力角和螺旋角相同,旋向相反。

3. 圆柱齿轮的规定画法

　　绘制齿轮的工程图样时,齿轮的轮毂、辐板和轮缘部位均按投影形状画出;但轮齿部位的形状复杂、轮齿数量多,且根据一定的规律重复分布,按投影形状画图实在不便,因此国家标准 GB/T 4459.2—2003《机械制图　齿轮表示法》对齿轮的轮齿部位制定了规定表示法:在投影为圆的视图中,轮齿用齿顶圆、分度圆和齿根圆组合表示;在非圆视图中,轮齿用齿顶线、分度线和齿根线组合表示。

　　1) 单个齿轮的画法

　　在表示外形的两视图中,齿顶圆和齿顶线用粗实线绘制,分度圆和分度线用细点画线绘制,齿根圆和齿根线用细实线绘制,也可以省略不画,如图 7.32(a)所示。

　　齿轮的非圆视图通常采用半剖视图,如图 7.32(b)所示。在剖视图中,轮齿一律按不剖绘制,齿根线用粗实线绘制。对于斜齿轮和人字齿轮,则在视图中用三条与齿形方向一致的细实线表示齿轮的方向。

　　2) 两个齿轮啮合时的规定画法

　　齿轮啮合时的规定画法如图 7.33 所示。在投影为圆的视图中,齿顶圆用粗实线绘制,两个相切的分度圆用细点画线绘制,两齿根圆用细实线绘制。有时为了图形清晰,位于啮合区域内的齿顶圆可以省略不画,齿根圆也可以省略不画,如图 7.34(d)所示。

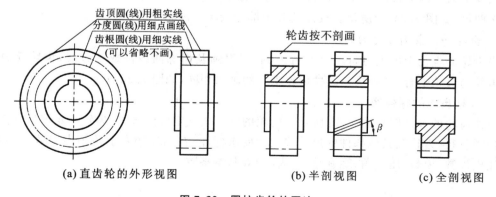

(a) 直齿轮的外形视图　　　　　(b) 半剖视图　　　　(c) 全剖视图

图 7.32　圆柱齿轮的画法

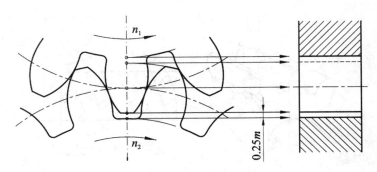

图 7.33　圆柱齿轮啮合时的规定画法

在投影为非圆的视图中,若采用剖视图,则啮合区域内重合的两齿轮分度线用细点画线绘制,两齿轮的齿根线分别用粗实线绘制,而两齿轮的齿顶线,一条为可见轮廓线,用粗实线绘制,另一条为不可见轮廓线,用细虚线绘制,如图 7.34(b)所示。此外,根据齿轮各部位尺寸关系可知,一个齿轮的齿顶线与另一个齿轮的齿根线之间有宽度为 $0.25\ m(m$ 为模数)的间隙,如图 7.33 所示。非啮合区域内的结构均按单个齿轮的绘制方法绘制。

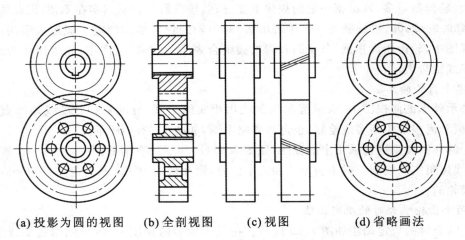

(a) 投影为圆的视图　　(b) 全剖视图　　　(c) 视图　　　　(d) 省略画法

图 7.34　啮合区域齿轮的画法

在投影为非圆的视图中,若采用视图,则只把啮合区域内重合的两齿轮的分度线用粗实线画出来即可,如图 7.34(c)所示。视图的其余部分按单个齿轮绘制。

3) 齿轮和齿条啮合时的画法

当齿轮的直径无限大时,齿顶圆、分度圆、齿根圆及齿廓曲线都成了直线,齿轮就成了齿条。齿轮与齿轮啮合,其画法与圆柱齿轮啮合的画法相同,如图 7.35 所示。

4. 圆柱齿轮的零件图

圆柱齿轮的零件图如图 7.36 所示。齿轮的视图按规定画法来画;齿轮的轮齿尺寸需要标注齿顶圆直径,齿轮及其他部件的尺寸按设计要求标注;在图样的右上角画出参数表,参数表中应注出齿数、模数、压力角、螺旋角(斜齿轮)等基本参数。

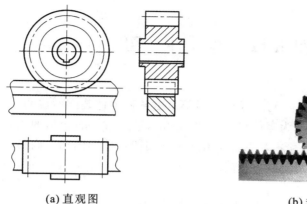

(a) 直观图

(b) 规定画法

图 7.35　齿轮和齿条的规定画法

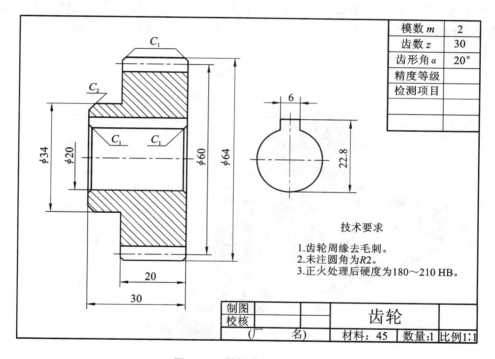

模数 m	2
齿数 z	30
齿形角 α	20°
精度等级	
检测项目	

技术要求

1. 齿轮周缘去毛刺。
2. 未注圆角为 $R2$。
3. 正火处理后硬度为 180～210 HB。

制图			齿轮		
校核					
(厂　　名)			材料：45	数量：1	比例1:1

图 7.36　圆柱齿轮的零件图

第8章 零件图

零件是组成机器和部件的基本单元,任何机器都是由各种零件装配而成的。表达单个零件形状、大小和技术要求的图样称为零件图,它是制造和检验零件是否合格的主要依据,是设计和生产过程中重要的技术文件。本章主要介绍绘制和阅读零件图的相关内容,包括零件的结构分析、表达方法、尺寸标注及要求等内容。

8.1 零件图的基本内容

图 8.1 所示为油杯滑动轴承,它主要由油杯、轴衬固定套、螺母、上轴衬、轴承盖、下轴衬、方头螺栓、轴承底座组成。图 8.2 所示为轴承底座的零件图,轴承底座在轴承中的位置如图 8.1 所示。

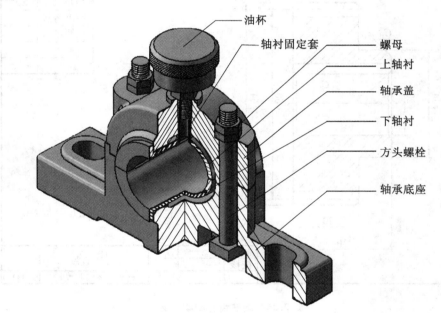

图 8.1　油杯滑动轴承

从图 8.2 中可见,零件图一般包括下列内容。

(1)一组图形(包括视图、剖视图、断面图等)——用来正确、完整、清晰地表达出零件各部分内、外结构形状。

(2)完整的尺寸标注——用于确定零件各部分结构形状的大小和相对位置。

(3)技术要求——标注或说明零件在制造和检验时应达到的技术规范,如零件表面粗糙度、尺寸公差、几何公差、材料的热处理、表面处理等要求。

(4)标题栏——标题栏画在图框的右下角,填写零件名称、材料、数量、比例、图号,以及制图、审核人员的责任签字和签字日期等。

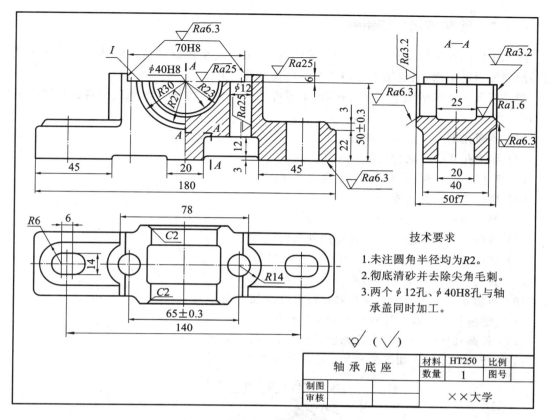

技术要求

1. 未注圆角半径均为 $R2$。
2. 彻底清砂并去除尖角毛刺。
3. 两个 $\phi 12$ 孔、$\phi 40H8$ 孔与轴承盖同时加工。

轴 承 底 座		材料	HT250	比例	
		数量	1	图号	
制图				××大学	
审核					

图 8.2　轴承底座零件图

8.2　零件的结构分析

绘制零件图一般按以下过程进行:零件结构分析,选择表达方案,标注尺寸,注写技术要求,填写标题栏。

8.2.1　零件的结构分析方法

在表达零件之前,必须先了解零件的结构形状,零件的结构形状是根据零件在机器中的作用和制造工艺上的要求确定的。机器或部件有其确定的功能和性能指标,而零件是组成机器或部件的基本单元,所以每个零件均有一定的作用,例如具有支承、传动、连接、定位、密封等一项或几项功能。

机器或部件中各零件按确定的方式结合起来,应结合可靠、装配方便。零件间的结合可能是相对固结,也可能是允许存在相对运动;相邻零件的某些部位要求紧密接触,而某些部位则必须留有空隙。要满足以上要求,零件必须具备相应的结构。

零件的结构必须与设计要求相适应,且有利于加工和装配。由功能要求确定主体结构,由工艺要求确定局部结构。零件的内部构造和外形及各相邻结构间都应是相互协调的。

零件结构分析的目的是为了更全面、完整地了解零件,使画出的零件图既表达完整、正确、清晰,又符合生产实际的要求。

8.2.2　零件结构分析举例

图 8.1 所示油杯滑动轴承一般同时采用两个,用于支承做旋转运动的轴。轴承底座位于油杯滑动轴承的下面,它与轴承盖用两个螺栓连接在一起。

现以图 8.3 所示的轴承底座为例,说明零件的结构分析方法。轴承底座各部分结构的作用如下。

(1) 半圆孔 I——支承下轴衬。

(2) 半圆孔 II——减少接触面和加工面。

(3) 凹槽 I——保证轴承盖与底座的正确定位。

(4) 螺栓孔——穿入螺栓。

(5) 部分圆柱——使螺栓孔壁厚均匀。

(6) 圆台——保证轴衬沿半圆孔的轴向定位。

(7) 倒角——保证下轴衬与半圆孔 I 配合良好。

(8) 底板——主要是安装轴承。

(9) 凹槽 II——保证安装面接触良好并减少加工面。

(10) 凹槽 III——容纳螺栓头并防止其旋转。

(11) 长圆孔——安装时放置螺栓,便于调节轴承位置。

(12) 凸台——减少加工面和加强底板连接强度。

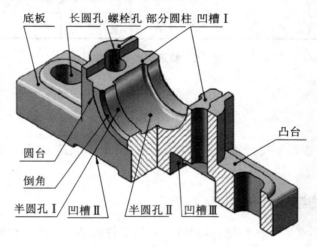

图 8.3　轴承底座

8.2.3　零件上常见的工艺结构

零件的结构形状不但要满足设计要求和功能需求,还必须充分考虑生产制造的工艺要求,即零件的各部分结构要通过一定的加工方法来实现。因此,在零件结构分析和设计时,主要考虑两方面问题:既要满足功能设计要求,又要符合制造工艺。下面介绍零件上常见的一些工艺结构。

1. 零件的铸造工艺结构

（1）铸造圆角　铸件在铸造过程中,为防止型砂在尖角处脱落和避免铸件冷却收缩时在尖角处产生裂缝,在铸造表面相交处均以圆角过渡（见图 8.4）。当铸件两相交表面之一经过切削加工后,则应画成尖角。

（2）起模斜度　在铸造工艺过程中,为了便于取模,铸件内、外壁沿起模方向应设计出起模斜度。斜度不大的结构,通常可按小端尺寸简化画出图形（见图 8.5）。

（3）铸件壁厚要均匀　为了避免铸件冷却时由于冷却速度不一致而产生裂纹或缩孔,在设计铸件时,应尽量使其壁厚均匀一致,不同壁厚间应均匀过渡（见图 8.6）。

2. 零件上的机械加工工艺结构

（1）倒角　为了便于零件的装配,且保护零件表面不受损伤,一般在轴端、孔口处加工出倒角（见图 8.7）。

（2）退刀槽和砂轮越程槽　为了在加工时便于退刀,且保证零件在装配时与相邻零件靠紧,在台肩处应加工出退刀槽（见图 8.8）或砂轮越程槽（见图 8.9）。

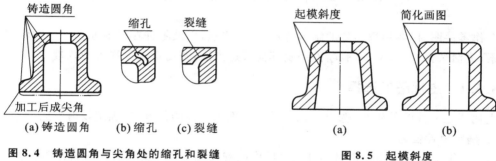

图 8.4　铸造圆角与尖角处的缩孔和裂缝　　　　　　图 8.5　起模斜度

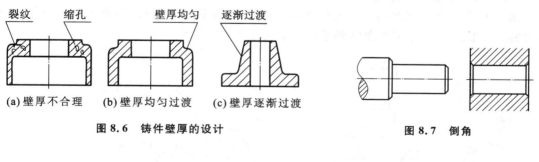

图 8.6　铸件壁厚的设计　　　　　　　　　　图 8.7　倒角

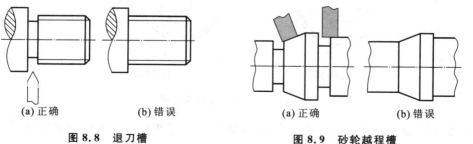

图 8.8　退刀槽　　　　　　　　图 8.9　砂轮越程槽

（3）凸台和凹坑　零件上与其他零件接触的表面一般都要加工,为了保证两零件表面的良好接触,同时减少接触面的加工面积,降低制造费用,在零件的接触表面常设计出凸台或凹坑(见图8.10)。

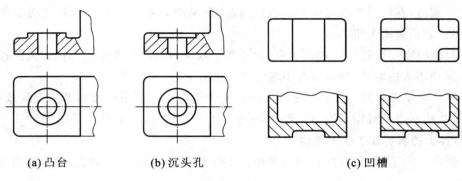

　　(a)凸台　　　　　　(b)沉头孔　　　　　　(c)凹槽

图 8.10　凸台与凹坑设计

8.3　零件的表达方案及视图选择

在作零件图时,要根据零件的结构特点、加工方法,以及零件在机器或部件中的位置、作用等因素,灵活选择视图、剖视图、断面图及其他表达方法,并尽量减少视图的数量。

8.3.1　主视图的选择

主视图是零件图的核心,选择主视图时应先确定零件的位置,再确定投射方向。

1. 确定零件位置

(1)工作位置　工作位置是零件在机器中的安装和工作时的位置。主视图的位置和工作位置一致,便于想象零件的工作状况,有利于阅读图样。

图 8.11 表示起重机吊钩主视图选择的两种方案,由于图 8.11(a)符合工作位置,所以是正确的。一般对于支架、箱体类零件常按工作位置选择主视图。

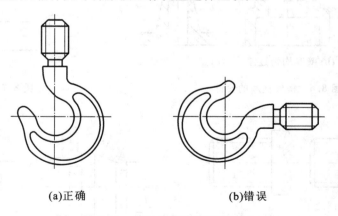

　　　　(a)正确　　　　　　　　　　(b)错误

图 8.11　按工作位置选择主视图

(2)加工位置　加工位置是零件加工时在机床上的装夹位置。回转体类零件不论其工作位置如何,一般均将轴线水平放置画主视图。如图 8.12 所示的轴和盘,因主要在车床和磨床上加工,其主视图应选加工位置,以便在加工时图物直接对照。

2. 确定零件的投射方向

选择投射方向时,应使主视图最能反映零件的形状特征,即在主视图上尽量多地反映出零件内、外结构形状及各形状特征间的相对位置关系。如图 8.13 所示的轴承底座,有 A、B 两个投射方向可供选择。因 A 方向能较多地反映零件的形状特征和相对位置,所以选择 A 方向为主视图的投射方向比较合理,如图 8.14 所示,而选择 B 方向则不够合理。

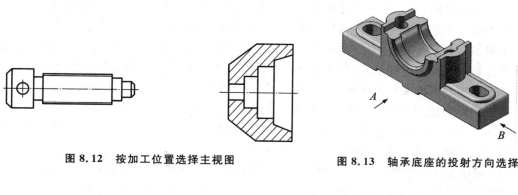

图 8.12 按加工位置选择主视图

图 8.13 轴承底座的投射方向选择

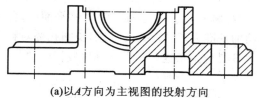

(a)以A方向为主视图的投射方向 (b)以B方向作为主视图的投射方向

图 8.14 选择主视图的投射方向

8.3.2 其他视图和表达方法的选择

主视图确定后,还需要再选择适当数量的其他视图和恰当的表达方法,把零件的内、外结构形状表达清楚。选择的视图数目要恰当,避免重复表达零件的某些结构形状;选择的表达方法应正确、合理,每个视图和表达方法的目的要明确。

确定合理的表达方案的原则是:兼顾零件内、外结构形状的表达;处理好集中与分散表达的问题;在选择表达方法时,应避免使图形支离破碎,并应避免不必要的重复;根据零件的具体情况,设想几个表达方案,通过分析比较最后选择出最佳方案。

现以轴承底座为例,说明如何选择它的表达方案(见图 8.2、图 8.3)。

(1)主视图:表达轴承底座的形体特征和各组成部分的相对位置。采用半剖视图表达螺栓孔、长圆孔(通孔)及凹槽Ⅲ的长度和深度。

(2)俯视图:表达底板、螺栓孔、长圆孔、凸台和部分圆柱的形状。

(3)左视图:采用阶梯剖,用全剖视图表达凹槽Ⅲ的宽度和半圆孔Ⅰ、Ⅱ的结构形状。

采用上述三个视图,可将轴承底座的内、外结构形状完全表达清楚。

8.4 零件图的尺寸标注

零件图是制造、检测零件的技术文件,零件图中的图形只表达零件的形状,而零件的大小则由图上标注的尺寸来确定。零件图中的尺寸标注要求正确、完整、清晰、合理。

8.4.1　尺寸基准的选择

尺寸基准通常分为设计基准和工艺基准两大类。

(1) 设计基准,是根据零件在机器中的位置作用,在设计中为保证其性能要求而确定的基准。

(2) 工艺基准,是便于零件装夹或测量而确定的基准。

在标注尺寸时,最好能把设计基准和工艺基准统一起来,这样既能满足设计要求,又能满足工艺要求。当这两者不能统一时,主要尺寸应从设计基准出发标注。

正确地选择尺寸基准,是合理标注尺寸的关键。任何零件都有长、宽、高三个方向的尺寸,根据设计、加工、测量上的要求,每个方向上只能有一个主要基准;根据需要,还可以有若干个辅助基准。主要基准和辅助基准之间一定要有一个联系尺寸。

现以轴承底座和齿轮轴为例来说明如何选择尺寸基准。

图 8.2 所示为轴承底座的零件图,它是油杯滑动轴承的主要零件,与其他零件有连接及配合关系,图 8.15 所示为轴承底座尺寸基准的选择。

(1) 底座长度方向的尺寸基准:底座在长度方向上具有对称平面,因此在长度方向上的结构尺寸(如螺栓孔的定位尺寸 65、长圆孔的定位尺寸 140,凹槽Ⅰ的配合尺寸 70H8,以及底座长度尺寸 180 等),都选择底座长度方向的对称平面(对称中心线)为基准。该对称平面(对称中心线)是底座长度方向的主要基准。这一方向上的辅助基准为两螺栓孔的轴线,长圆孔的对称中心线,底板的左、右端面等。尺寸 $\phi12$、$R14$、45、6 和 $R13$ 是分别从这些辅助基准出发标注的。

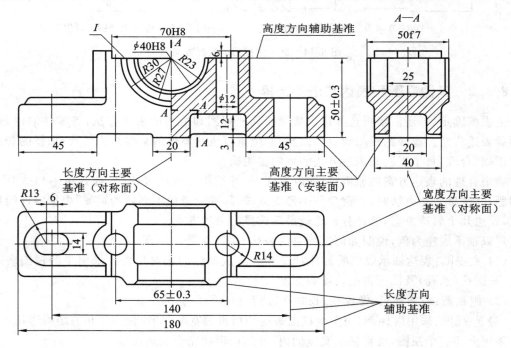

图 8.15　轴承底座尺寸基准的选择

(2) 底座高度方向的尺寸基准:根据底座的设计要求,底座半圆孔的轴线到底面距离 50±0.3 为重要的性能尺寸。底面又是底座的安装面,因此选择底面作为底座高度方向的主要基准。高度方向的辅助基准为凹槽Ⅰ的底面,用它来定出凹槽Ⅰ的深度尺寸 6。

(3) 底座宽度方向的尺寸基准:底座宽度方向具有对称平面,选择该对称平面作为宽度方向的主要基准。宽度方向的结构尺寸 50f7、40、20、25 均以此为基准进行标注。

图 8.16(a)所示为齿轮轴的主视图。由于齿轮轴为回转体,所以其径向尺寸的基准是它的轴线,以轴线为基准注出 $\phi34.5f7$、$\phi16h6$、M14—6g 等尺寸。齿轮的左端面是确定齿轮轴在泵体中轴向位置的重要结合面,如图 8.16(b)所示,所以齿轮的左端面是轴向尺寸的主要基准,以此为基准注出尺寸 2、12 和 25f7。齿轮轴的左端面为第一个轴向辅助基准,由此为基准注出轴的总长 112,它与主要基准之间有联系尺寸 12。齿轮轴的右端面是轴向的第二个轴向辅助基准,由此注出了尺寸 30。右端退刀槽尺寸 1.5 是从第三个轴向辅助基准注出的。

根据上述分析可以看出,在标注尺寸时,首先要考虑零件的工作性能和加工方法,在此基础上,才能确定出比较合理的尺寸基准。

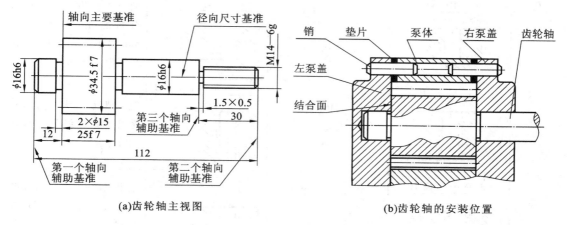

(a)齿轮轴主视图　　　　　　　　　(b)齿轮轴的安装位置

图 8.16　齿轮轴的尺寸基准

8.4.2　零件上常见典型结构的尺寸标注

倒角、退刀槽的尺寸标注方法见表 8.1。

表 8.1　倒角、退刀槽的尺寸标注方法

常见结构	图例			说明
倒　角				一般 45°倒角按"$C\times$宽度"注出。30°或 60°倒角,应分别注出宽度和角度
退刀槽				一般按"槽宽×槽深"或"槽宽×直径"注出

光孔、螺纹孔、沉孔的尺寸标注方法见表 8.2。

表 8.2　各种孔的尺寸标注方法

类型	旁注法		普通注法	说明
光孔	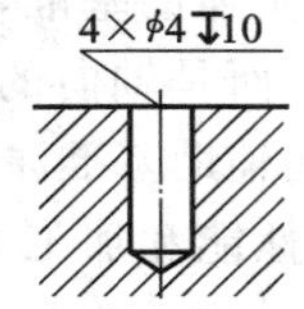 4×φ4▽10	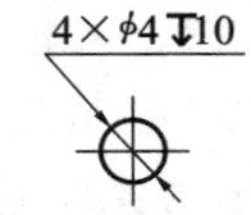 4×φ4▽10	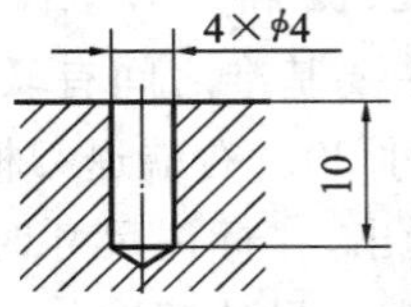 4×φ4	四个直径为 4 mm,深度为 10 mm,均匀分布的孔
	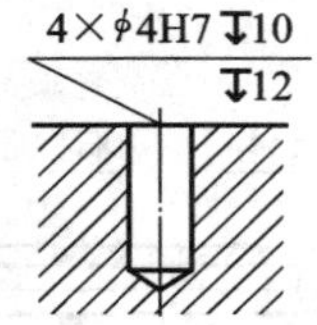 4×φ4H7▽10 ▽12	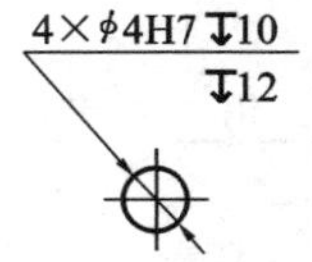 4×φ4H7▽10 ▽12	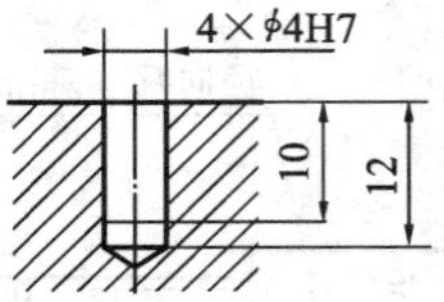 4×φ4H7	四个直径为 4 mm,均匀分布的孔。深度为 10 mm 的部分公差为 H7,孔全深为 12 mm
螺孔	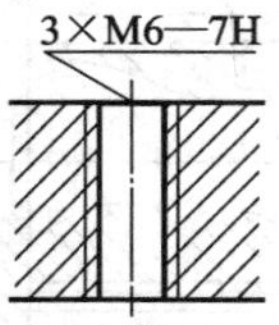 3×M6—7H	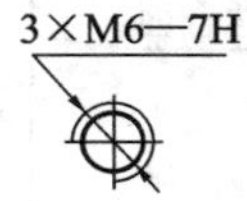 3×M6—7H	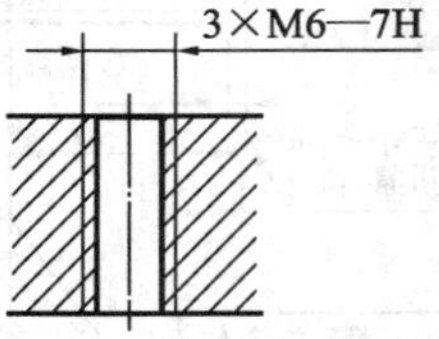 3×M6—7H	三个螺纹孔,大径为 M6,螺纹公差等级为 7H,均匀分布
	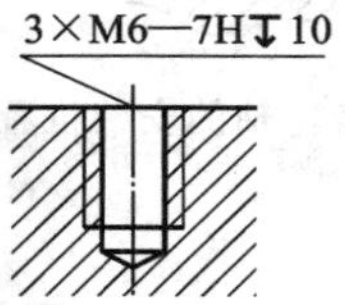 3×M6—7H▽10	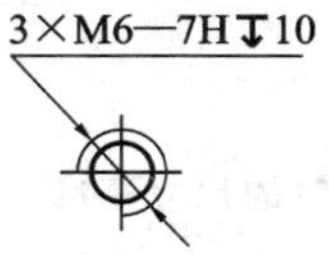 3×M6—7H▽10	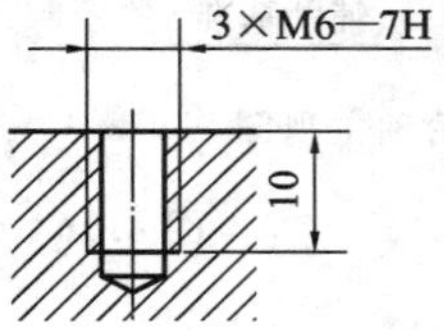 3×M6—7H	三个螺纹孔,大径为 M6,螺纹公差等级为 7H,螺孔深度为 10 mm,均匀分布
	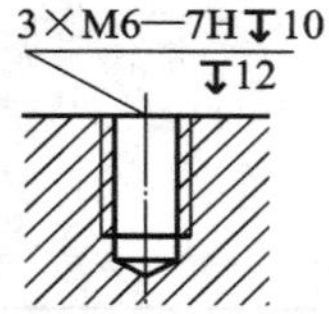 3×M6—7H▽10 ▽12	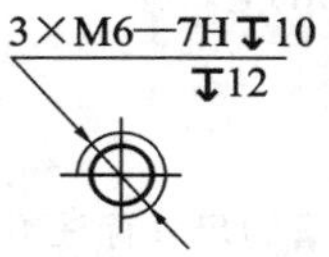 3×M6—7H▽10 ▽12	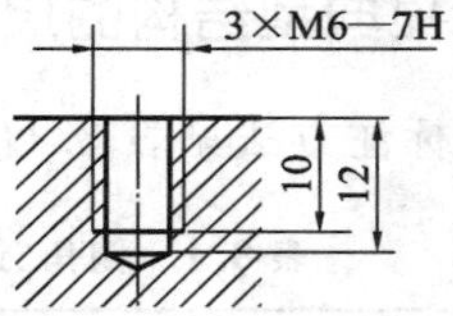 3×M6—7H	三个螺纹孔,大径为 M6,螺纹公差等级为 7H,螺孔深度为 10 mm,光孔深为 12 mm,均匀分布
沉孔	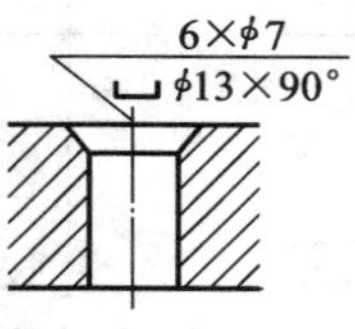 6×φ7 ⊔φ13×90°	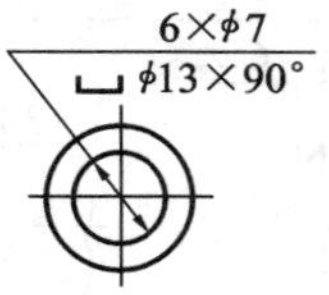 6×φ7 ⊔φ13×90°	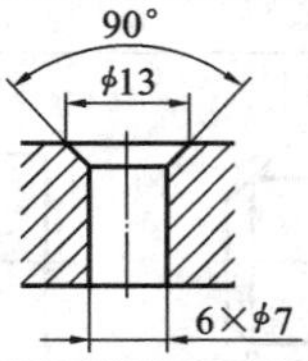 90° φ13 6×φ7	锥形沉孔的直径尺寸为 13 mm 及锥角 90° 均需标注
	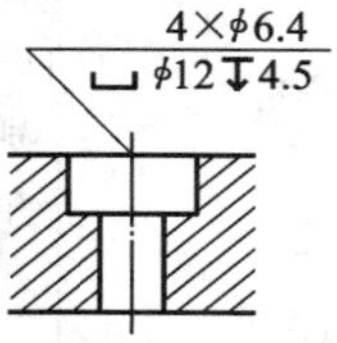 4×φ6.4 ⊔φ12▽4.5	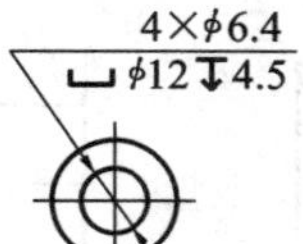 4×φ6.4 ⊔φ12▽4.5	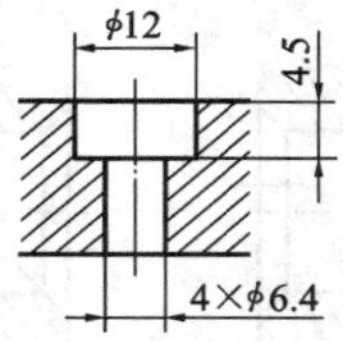 φ12 4.5 4×φ6.4	柱形沉孔的直径尺寸为 12 mm 及深度尺寸 4.5 mm 均需标注
	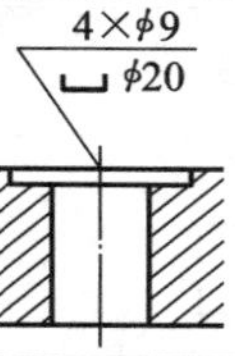 4×φ9 ⊔φ20	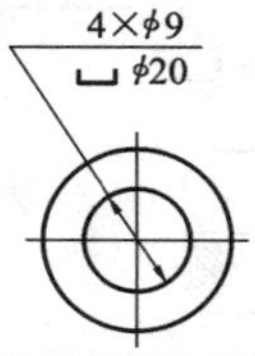 4×φ9 ⊔φ20	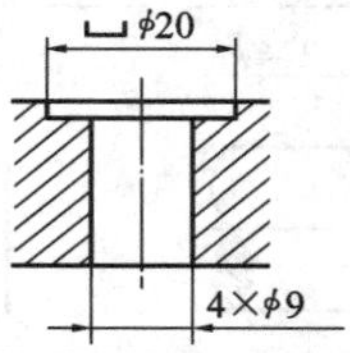 ⊔φ20 4×φ9	锪平的深度不需标注,一般锪平到光面为止

8.4.3 合理标注尺寸应注意的事项

在标注零件的尺寸之前,应先对零件各组成部分的形状、结构、作用,以及同与其相连的零件之间的关系进行分析,分清哪些是影响零件质量的尺寸,哪些是对零件质量影响不大的尺寸。影响零件质量的尺寸简称主要尺寸,如零件的装配尺寸、安装尺寸、特征尺寸等;对零件质量影响不大的尺寸简称次要尺寸,如不需要进行切削加工的表面的尺寸、无相对位置要求的尺寸等。然后选定尺寸基准,并按形体、结构的分析方法,确定必要的定形及定位尺寸。尺寸标注的一般原则如下。

(1) 避免标注成封闭的尺寸链。如图 8.17(a)所示,除了标注全长尺寸外,又对轴上各段尺寸首尾相接进行标注,这就形成了封闭的尺寸链。标注尺寸时不允许标注成封闭的尺寸链,而应将要求不高的一个尺寸空下来不标注,这样就可将加工误差累积到这个次要尺寸上,以保证主要尺寸的精度,如图 8.17(b)所示。

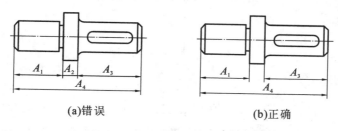

(a)错误   (b)正确

图 8.17　避免标注成封闭尺寸链

(2) 主要尺寸要直接标注,以保证设计的精度要求;次要的尺寸一般按形体分析方法进行标注。

(3) 尺寸标注应符合工艺要求,即应符合零件在加工顺序方面的要求和方便检测。

8.5　零件图的技术要求

零件图的技术要求一般包括表面粗糙度、尺寸公差、几何公差、热处理及表面处理等方面的要求。这些技术要求,有的用规定的符号和代号直接标注在视图上,有的则以简明的文字注写在图纸的空白处,一般写在标题栏上方或左侧的空白位置。

8.5.1 表面粗糙度要求

零件表面经过加工后,在显微镜下总会观察到表面有许多高低不平的峰和谷,如图 8.18 所示,它对零件的使用寿命、零件间的配合,以及外观质量等都有一定的影响。表面粗糙度(即微观几何特征的参数)是评定零件表面结构质量的重要指标之一。

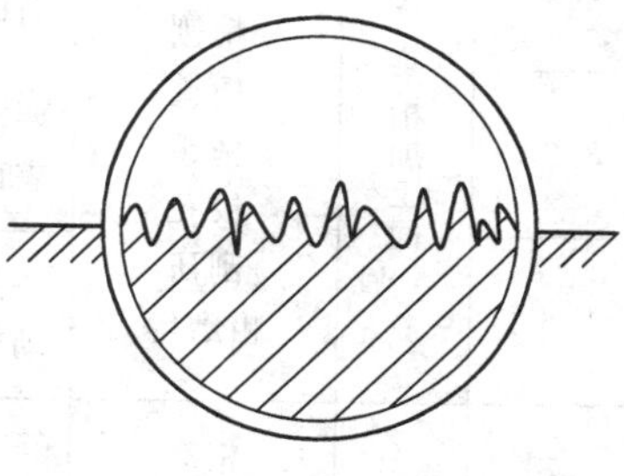

图 8.18　显微镜下的表面结构

1. 表面结构要求的评定参数

对于零件表面结构的状况,可由三类参数加以评定:轮廓参数(由 GB/T 3505—2009 定义),相关的轮廓参数有 R 轮廓(粗糙度参数)、W 轮廓(波纹度参数)和 P 轮廓(原始轮廓参数);图形参数(由 GB/T 18618—2009 定义),相关的图形参数有粗糙度图形和波纹度图形;支承率曲线参数(由 GB/T 18778.2—2003 和 GB/T 18778.3—2006 定义)。

　　三个主要的表面结构参数组已经标准化,表面结构参数代号可查阅相关标准。常用的评定参数为 R 轮廓参数的算术平均偏差 Ra。

　　轮廓算术平均偏差 Ra 是在零件表面的一段取样长度内,轮廓线上各点相对于基准线的轮廓偏距绝对值的算术平均值,如图 8.19 所示。

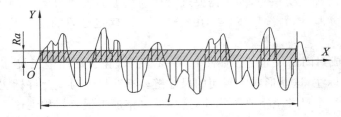

图 8.19　轮廓算术平均偏差 Ra

用公式表示为

$$Ra = \frac{1}{l} \int_0^l |y(x)| \, \mathrm{d}x$$

近似为

$$Ra = \frac{1}{n} \sum_{i=1}^{n} |y_i|$$

　　国家标准 GB/T 1031—2009 规定了 Ra 值。表8.3列出了常用加工表面的 Ra 值、相应的加工方法与应用实例。一般机械中常用的 Ra 值为 25 μm、12.5 μm、6.3 μm、3.2 μm、1.6 μm 和 0.8 μm 等。

表 8.3　常用加工表面的 Ra 值、相应的加工方法与应用实例

Ra /μm	加工方法		应用举例
25	粗加工面	粗车 粗刨 粗铣 钻孔等	钻孔表面,倒角,端面,安装螺栓用的光孔、沉孔,要求较低的非接触面
12.5			
6.3	半精加工面	精车 精刨 精铣 精镗 铰孔 刮研 粗磨等	要求较低的静止接触面,如轴肩、螺栓头的支承面、盖板的结合面;要求较高的非接触表面,如支架、箱体、离合器、皮带轮、凸轮的非接触面等
3.2			要求紧贴的静止结合面,如支架、箱体上的结合面;较低配合要求的内孔表面
1.6			一般转速的轴孔,低速转动的轴颈;一般配合用的内孔,一般箱体用的滚动轴承孔,齿轮的齿廓表面,轴与齿轮、皮带轮的配合表面等
0.8	精加工面	精磨 精铰 抛光 研磨 精拉等	一般转速的轴颈;定位销孔的配合面,要求较高的配合表面;一般精度的刻度盘;需镀铬抛光的表面等
0.4			要求保证规定的配合特性的表面,如滑动导轨面,高速工作的滑动轴承、凸轮的工作表面等
0.2			精密机床的主轴锥孔;活塞销和活塞孔;要求气密性好的表面等

2. 表面结构图形符号、代号

对于不同的零件,应根据其作用不同,恰当地选择表面结构要求的评定参数,在零件图中用相应的图形符号表示。

1) 表面结构图形符号

在技术产品文件中对表面结构要求可用几种不同的图形符号表示,每种符号都有特定的含义,详见表 8.4。

表 8.4 表面结构图形符号及意义

符号	意 义
√	基本图形符号,仅用于简化代号标注,没有补充说明时不能单独使用
√	要求去除材料的图形符号,在基本符号上加一短划,表示指定表面是用去除材料的方法获得的,如车、铣、钻、磨、抛光、腐蚀、电火花加工等
√	要求不去除材料的图形符号,在基本符号上加一个圆圈,表示指定表面是用不去除材料的方法获得的,如铸、锻、冲压、热轧、冷轧、粉末冶金等,或是保持原供应状况的表面
√√√	完整图形符号,在上述三个符号的长边上均可加一横线,用于标注表面结构特征的补充信息
√√√	工件轮廓各表面的图形符号,在上述三个符号的长边上均可加一小圆,表示图样某个视图上构成封闭轮廓的各表面有相同的表面结构要求
(c a / e d b)	表面结构完整图形符号由表面结构的参数、数值及补充要求组成。补充要求包括传输带、取样长度、加工工艺、表面纹理及方向、加工余量等,各注写位置(a~e)的注写内容如下: a——注写表面结构的单一要求; a 和 b——注写两个或多个表面结构要求; c——注写加工方法; d——注写表面纹理和方向; e——加工余量(单位为 mm)

2) 表面结构图形符号的画法

表面结构图形符号的比例和尺寸见图 8.20 和表 8.5。

图 8.20 表面结构图形符号

完整图形符号中的水平线长度取决于其上、下所标注内容的长度,在"a"、"b"、"d"和"e"区域中的所有字母高应该等于 h(见表 8.5);在区域"c"中的字体可以是大写字母、小写字母或汉字,高度可以大于 h。

表 8.5　表面结构图形符号的尺寸　　　　　　　　（单位：mm）

数字与字母高度 h（见 GB/T 14690—1993）	2.5	3.5	5	7	10	14	20
符号线宽 d′数字与字母线宽 d	0.25	0.35	0.5	0.7	1	1.4	2
高度 H_1	3.5	5	7	10	14	20	28
高度 H_2（最小值）	7.5	10.5	15	21	30	42	60

注：H_2 取决于标注内容。

3）表面结构代号

图样上用表面结构代号给出表面结构要求时，应标注其参数代号和相应的数值，并包括要求解释的以下四项重要信息：

（1）三种轮廓（R、W、P）中的一种；

（2）轮廓特征；

（3）满足评定长度要求的取样长度的个数；

（4）要求的极限值。

标注三类表面结构参数时应使用完整符号，表面结构参数的单位是 μm，只注一个值时，表示为上限值；当作为下限值标注时，参数代号前应加注 L，表示双向极限时应标注极限代号，上限值在上方用 U 表示，下限值在下方用 L 表示，在不引起歧义的情况下，U、L 可省略。当标注上限值或上限值与下限值时，允许实测值中有 16% 的测值超差（16% 规则，见 GB/T 10610—1998 中的 5.2 节）。当不允许任何实测值超差时，应在参数代号后加注 max（最大规则，见 GB/T 10610—1998 中的 5.3 节）。评定长度若不存在默认的评定长度时（Ra 轮廓参数默认为 5 个取样长度），参数代号中应标注取样长度的个数。表面结构代号含义见表 8.6。

表 8.6　表面结构代号含义

代号	意义	代号	意义
Ra 6.3	表示不允许去除材料，单向上限值，默认传输带，R 轮廓，算术平均偏差为 6.3 μm，评定长度为 5 个取样长度（默认），"16% 规则"（默认）	Ra max 3.2	表示不允许去除材料，单向上限值，默认传输带，R 轮廓，算术平均偏差为 3.2 μm，评定长度为 5 个取样长度（默认），"最大规则"
-0.8/Ra3 3.2	表示去除材料，单向上限值。传输带：根据 GB/T 6062，取样长度为 0.8 μm（$λ_s$ 默认为 0.0025 mm）。R 轮廓，算术平均偏差为 3.2 μm，评定长度包含 3 个取样长度，"16% 规则"（默认）	0.008-0.8/Ra3.2	表示去除材料，单向上限值。传输带为 0.008～0.8 mm，R 轮廓，算术平均偏差为 3.2 μm，评定长度为 5 个取样长度（默认），"16% 规则"（默认）
U Ra max 3.2 L Ra 0.8	表示去除材料，双向极限值，两极限值均使用默认传输带，R 轮廓。上限值：算术平均偏差为 3.2 μm，评定长度为 5 个取样长度（默认），"最大规则"。下限值：算术平均偏差为 0.8 μm。评定长度为 5 个取样长度（默认），"16% 规则"（默认）	车 3 U Ra 3.2 L Ra 0.8	表示用车削加工方法，表面纹理垂直于视图所在的投影面。加工余量为 3 mm，双向极限值，两极限值均使用默认传输带，R 轮廓。上限值：算术平均偏差 3.2 μm，评定长度为 5 个取样长度（默认），"16% 规则"（默认）。下限值：算术平均偏差为 0.8 μm，评定长度为 5 个取样长度（默认），"16% 规则"（默认）

3. 表面结构代(符)号在图样上的标注

表面结构要求对每一表面一般只标注一次,并尽可能注在相应的尺寸及其公差的同一视图上,除非另有说明,所标注的表面结构要求是对完工零件表面的要求。

(1)标注原则是根据 GB/T 4458.4—2003 的规定,使表面结构的注写和读取方向与尺寸的注写和读取方向一致,如图 8.21(a)所示。

(2)表面结构要求可注写在轮廓线上或其延长线上,其符号应从材料外指向并接触表面。必要时,也可用带箭头或黑点的指引线引出标注,如图 8.21(b)所示。在不致引起误解时,可标注在给定的尺寸线上或几何公差框格的上方,如图 8.21(c)所示。

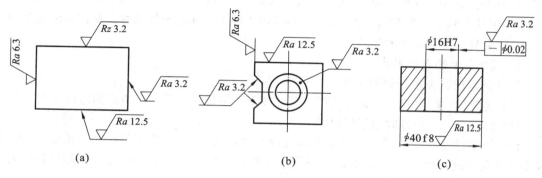

图 8.21 表面结构代(符)号的标注

(3)表面结构要求的简化注法   如果工件的多数(包括全部)表面有相同的表面结构要求,则表面结构要求可统一标注在图样的标题栏附近。此时(除全部表面有相同的表面结构要求的情况外),表面结构要求的符号后面应有圆括号,并在圆括号内给出无任何其他标注的基本符号(见图 8.22(a)),或在圆括号内给出不同的表面结构要求,不同的表面结构要求应直接标注在图形中,如图 8.22(b)所示。

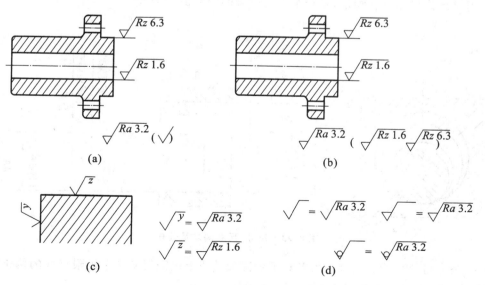

图 8.22 表面结构要求的简化注法

当多个表面有共同的表面结构要求或图纸空间有限时,可以采用简化注法。可用带字母的完整符号,以等式的形式,在图形或标题栏附近进行简化标注,如图 8.22(c)所示;也可只用表面结构符号进行简化标注,如图 8.22(d)所示。

8.5.2　极限与配合

极限与配合是零件图和装配图中的一项重要技术要求,也是评定产品质量的重要技术指标之一。

1. 零件的互换性

机器中同种规格的零件,任取其中一个,不经挑选和修配,就能装到机器中去,并满足机器性能的要求。零件的这种性质,称为互换性。零件具有互换性,不仅有利于组织大规模的专业化生产,而且有利于提高产品质量、降低成本和便于维修。保证零件具有互换性的措施是由设计者确定合理的配合要求和尺寸公差大小。

2. 尺寸公差的有关术语

尺寸公差的有关术语如图 8.23、图 8.24 所示。

(1) 实际(组成)要素　由接近实际(组成)要素所限定的工件实际表面的组成要素部分。

(2) 公称尺寸　设计时给定的尺寸。

(3) 极限尺寸　孔或轴允许尺寸变动的两个界限值,包括上极限尺寸和下极限尺寸。上极限尺寸是孔或轴允许的最大尺寸;下极限尺寸是孔或轴允许的最小尺寸。实际(组成)要素在两个极限尺寸之间即为合格。

(4) 尺寸偏差　某一尺寸减其公称尺寸所得的代数差,简称偏差。偏差数值可以是正值、负值和零。尺寸偏差包括上极限偏差和下极限偏差。上极限偏差是上极限尺寸减其公称尺寸所得的代数差,孔(轴)的上极限偏差为 ES(es)。下极限偏差是下极限尺寸减其公称尺寸所得的代数差,孔(轴)的上极限偏差为 EI(ei)。

(5) 尺寸公差　上极限尺寸减下极限尺寸之差或上极限偏差减下极限偏差之差,简称公差。公差是允许尺寸的变动量,是一个没有符号的绝对值。

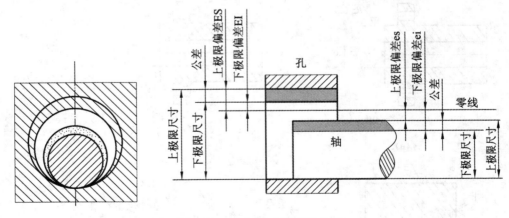

图 8.23　尺寸、尺寸偏差及公差

(6) 公差带　由代表上极限偏差和下极限偏差或上极限尺寸和下极限尺寸的两条直线所限定的一个区域,称为公差带,如图 8.24 所示。

(7) 零线和公差带图　在分析尺寸公差与公称尺寸的关系时,通常不必画出孔和轴的图形,而将其上、下极限偏差按放大比例画成简图,称为公差带图。表示公称尺寸的一条直线,称为零线,以其为基准确定偏差和公差。通常,零线沿水平方向绘制,正偏差位于其上,负偏差位于其下。

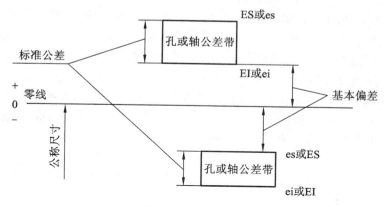

图 8.24 公差带图

（8）标准公差和基本偏差 在公差带图中,公差带是由公差带大小和公差带位置两个要素组成的。公差带大小是由标准公差来确定的;公差带位置是由基本偏差确定的。

① 标准公差 标准公差是国家标准所规定的用于确定公差带大小的任一公差值。

国家标准 GB/T 1800.1—2009 规定标准公差分为 20 个等级,分别用 IT01,IT0,IT1,IT2,…,IT18 表示。IT 表示标准公差,数字表示公差等级。从 IT01～IT18,公差等级依次降低,亦即尺寸的精确程度依次降低,而公差数值则依次增大。同一公差等级因公称尺寸不同公差值也不相同,所以标准公差是由公差等级和公称尺寸确定的(见表 8.7)。

表 8.7 标准公差数值(GB/T 1800.1—2009)

公称尺寸 mm		标准公差等级																	
大于	至	IT1	IT2	IT3	IT4	IT5	IT6	IT7	IT8	IT9	IT10	IT11	IT12	IT13	IT14	IT15	IT16	IT17	IT18
		μm											mm						
—	3	0.8	1.2	2	3	4	6	10	14	25	40	60	0.1	0.14	0.25	0.4	0.6	1	1.4
3	6	1	1.5	2.5	4	5	8	12	18	30	48	75	0.12	0.18	0.3	0.48	0.75	1.2	1.8
6	10	1	1.5	2.5	4	6	9	15	22	36	58	90	0.15	0.22	0.36	0.58	0.9	1.5	2.2
10	18	1.2	2	3	5	8	11	18	27	43	70	110	0.18	0.27	0.43	0.7	1.1	1.8	2.7
18	30	1.5	2.5	4	6	9	13	21	33	52	84	130	0.21	0.33	0.52	0.84	1.3	2.1	3.3
30	50	1.5	2.5	4	7	11	16	25	39	62	100	160	0.25	0.39	0.62	1	1.6	2.5	3.9
50	80	2	3	5	8	13	19	30	46	74	120	190	0.3	0.46	0.74	1.2	1.9	3	4.6
80	120	2.5	4	6	10	15	22	35	54	87	140	220	0.35	0.54	0.87	1.4	2.2	3.5	5.4
120	180	3.5	5	8	12	18	25	40	63	100	160	250	0.4	0.63	1	1.6	2.5	4	6.3
180	250	4.5	7	10	14	20	29	46	72	115	185	290	0.46	0.72	1.15	1.85	2.9	4.6	7.2
250	315	6	8	12	16	23	32	52	81	130	210	320	0.52	0.81	1.3	2.1	3.2	5.2	8.1
315	400	7	9	13	18	25	36	57	89	140	230	360	0.57	0.89	1.4	2.3	3.6	5.7	8.9
400	500	8	10	15	20	27	40	63	97	155	250	400	0.63	0.97	1.55	2.5	4	6.3	9.7
500	630	9	11	16	22	32	44	70	110	175	280	440	0.7	1.1	1.75	2.8	4.4	7	11

② 基本偏差　基本偏差用于确定公差带相对于零线位置的上极限偏差或下极限偏差,一般为靠近零线的那个偏差。当公差带在零线的上方时,基本偏差为下极限偏差,反之,则为上极限偏差,如图 8.24 所示。国家标准规定了孔、轴各 28 个基本偏差,其代号用拉丁字母表示,大写字母表示孔的基本偏差,小写字母表示轴的基本偏差,如图 8.25 所示。孔的基本偏差从 A~H 为下极限偏差,J~ZC 为上极限偏差;轴的基本偏差从 a~h 为上极限偏差,j~zc 为下极限偏差;JS 和 js 的公差带相对于零线对称分布,故基本偏差可以是上极限偏差,也可以是下极限偏差。基本偏差系列图只表示公差带的位置,不表示公差带的大小。公差带一端是开口的,另一端由标准公差限定,因此,根据孔、轴的基本偏差(见附录 D 表 D.2 和附录 D 表 D.3)和标准公差,就可以计算出孔、轴的另一个偏差。

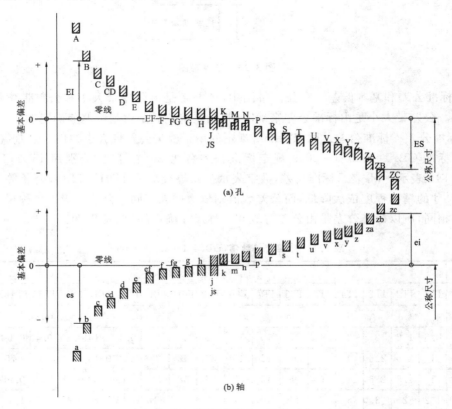

图 8.25　基本偏差系列示意图

孔的另一个偏差为　　　　　ES＝EI＋IT　或　EI＝ES－IT

轴的另一个偏差为　　　　　es＝ei＋IT　或　ei＝es－IT

(9) 公差带代号　孔和轴的公差带代号由基本偏差代号与公差等级组成,如

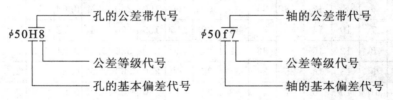

3. 配合

公称尺寸相同的相互结合的孔和轴公差带之间的关系称为配合。为了满足零件间不同的

配合要求,国家标准将配合分为以下三类。

（1）间隙配合　孔与轴装配时,具有间隙（包括最小间隙为零）的配合称为间隙配合。此时孔的公差带在轴的公差带之上,如图 8.26 所示。

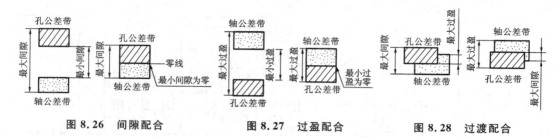

图 8.26　间隙配合　　　　　图 8.27　过盈配合　　　　　图 8.28　过渡配合

（2）过盈配合　孔与轴装配时,具有过盈（包括最小过盈为零）的配合称为过盈配合。此时孔的公差带在轴的公差带之下,如图 8.27 所示。

（3）过渡配合　孔与轴装配时,可能具有间隙或过盈的配合称为过渡配合。此时孔的公差带和轴的公差带相互重叠,如图 8.28 所示。

4. 基准制

国家标准规定有两种配合制度:基孔制和基轴制。

（1）基孔制　基本偏差为一定的孔的公差带,与不同基本偏差的轴的公差带构成各种配合的一种制度称为基孔制。

采用基孔制时的孔称为基准孔,基本偏差代号为 H,下极限偏差为零,如图 8.29(a)所示。基准孔与基本偏差代号为 a~h 的轴配合时属于间隙配合,与基本偏差代号为 j~zc 的轴配合时属于过渡配合和过盈配合。

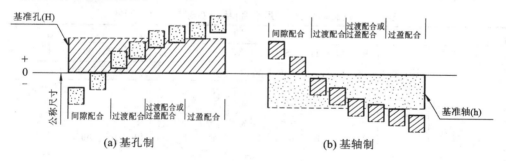

(a) 基孔制　　　　　　　　　　　　(b) 基轴制

图 8.29　基孔制和基轴制

（2）基轴制　基本偏差为一定的轴的公差带,与不同基本偏差的孔的公差带构成各种配合的一种制度称为基轴制。

采用基轴制时的轴称为基准轴,基本偏差代号为 h,上极限偏差为零,如图 8.29(b)所示。基准轴与基本偏差代号为 A~H 的孔配合时属于间隙配合,与基本偏差代号为 J~ZC 的孔配合时属于过渡配合或过盈配合。

一般情况下应优先选用基孔制,但当与标准件形成配合时,应按标准件确定基准制。如:与滚动轴承内圈配合的轴应选基孔制;与滚动轴承外圈配合的孔应选基轴制。国家标准根据产品生产的实际情况,考虑各类产品的不同特点,制定了优先及常用配合,表 8.8 和表 8.9 分别为国家标准规定的公称尺寸至 500 mm 的基孔制及基轴制优先、常用配合。

表 8.8　基孔制优先、常用配合(摘自 GB/T 1801—2009)

基准孔	a	b	c	d	e	f	g	h	js	k	m	n	p	r	s	t	u	v	x	y	z
	轴																				
	间隙配合								过渡配合				过盈配合								
H6						$\frac{H6}{f5}$	$\frac{H6}{g5}$	$\frac{H6}{h5}$	$\frac{H6}{js5}$	$\frac{H6}{k5}$	$\frac{H6}{m5}$	$\frac{H6}{n5}$	$\frac{H6}{p5}$	$\frac{H6}{r5}$	$\frac{H6}{s5}$	$\frac{H6}{t5}$					
H7						$\frac{H7}{f6}$	$\frac{H7}{g6}$△	$\frac{H7}{h6}$△	$\frac{H7}{js6}$	$\frac{H7}{k6}$△	$\frac{H7}{m6}$	$\frac{H7}{n6}$△	$\frac{H7}{p6}$△	$\frac{H7}{r6}$	$\frac{H7}{s6}$△	$\frac{H7}{t6}$	$\frac{H7}{u6}$△	$\frac{H7}{v6}$	$\frac{H7}{x6}$	$\frac{H7}{y6}$	$\frac{H7}{z6}$
H8					$\frac{H8}{e7}$	$\frac{H8}{f7}$△	$\frac{H8}{g7}$	$\frac{H8}{h7}$△	$\frac{H8}{js7}$	$\frac{H8}{k7}$	$\frac{H8}{m7}$	$\frac{H8}{n7}$	$\frac{H8}{p7}$	$\frac{H8}{r7}$	$\frac{H8}{s7}$	$\frac{H8}{t7}$	$\frac{H8}{u7}$				
				$\frac{H8}{d8}$	$\frac{H8}{e8}$	$\frac{H8}{f8}$		$\frac{H8}{h8}$													
H9			$\frac{H9}{c9}$	$\frac{H9}{d9}$△	$\frac{H9}{e9}$	$\frac{H9}{f9}$		$\frac{H9}{h9}$△													
H10			$\frac{H10}{c10}$	$\frac{H10}{d10}$				$\frac{H10}{h10}$													
H11	$\frac{H11}{a11}$	$\frac{H11}{b11}$	$\frac{H11}{c11}$△	$\frac{H11}{d11}$				$\frac{H11}{h11}$△													
H12		$\frac{H11}{b11}$						$\frac{H12}{h12}$													

注　(1) H6/n5、H7/p6 在公称尺寸小于或等于 3 mm 和 H8/r7 在小于或等于 100 mm 时,为过渡配合;
(2) 标注"△"的配合为优先配合。

表 8.9　基轴制优先、常用配合(摘自 GB/T 1801—2009)

基准轴	A	B	C	D	E	F	G	H	JS	K	M	N	P	R	S	T	U	V	X	Y	Z
	孔																				
	间隙配合								过渡配合				过盈配合								
h5						$\frac{F6}{h5}$	$\frac{G6}{h5}$	$\frac{H6}{h5}$	$\frac{JS6}{h5}$	$\frac{K6}{h5}$	$\frac{M6}{h5}$	$\frac{N6}{h5}$	$\frac{P6}{h5}$	$\frac{R6}{h5}$	$\frac{S6}{h5}$	$\frac{T6}{h5}$					
h6						$\frac{F7}{h6}$	$\frac{G7}{h6}$△	$\frac{H7}{h6}$△	$\frac{JS7}{h6}$	$\frac{K7}{h6}$△	$\frac{M7}{h6}$	$\frac{N7}{h6}$△	$\frac{P7}{h6}$△	$\frac{R7}{h6}$	$\frac{S7}{h6}$△	$\frac{T7}{h6}$	$\frac{U7}{h6}$△				
h7					$\frac{E8}{h7}$	$\frac{F8}{h7}$△		$\frac{H8}{h7}$△	$\frac{JS8}{h7}$	$\frac{K8}{h7}$	$\frac{M8}{h7}$	$\frac{N8}{h7}$									
h8				$\frac{D8}{h8}$	$\frac{E8}{h8}$	$\frac{F8}{h8}$		$\frac{H8}{h8}$													
h9				$\frac{D9}{h9}$△	$\frac{E9}{h9}$	$\frac{F9}{h9}$		$\frac{H9}{h9}$△													
h10				$\frac{D10}{h10}$				$\frac{H10}{h10}$													
h11	$\frac{A11}{h11}$	$\frac{B11}{h11}$	$\frac{C11}{h11}$△	$\frac{D11}{h11}$				$\frac{H11}{h11}$△													
h12		$\frac{B12}{h12}$						$\frac{H12}{h12}$													

注　标注"△"的配合为优先配合。

5. 极限与配合的标注

1) 装配图中配合代号的标注

国家标准规定,在装配图中,需在两配合零件的公称尺寸后面标注配合代号。配合代号由孔、轴公差带代号组合表示,写成分数形式,分子为孔的公差带代号,分母为轴的公差带代号。标注的形式为

$$公称尺寸\ \frac{孔的公差带代号}{轴的公差带代号}$$

如图 8.30 所示为装配图上公差带代号的标注。

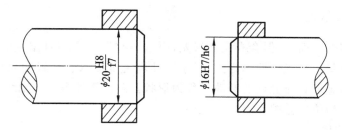

图 8.30 装配图上公差带代号的标注

2) 零件图中配合代号的标注

有三种标注形式,如图 8.31 所示。

(1) 在公称尺寸的后面只注公差带代号,代号字体的大小与尺寸数字字体的相同。

(2) 在公称尺寸后面注出上、下极限偏差数值,上极限偏差注在右上角,下极限偏差注在右下角,单位为 mm。偏差数值的字体比尺寸数字的小一号。当某偏差为零时,仍应注出。对不为零的偏差,应注出正、负号。

(3) 在公称尺寸后面同时注出公差带代号和上、下极限偏差数值,这时应将偏差数值加上括号。

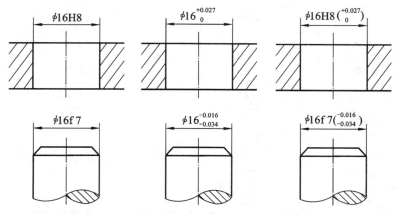

图 8.31 零件图上公差带代号的标注

若上、下极限偏差数值相同而符号相反,则在公称尺寸后面加上"±"号,再填写一个偏差数值,其数字大小与公称尺寸数字的相同,如图 8.32 所示。

当同一公称尺寸所确定的表面具有不同的配合要求时,应采用细实线分开,并在各段表面上分别注出其公称尺寸和相应的公差带代号或偏差数值,如图 8.33 所示。

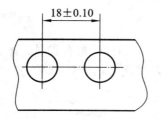

图8.32　上、下极限偏差数值相同时的标注

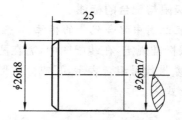

图8.33　同一表面具有不同的配合要求的标注

8.5.3　几何公差

经过加工的零件表面,不但会有尺寸误差,而且还有形状和相对位置的误差,这些误差也会影响零件的使用要求和互换性。为此,国家标准规定了形状和位置的允许变动量。零件表面的实际形状对理想形状所允许的变动量称为形状公差。零件表面或轴线的实际位置对基准所允许的变动量称为位置公差,统称几何公差。

1. 几何公差的代号

国家标准 GB/T 1182—2008《产品几何技术规范(GPS)　几何公差　形状、方向、位置和跳动公差标注》规定用代号来标注形状和位置公差(简称几何公差)。几何公差包含的特征项目和符号如表 8.10 所示。

表 8.10　几何公差项目名称和符号

公差类型	几何特征	符号	公差类型	几何特征	符号
形状公差	直线度	—	位置公差	位置度	⊕
	平面度	▱		同心度	◎
	圆度	○		同轴度	◎
	圆柱度	⌀		对称度	≡
	线轮廓度	⌒		线轮廓度	⌒
	面轮廓度	⌓		面轮廓度	⌓
方向公差	平行度	∥	跳动公差	圆跳动	↗
	垂直度	⊥		全跳动	⌰
	倾斜度	∠			
	线轮廓度	⌒			
	面轮廓度	⌓			

2. 形状和位置公差的标注方法

1) 几何公差的框格代号

框格用细实线绘制,框格高为字高的两倍。有两格或多格等形式,从框格的左边起,第一格填写公差项目符号,第二格填写公差值,其他格填写代表基准的字母,如图 8.34 所示。框格用指引线与被测要素联系起来。原则上指引线应从框格的一端中间位置引出(允许采用如图

8.35 所示的方法),可以弯折,但弯折次数不得多于两次。

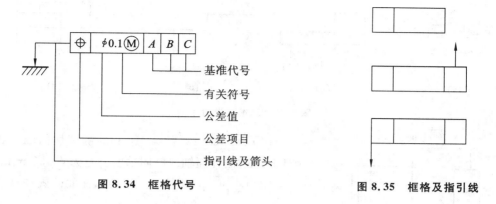

图 8.34 框格代号　　　　　　　图 8.35 框格及指引线

2)被测要素的标注

用带箭头的指引线将框格与被测要素相连,按下列方式标注。

(1)当公差涉及轮廓线或表面时,将箭头置于被测要素轮廓线或其延长线上,且必须与相应尺寸线明显错开,如图 8.36(a)、(b)所示。

(2)当被测要素指向实际表面时指引线箭头可置于带点的参考线上,该点画在实际表面上,如图 8.36(c)所示。

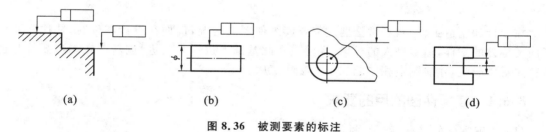

(a)　　　　　　(b)　　　　　　(c)　　　　　　(d)

图 8.36 被测要素的标注

(3)当公差涉及轴线、中心平面或由带尺寸要素的点时,则带箭头的指引线应与尺寸线的延长线重合,如图 8.36(d)所示。

3)基准要素的标注方法

基准要素是用来确定被测要素方向或位置的要素。

(1)与被测要素相关的基准用一个大写字母表示。字母标注在基准方格内,与一个涂黑的或空白的三角形相连以表示基准,如图 8.37(a)所示。涂黑的和空白的基准三角形含义相同。表示基准的字母还应标注在公差框格内,如图 8.37(b)所示。

(2)当基准要素为线或表面时,基准符号应靠近该要素的轮廓线或在其延长线上标注,并明显地与尺寸线错开,如图 8.37(c)所示。

(3)当基准要素为轴线、球心或中心平面时,基准符号应与该要素的尺寸线对齐,如图 8.37(d)所示。

4)标注与识读示例

在识读图样中所标注的几何公差含义时,必须弄清楚几何公差特征项目的名称、被测要素或基准要素所在的部位及公差值的大小。识读图 8.38 所标注几何公差的含义。

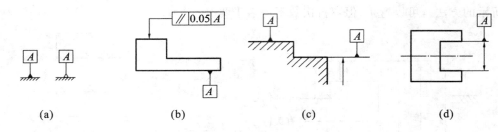

(a)　　　　　　　(b)　　　　　　　(c)　　　　　　　(d)

图 8.37　基准要素的标注

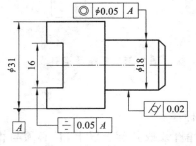

（1）◎ ⌀0.05 A 表示 ⌀18 mm 的圆柱面轴线相对于 ⌀31 mm 的圆柱面轴线的同轴度公差为 ⌀0.05 mm。

（2）⟋ 0.02 表示 ⌀18 mm 的圆柱面的圆柱度公差为 0.02 mm。

（3）⌯ 0.05 A 表示切口中心平面相对于 ⌀31 mm 的圆柱面轴线的对称度公差为 0.05 mm。

图 8.38　标注与识读

8.6　读零件图

　　在设计和制造工作中,经常会遇到需要读零件图的情况,例如在设计零件时,往往需要参考同类零件的图样,借鉴别人的成果、经验或在此基础上进一步改进、创新。在制造零件时也需首先看懂图纸,才能制定相应的加工方法和工序。

8.6.1　读零件图的目的要求

（1）了解零件的名称、数量、材料和用途。

（2）了解零件整体及各组成部分的结构形状和作用,理解设计意图。

（3）了解零件各部分的尺寸大小及各部分的相对位置关系。

（4）了解零件的技术要求和制造方法。

8.6.2　读零件图的方法和步骤

1.　概括了解

从标题栏了解零件的名称、材料、绘图比例,粗略了解零件的用途和加工方法。

2.　分析视图,想象形体

（1）视图分析　　从主视图入手,分析各视图间的关系,了解所采用的表达方法,确定剖视图的剖切位置、局部视图的投影方向、各视图表达的信息和目的等。

（2）形体分析　　采用形体分析法,辅以线面分析法,根据投影关系,按"先看整体、后看局部,先看简单、后看复杂"的步骤分析零件的内、外结构,想象出零件的整体结构形状,以及各部分的相对位置关系。

（3）了解基准,分析尺寸　　根据零件的结构特点和加工方法找出尺寸基准,确定零件的定形、定位和总体尺寸,并对零件的功能性尺寸和非功能性尺寸有所了解。同时需注意尺寸标注的基本原则:正确、完整、清晰、合理。

（4）阅读技术要求　阅读零件图中注写的技术要求，了解表面粗糙度、尺寸公差、几何公差和其他技术要求，对其加工难易程度有所了解。

（5）综合分析　通过上述步骤，分析视图、尺寸和技术要求，对零件的结构形状、功能特点和加工要求全面了解。在此基础上，根据零件的表达方案，结合零件上的常见结构知识，逐一看懂零件各部分的形状，最后综合起来想象出整个零件的形状。看图时需注意分析零件结构设计的合理性。

图 8.39 至图 8.42 所示为四类典型零件的图样，读者可以将它们作为阅读零件图的练习图例，也可作为画图时的参考图例。

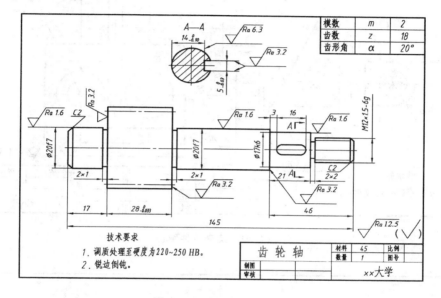

图 8.39　齿轮轴零件图

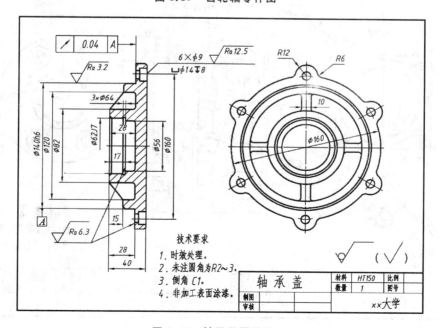

图 8.40　轴承盖零件图

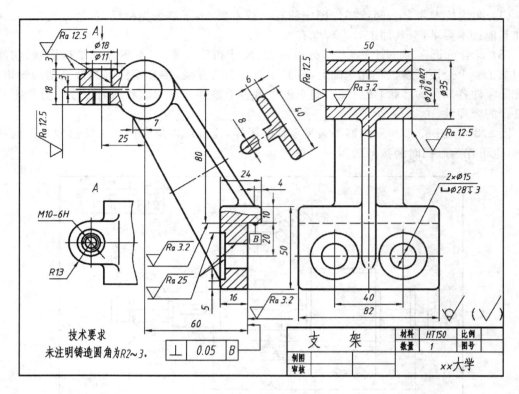

图 8.41　支架零件图

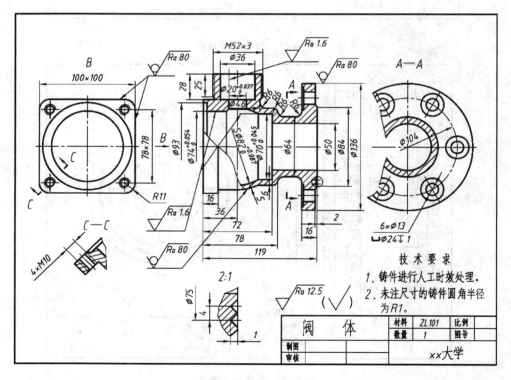

图 8.42　阀体零件图

第9章 装　配　图

9.1　装配图的作用和内容

9.1.1　装配图的作用

表达机器、部件或组件的图样统称装配图。表达机器的某一个部件或组件的装配图称为部件的装配图或组件的装配图；表达一台完整机器的装配图称为总装配图。

装配图在工业生产中起着重要的作用。在设计产品时，通常先根据产品的使用要求，设计绘制产品的装配图，然后依据装配图所提供的总体结构、尺寸等信息，设计、拆画零件图；在制造产品时，将加工好的零件，依照装配图组装成机器或部件，并依次进行测试和试验；在使用产品时，装配图是了解产品结构、性能、使用方法及进行调试、维修的重要依据。

9.1.2　装配图的内容

图 9.1 是球阀的装配图。由此可以看出，一张完整的装配图，应包括以下四个方面的基本内容。

1）一组视图

用来表达机器或部件的工作原理、零部件之间的装配关系及零件的主要结构形状等内容。

2）必要的尺寸

为满足部件或机器装配及使用的需要，在装配图中必须注出反映机器、部件的规格、性能的尺寸，零件间的装配尺寸、安装尺寸、总体尺寸和其他重要尺寸。

3）技术要求

应用文字或符号说明机器或部件的性能、装配、调试和检验等方面的要求和应该达到的技术要求。

4）标题栏、零件的编号、明细栏

根据组织生产和管理工作的需要，按一定的顺序和格式，对机器的各类组成零件进行编号，并将编号和零件的名称、材料等相关内容填写在明细栏中；将机器或部件的名称及设计者等相关信息填写在标题栏中。

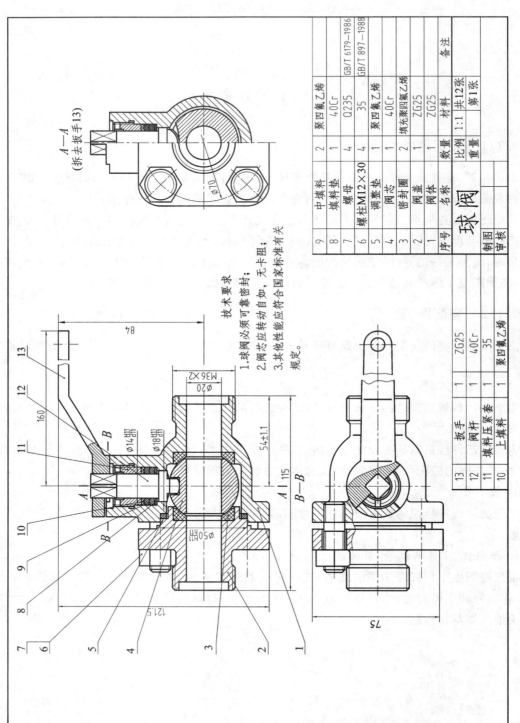

技术要求

1.球阀必须保证可靠密封;

2.阀芯应转动自如,无卡阻;

3.其他性能应符合国家标准有关规定。

13					扳手	1	ZG25	
12					阀杆	1	40Cr	
11					填料压紧套	1	35	
10					上填料	1	聚四氟乙烯	

9	中填料	2	聚四氟乙烯	
8	填料垫	1	40Cr	GB/T 6179-1986
7	螺母	4	Q235	GB/T 897-1988
6	螺柱M12×30	4	35	
5	调整垫	1	聚四氟乙烯	
4	阀芯	1	40Cr	
3	密封圈	2	填充聚四氟乙烯	
2	阀盖	1	ZG25	
1	阀体	1	ZG25	
序号	名称	数量	材料	备注

球阀		比例	1:1	共12张
		重量		第1张
制图				
审核				

图 9.1　球阀的装配图

9.2　装配图的表达方法

图样的各种表达方法,如视图、剖视图、断面图、简化画法等都适用于装配图。在机器或部件中常见许多零件沿着一条轴线顺次安装,这条轴线称为装配干线。通过装配干线进行剖切,可以清楚地表达各零件沿轴向的装配关系。如图 9.1 中,手柄、阀杆、阀芯就是一条装配干线。若机器或部件有几条装配干线,不能一次剖切同时表达,可以在几个视图中分别表达。

9.2.1　规定画法

(1) 两零件的接触面和配合面只画一条线,而两相邻零件的基本尺寸不同的不接触表面和非配合表面,即使间隙很小也必须画两条线。

(2) 对于实心杆件和标准件,当剖切面通过其轴线时该结构按不剖绘制。

(3) 在同一张图纸中,同一零件的剖面线间隔和方向必须相同;不同零件的剖面线方向或间隔必须加以区别。

如图 9.2 所示,键的两个侧面与键槽的基本尺寸一样,属于配合表面,只画一条线;而键的顶部与轮毂上的键槽之间的间隙虽然很小,也必须画两条线。这个装配结构采用了全剖视图,轴属于实心杆件,不需画剖面线;为了看清键与键槽的关系,轴又采用了局部剖视图,而键属于标准件,仍然不画剖面线。图中轮毂、轴、键分别采用了不同的剖面线。

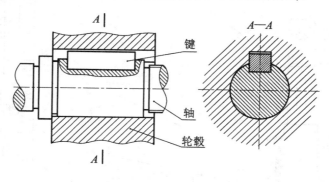

图 9.2　键连接

9.2.2　特殊表达方法

1. 沿结合面剖切画法

为了表示部件内部的装配和工作情况,在装配图中可以假想沿零件的结合面剖切部件,然后画出图形。结合面上无须画出剖面符号,而垂直于剖切面的零件,如轴、连接件等,被剖切面横向剖切开,必须画出剖面线。

图 9.3 所示的齿轮油泵装配图,为了看清齿轮的啮合情况,左视图采用了沿泵盖和泵体分界面剖切的画法。泵盖表面不画剖面线;横向剖切开的齿轮轴、齿轮的轴部,以及螺钉和销,剖切面都须画出剖面线。

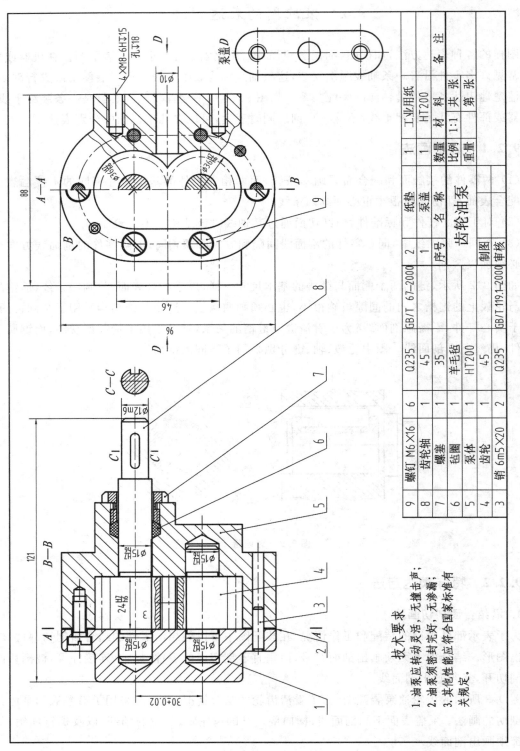

技术要求

1. 油泵应转动灵活，无撞击声；
2. 油泵须密封完好，无渗漏；
3. 其他性能应符合国家标准有
关规定。

9	螺钉 M6×16	6	Q235		
8	齿轮轴	1	45		
7	螺塞	1	35		
6	毡圈	1	羊毛毡		
5	泵体	1	HT200		
4	齿轮	1	45		
3	销 6m5×20	2	Q235	GB/T 119.1-2000	
2	纸垫	1	工业用纸		
1	泵盖	1	HT200		
序号	名 称	数量	材 料	备 注	

齿轮油泵

	比例	1:1		共 张
	重量			第 张

制图			
审核			

图 9.3 齿轮油泵的装配图 (一)

2. 拆卸画法

为了表示部件的内部结构,可以假想拆去某些零件进行投影,只须在该视图上方注明拆去零件的编号或名称,其他视图仍按不拆画出。如图 9.1 所示装配图中的球阀,在左视图中拆去了扳手 13。

3. 假想画法

对于不属于本部件,但与本部件有关系的相邻零件可采用双点画线来表示,如图 9.4 中的底座手柄即采用了双点画线来表示。

对于运动的零件,当需要表明其运动极限位置时,亦可用双点画线来表示,如图 9.4 所示。

4. 夸大画法

在装配体中,常遇到很薄的垫片、细丝的弹簧、零件间很小的间隙和锥度较小的锥销和锥孔等,若按它们的实际尺寸画出来就很不明显,在装配图中允许将它们夸大画出。如图 9.2 中键的顶面与键槽的小缝隙即采用了夸大画法。

5. 单独表达某个零件

在装配图中,当某个零件的形状未表达清楚,或其表达对理解装配关系有影响时,可以单独画出该零件的某一视图,并在视图的上方注明零件的名称和视图的名称。如图 9.3 中的视图"泵盖 D"。

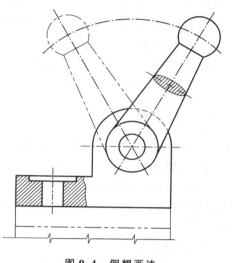

图 9.4　假想画法

6. 展开画法

当某些装配关系在某一视图中的投影相互重叠时,可展开画出,展开方法和展开绘制剖视图的方法完全一致,并且同样要标注出"×—×展开"字样。

9.2.3　简化画法

(1) 在装配图中,如有若干个相同的零件组,允许只详细画出一处,其余零件组用点画线表示其装配位置。如图 9.1 中的螺柱和螺母,就只画了一组,其他三组用点画线表明位置。

(2) 在装配图中,零件的工艺结构,如小圆角、倒角、退刀槽等可不画出。如图 9.3 所示齿轮油泵中的齿轮和齿轮轴,就简化了齿轮上的倒角,泵体上的铸造圆角也没画出。

(3) 在剖视图中,螺母、螺栓的头部允许采用简化画法,如图 9.1 中的螺母。

9.3　装配图的尺寸标注和技术要求

装配图和零件图在设计、生产中所起的作用不同,对尺寸标注的要求完全不同。装配图中只需标注出与机器或部件的性能、装配、检验、安装和运输有关的几类尺寸。

9.3.1　装配图的尺寸标注

1. 性能尺寸

性能尺寸表明部件的性能和规格,是设计时确定的重要尺寸。这类尺寸是设计和选择产品的主要依据。如图 9.1 中球阀的管径 $\phi 20$,图 9.3 中齿轮油泵的进出口尺寸 $\phi 10$ 均为性能尺寸。

2. 装配尺寸

装配尺寸是装配图中最重要的尺寸,包括配合尺寸和相对位置尺寸。

1) 配合尺寸

配合尺寸用来表明零件间的配合性质,提出零件间的配合松紧程度要求,保证零件的相对运动状态。配合尺寸也是确定零件尺寸公差的依据。如图 9.1 中的尺寸 $\phi 14H11/d11$、$\phi 18H11/d11$、$\phi 50H11/h11$,图 9.3 中的尺寸 $\phi 15H7/h6$、$\phi 36H7/h6$、$24H7/h6$ 等均为配合尺寸。

2) 相对位置尺寸

相对位置尺寸指装配时需要保证的零件之间的距离和间隙等尺寸。如图 9.1 中的尺寸 54 ± 1.1、84,图 9.3 中的尺寸 30 ± 0.02 均为相对位置尺寸。

3. 安装尺寸

安装尺寸是指部件安装在机器上或机器安装在基础上所需要的尺寸。如图 9.1 中的尺寸 $M36\times 2$、$\phi 70$,图 9.3 中的尺寸 46 和 $4\times M8-6H$ ▼ 15 均为安装尺寸。

4. 外形尺寸

外形尺寸指机器或部件的总体尺寸,包括总长、总宽、总高,为部件或机器的包装、运输提供必要的参数。如图 9.1 中的尺寸 115、75、121.5,图 9.3 中的尺寸 121、88、96 等均为外形尺寸。

5. 其他尺寸

除了上述四类尺寸外,还会有些尺寸,如某些零件、某些结构的重要尺寸等,如图 9.1 中的尺寸 160,也需要在装配图中表达出来。

以上几类尺寸,在一张装配图中不一定完全标注,有时一个尺寸可以兼有几种含义。装配图上的尺寸不多,绘图时既要考虑注出各类尺寸,还应根据实际情况合理标注。

9.3.2　装配图的技术要求

装配图的技术要求,一般可以从以下几个方面考虑。

(1)装配体装配后应能达到的性能,如图 9.1 中技术要求的第 1 条。

(2)装配体在装配过程中,应注意的特殊事项和加工要求。

(3)检验、试验方面的要求。

(4)使用要求。如对装配体的维护、保养方面的要求,以及操作、使用时应注意的事项等。

与装配图的尺寸标注一样,上述内容应根据装配体的需要来选择确定。技术要求一般注写在明细表的上方或图样下部的空白处。

9.4　装配图的零件序号和明细栏

为了便于读图和管理图样,在装配图中,对所有的零、部件都必须编号,并列出明细,注明各零、部件的名称、材料、件数等信息。

9.4.1　编号

1. 序号的编写方法

(1)装配图上,对所有的零、部件须按顺序进行编号。

(2)装配图上的标准件可直接标记在图上。

（3）编号包括指引线和数值，数值写在指引线末端的短横线上或小圆圈内，如图 9.5 所示。

（4）相同的零、部件只需给出一个序号；零、部件的序号必须和明细栏中的编号一致。

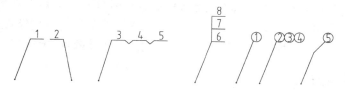

图 9.5　编号和指引线的形式

2. 序号的编写规定

（1）形状和规格相同的零、部件只标写一个序号。

（2）指引线从所指零件可见轮廓线内引出，末端画小圆点；若所指零件尺寸很小，如薄件、弹簧或涂黑的剖面，这类零件的轮廓内不便画出圆点，可以在指引线的末端用箭头代替圆点。

（3）在同一张图样内，数字端的形式和字号必须一致，数字的字号比图中尺寸数字大一号或两号，如图 9.3 所示。

（4）指引线尽量分布均匀，互相不能相交，不能与图中的主要轮廓线或剖面线平行，必要时可以转折，但只能转折一次，如图 9.5 所示。

（5）指引线应就近引出，避免与图中过多线条相交。

（6）一组连接件或装配关系清楚的装配组件，可采用公共指引线，数字端的画法如图 9.5 所示。

（7）指引线、短横线、小圆圈均为细实线。

（8）序号应顺时针或逆时针方向排列，而且数字端必须整齐排列在同一条水平或竖直线上，且分布均匀。

9.4.2　明细栏

装配图中的明细栏是标明装配图中每一个零件和部件的序号、图号、名称、数量、材料、重量等信息的表格。

国家标准 GB/T 10609.2—2009 推荐了明细栏的格式、尺寸，如图 9.6 所示。其有关规定如下。

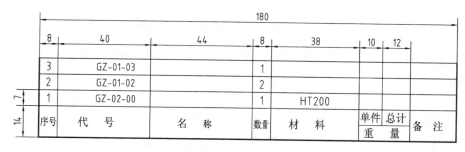

图 9.6　明细栏格式和尺寸

（1）明细栏一般配置在装配图标题栏的上方，按照由下向上的顺序填写，格数根据需要确定。位置不够时，可以紧靠在标题栏的左侧自下而上延续。

（2）如果标题栏的上方无法配置明细栏，可以将明细栏作为装配图的续页按 A4 幅面单独画出，其顺序为自上而下延伸，还可以续页。在每一页的下方配置标题栏，在标题栏中填写与装配图中一样的名称和代号。

（3）当装配图画在两张以上的图纸上时，明细栏应该放在第一张装配图上。

（4）明细栏中的代号项填写图样相应部分的图样代号（图号）或标准件的标准号。部件装配图图号一般以 00 结束，如图 9.6 中 GZ-02-00 表示序号为 2 的部件的装配图图号。

（5）明细栏中的备注项填写该零件的有关附加说明，如外购件、生产厂等。

9.4.3 技术要求

装配图中，用简明文字逐条说明装配体在装配过程中应达到的技术要求，如用来保证调整间隙的方法或要求，产品执行的技术标准和试验、验收的技术规范，产品的外观和包装等要求。

技术要求可写在标题栏、明细栏的附近，常见内容如下。

（1）装配要求　包括机器或部件中零件的相对位置、装配方法、装配加工及工作状态等。

（2）检验要求　包括机器或部件基本性能的检验方法和测试条件等。

（3）使用要求　包括机器或部件的使用条件、维修、保养要求、操作说明等。

（4）其他要求　包括不方便用符号或尺寸标注的性能规格参数等，也可用文字注写在装配图中。

9.5 常用装配结构简介

在部件设计中，如果只考虑部件的使用要求，忽视零件加工和装配时的可行性，会给零件的加工和装配带来困难，甚至无法实现预期的设计目标。

1. 接触结构的合理性

两零件在同一方向上只能有一个接触面或配合面，如图 9.7 所示。

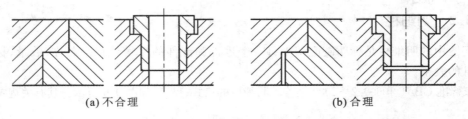

(a) 不合理　　　　　　　　　　(b) 合理

图 9.7　两零件同方向接触的合理结构

两零件相邻两面接触时，为确保两个平面正常接触，其接触面转角处的结构必须合理，如图 9.8 所示。

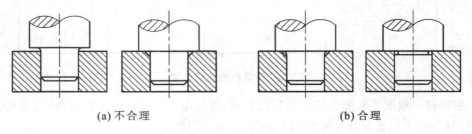

(a) 不合理　　　　　　　　　　(b) 合理

图 9.8　两零件相邻两面接触的合理结构

2. 方便安装和拆卸

设计零件结构时,必须考虑每一个零件能够正确安装和拆卸,如图 9.9 和图 9.10 所示,其中图 9.9(a)所示图中螺栓不便拆卸,图 9.10(a)中左侧箱体孔直径小于轴承外圈内径,轴承无法拆卸。

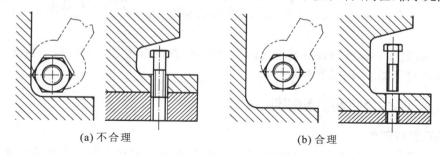

(a) 不合理   (b) 合理

图 9.9 拆装零件时应具有足够的空间

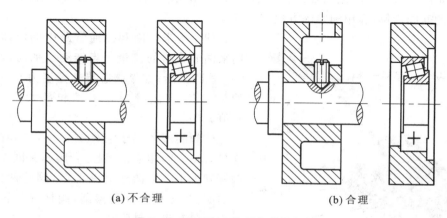

(a) 不合理   (b) 合理

图 9.10 保证加工和拆卸的可行性

3. 防松问题

为了防止振动等因素引起螺纹连接件松动和脱落,应采用防松装置,如图 9.11 所示。

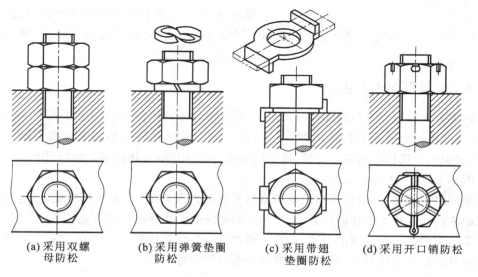

(a) 采用双螺   (b) 采用弹簧垫圈   (c) 采用带翅   (d) 采用开口销防松
　母防松   防松   垫圈防松

图 9.11 防松装置

9.6　部　件　测　绘

部件测绘是指根据现有部件(或机器),先画出零件草图,再画出装配图和零件工作图的过程。

在生产实践中,维修机器设备或进行技术改造时,在没有现成技术资料的情况下,就需要对机器或部件进行测绘,以得到有关资料。

9.6.1　了解、分析和拆卸部件

1. 了解、分析部件

首先应了解部件测绘的任务和目的,确定测绘工作的内容和要求。通过观察实物和查阅有关图样资料,了解部件(或机器)的功用、性能、工作原理、传动系统和运转情况。本节以图9.12所示的球阀为例,介绍测绘的方法和步骤。

图 9.12　球阀直观图

球阀用来切断和接通管路中的流体,还可以用来调节管路的流量。当转动手柄时,阀芯旋转90°,管路关断;如果阀芯旋转角度为0°～90°之间的某一值,则流量为介于零和最大值之间的某一值。

球阀的阀体属于箱体类零件,它和阀盖一起连接管路。阀体包容阀芯,和阀芯共同支承、连接阀杆和扳手。为防止管路泄漏,阀芯两侧放置了密封圈;为防止阀杆处渗漏,阀杆处放置了填料,并用压紧套将填料压紧。

2. 拆卸部件

根据部件的组成情况和装配特点,制定周密的拆卸方案;对复杂的部件或机器,应给零件标号或贴标签,并分组放置在指定的地方,以便重装时复原。另外,对不可拆卸的连接件和过盈配合的零件,应尽量不拆,以防损坏零件,增加复原的难度。

9.6.2　画装配示意图

拆卸大型机器和较复杂的部件时,需记录部件中各零件间的相对位置、连接关系和工作原理等,以备部件复原及画装配图时使用。通常用简单的单线条图和国家标准 GB/T 4460—2013《机械制图　机构运动简图符号》规定的简图符号来记载上述内容,形成简图,称为装配示意图。图9.13所示为球阀装配示意图。

在装配示意图中,一般以简单的线条画出零件的大致轮廓,按国家标准规定的简图符号,用示意的方法表示每个零件的位置、装配关系和部件的工作情况。在表达各零件时,通常尽量把所有零件集中在一个视图上表达,如有必要也可以补画其他视图。图形画好后,应给各种零件编注序号或给出零件名称,对于标准件还应及时确定标记。

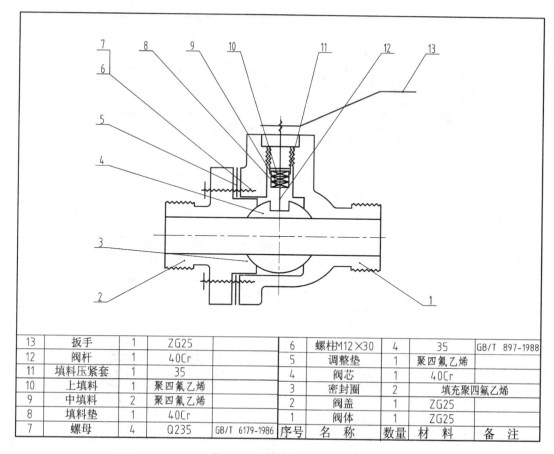

13	扳手	1	ZG25		6	螺柱M12×30	4	35	GB/T 897-1988
12	阀杆	1	40Cr		5	调整垫	1	聚四氟乙烯	
11	填料压紧套	1	35		4	阀芯	1	40Cr	
10	上填料	1	聚四氟乙烯		3	密封圈	2	填充聚四氟乙烯	
9	中填料	2	聚四氟乙烯		2	阀盖	1	ZG25	
8	填料垫	1	40Cr	GB/T 6179-1986	1	阀体	1	ZG25	
7	螺母	4	Q235		序号	名 称	数量	材 料	备 注

图 9.13 球阀装配示意图

9.6.3 测绘零件，画零件草图

装配草图要目测比例，徒手绘制。其内容、表达方法、线型等与零件工作图相同。图9.14所示为球阀的部分零件——阀盖、阀芯、填料压紧套的零件草图。

绘制草图的步骤如下。

（1）确定零件的表达方案。

（2）画出所有图形及所需尺寸的尺寸界线和尺寸线。

（3）实测尺寸数值，将测量结果标注在尺寸线上，并填写必要的技术要求，填写标题栏。

9.6.4 测量零件尺寸

为了提高测量效率，提高测量准确性，避免遗漏和不必要的错误，对零件的尺寸应集中测量，并标注在零件草图上。

测量零件尺寸时，应根据零件尺寸的精确程度，选用适当的量具。常用的量具有钢板尺、外卡钳、内卡钳、游标卡尺、千分尺、圆角规和螺纹规等。

（1）当测量精度要求不高时，可用钢板尺和内、外卡钳测量尺寸，如图 9.15、图 9.16、图9.17所示。

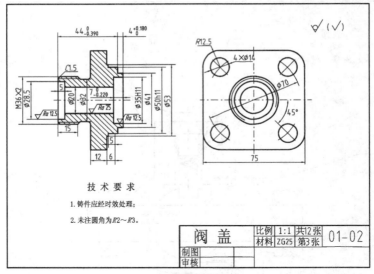

(a) 阀盖零件草图

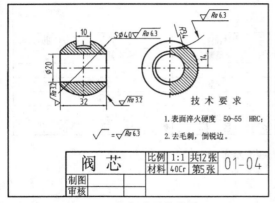

(b) 阀芯零件草图

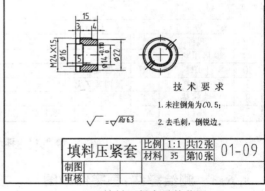

(c) 填料压紧套零件草图

图 9.14　球阀部分零件草图

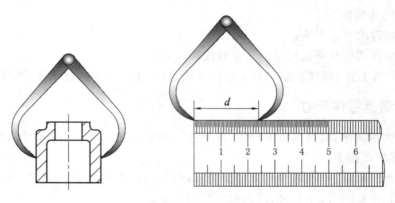

图 9.15　用外卡钳和钢板尺测外径

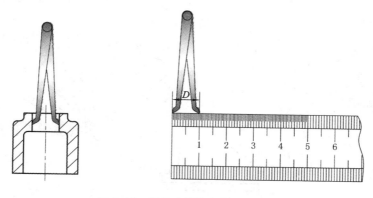

图 9.16 用外卡钳和钢板尺测内径

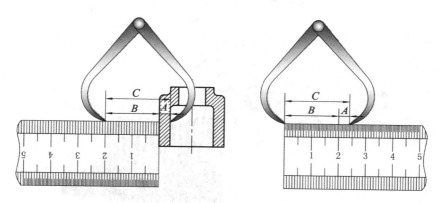

图 9.17 用外卡钳和钢板尺测壁厚

（2）当精度较高时,可用游标卡尺测量,如图 9.18 所示。

（3）当精度很高时,可用千分尺测量,如图 9.19 所示。

（4）一些常用结构,可用专用的量规进行测量。如:用圆角规测量圆角半径,如图 9.20 所示;用螺纹规测量螺距,如图 9.21 所示。

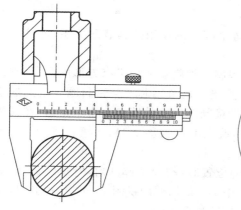

图 9.18 用游标卡尺测外径和内径

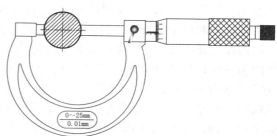

图 9.19 用千分尺测外径

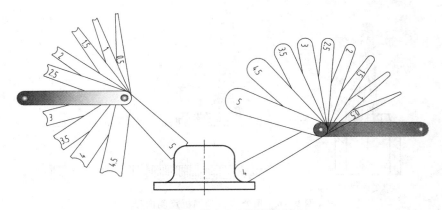

图 9.20 用圆角规测量圆角半径

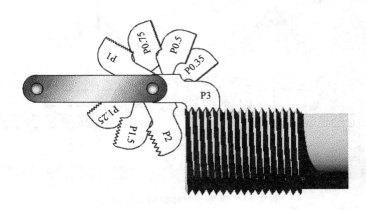

图 9.21 用螺纹规测螺距

9.7 装配图的画法

9.7.1 分析部件

分析部件的功用、性能、工作原理、结构特点、每个零件的作用及其装配关系、连接方式和技术要求等。

如图 9.12、图 9.13 所示,球阀的装配关系是:阀体 1 和阀盖 2 均带有方形的凸缘,它们用四个双头螺柱 6 和四个螺母 7 连接,并用合适的调整垫 5 调节阀芯 4 与密封圈 3 之间的松紧程度。在阀体上部有阀杆 12,阀杆下部有凸块,以榫接阀芯 4 上的凹槽。为了密封,在阀体与阀杆之间加进填料垫 8、中填料 9 和上填料 10,然后旋入填料压紧套 11,将填料压紧。将扳手 13 的方孔套进阀杆 12 上部的四棱柱。

球阀的工作原理是:当扳手处于图 9.12 所示的位置时,阀门全部开启,管道畅通;顺时针旋转扳手 90°,阀门全部关闭,管道断流。从图 9.1 中 B—B 局部剖视图中,可以看到阀体 1 顶部定位的 90°扇形凸块,该凸块用来限制扳手 13 的旋转角度。

9.7.2 确定表达方案

与画零件图一样,画装配图时应先确定表达方案,也就是进行视图选择:首先,选定部件的安放位置和选择主视图;然后选择其他视图。

1. 选择主视图

为了方便设计和指导装配,部件的安放位置应与部件的工作位置相符合。如球阀的工作位置一般是将其通路放成水平位置。部件的主视图应最能清楚地反映部件主要装配关系和工作原理,以及各个主要零件的形状和零件间的相互关系,如图 9.1 所示。

2. 选择其他视图

根据确定的主视图,选取能反映其他装配关系、外形及局部结构的视图。如图 9.1 所示,左视图选取反映球阀外形的半剖视图;俯视图选取反映扳手与定位凸块的关系的 *B—B* 局部剖视图。

9.7.3 画装配图

下面以图 9.12 所示的球阀为例,介绍画装配图的过程。

1. 选比例,定图幅,布置图纸

应选取适当比例,确定图幅;安排各视图的位置;留足注写尺寸,编写零、部件序号和明细栏的位置;画出各视图的主要轴线、对称中心线和作图基线;在恰当位置画出球阀的主要装配干线的基准线;绘出明细栏表格。如图 9.22 所示。

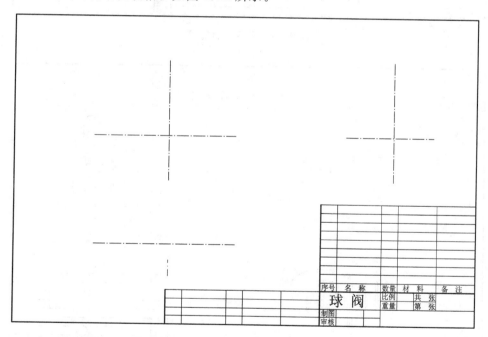

图 9.22　画主要轴线和定位线

2. 绘制最主要的箱体类零件

箱体类零件一般起包容、定位作用,这类零件的名称常常是"××体"或"××箱",图9.12所示球阀的阀体即为箱体类零件。如图 9.23 所示,首先绘出阀体的三个视图。

3. 绘制其他零件

逐步绘出其他零件,这是绘制装配图的核心任务。就像安装部件一样,分别画出各条装配主线。每条装配主线,一般由内向外逐次画出各个零件,每个零件几个视图配合画出。如图 9.24 所示。

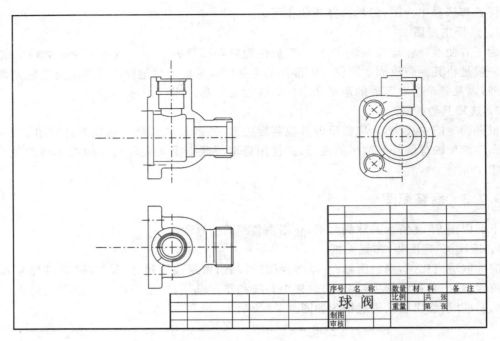

图 9.23　画阀体的视图

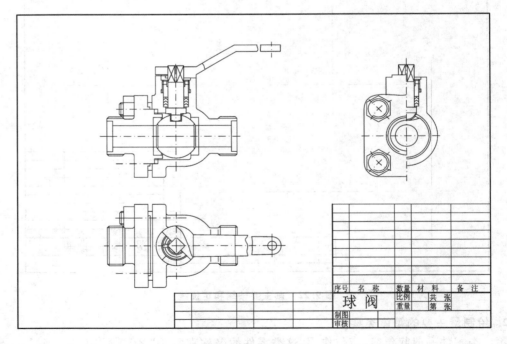

图 9.24　补全视图

（1）绘制出阀盖和起连接作用的螺栓、螺母。

（2）将阀芯绘制在管路上，画出起密封作用的密封圈。

（3）绘制阀杆，一次性绘制出填料垫、填料、填料压紧套。

（4）绘制扳手。

4. 检查、标注

绘制没有表达清楚的结构,标注视图,画出其他部分,如图 9.25 所示。

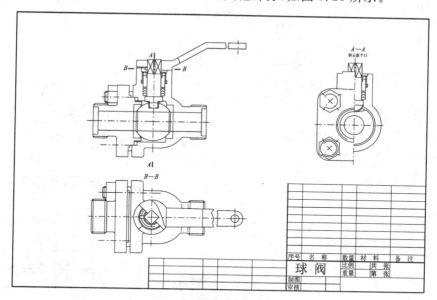

图 9.25 标注视图,画出其他部分

5. 注写尺寸和技术要求

装配图只需标注装配体需要的四类尺寸和技术要求,如图 9.26 所示。

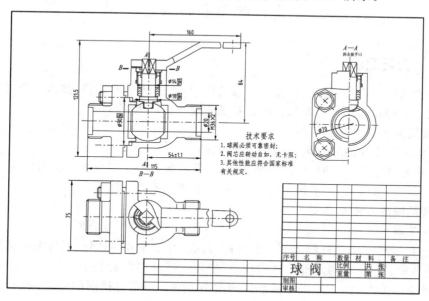

图 9.26 注写尺寸和技术要求

6. 编写序号,填标题栏和明细栏

图中的序号和明细栏中的序号必须一一对应,如图 9.27 所示。

7. 加深检查,绘制剖面线,完成全图

特别注意不同零件的剖面线要有所区别,最后结果如图 9.1 所示。

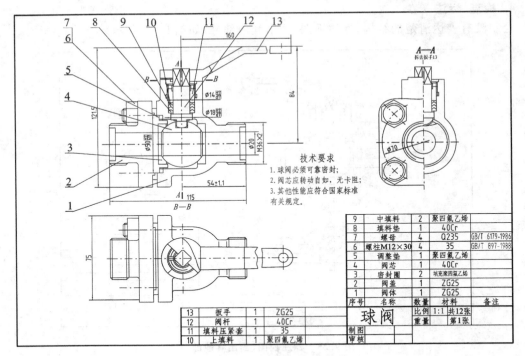

9	中填料	2	聚四氟乙烯	
8	填料垫	1	40Cr	
7	螺母	4	Q235	GB/T 6179-1986
6	螺柱M12×30	4	35	GB/T 897-1988
5	调整垫	1	聚四氟乙烯	
4	阀芯	1	40Cr	
3	密封圈	2	填充聚四氟乙烯	
2	阀盖	1	ZG25	
1	阀体	1	ZG25	
序号	名称	数量	材料	备注

13	扳手	1	ZG25		球阀	比例 1:1 共12张
12	阀杆	1	40Cr			重量 第1张
11	填料压紧套	1	35	制图		
10	上填料	1	聚四氟乙烯	审核		

图 9.27 编写序号,填标题栏和明细栏

9.8 看装配图和拆画零件图

9.8.1 看装配图

在机械或部件的设计、装配、检验和维修工作中,在进行技术革新、技术交流过程中,都需要看装配图。工程技术人员必须具备熟练看懂装配图的能力。

1. 看装配图的要求

(1)了解机器或部件的性能、作用和工作原理。

(2)了解各零件间的装配关系、拆装顺序,以及各零件的主要结构形状和作用。

(3)了解其他组成部分,了解主要尺寸、技术要求和操作方法等。

2. 看装配图的方法及步骤

1)概括了解

首先,由标题栏了解该机器或部件的名称;其次,对照序号、明细栏了解构成机器或部件的各种零件的名称、数量、材料及标准件的规格,估计机器或部件的复杂程度;然后,由画图的比例、视图大小和外形尺寸,了解机器或部件的大小;最后,根据各视图的标注,确定各视图的表达方法和所表达结构的位置,由产品说明书和有关资料,联系生产实践知识,了解机器部件的性能、功用等,从而对装配图和内容有一个概括了解。

如图 9.28 所示,从标题栏可以看出,该装配体是齿轮油泵。对照图中的序号和明细栏,可知该齿轮油泵由 18 种零件组成,其中有标准件 5 种,常用件 2 种,一般零件 11 种。顺着序号的指引,大致了解各个零件的位置。总体上讲,装配体的右半部分是齿轮加压区,相当于油泵的工作区;左半部分是溢流区,相当于溢流阀,起调整压力的作用。

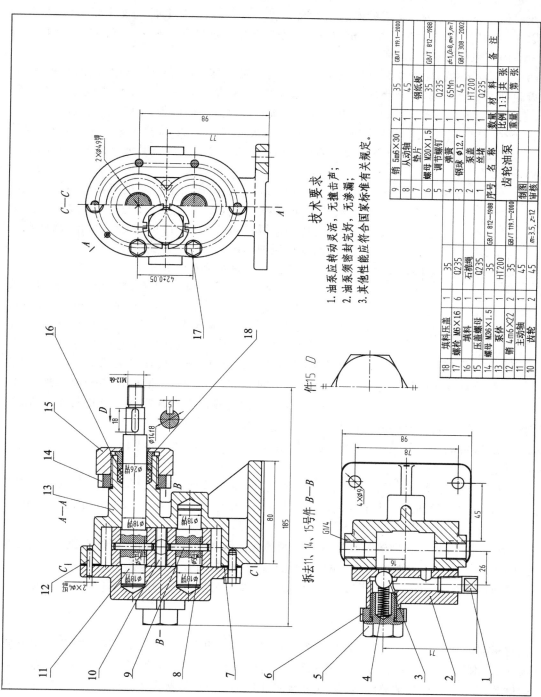

技术要求

1. 油泵应转动灵活，无撞击声；
2. 油泵须密封完好，无渗漏；
3. 其他性能应符合国家标准有关规定。

18	填料压盖	1	35		9	销 5m6×30	2	35	GB/T 119.1—2000
17	螺栓 M6×16	6	Q235		8	从动轴	1	45	
16	填料	1	石棉绳		7	垫片	1	钢纸板	
15	压盖螺母	1	Q235		6	螺母 M20×1.5	1	35	GB/T 812—1988
14	泵体	1	HT200		5	调节螺钉	1	Q235	
13	螺母 M36×1.5	1	35	GB/T 812—1988	4	调节弹簧	1	65Mn	d=1,D=8,m=9,n=7
12	销 4m6×22	2	35	GB/T 119.1—2000	3	钢球 φ12.7	1	45	GB/T 308—2002
11	主动轴	1	45		2	泵盖	1	HT200	
10	齿轮	2	45	m=3.5, z=12	1	丝堵	1	Q235	
序号	名称	数量	材料	备 注					

齿轮油泵　　比例 1:1　共 张
　　　　　　重量　　　第 张
制图
审核

图 9.28　齿轮油泵的装配图（二）

2）了解工作原理和装配关系

这是深入看图的重要阶段。可先从反映工作原理、装配关系较明显的视图入手,抓主要装配干线或传动路线,分析有关零件的运动情况和装配关系;然后抓其他装配干线,进一步分析工作原理、装配关系、零件的连接和定位,以及配合的松紧程度等。此外,对运动件的润滑、密封方式等内容也应了解。

图 9.28 所示的齿轮油泵是油路系统中的供油装置。显然,主视图结合半剖的左视图,表达了齿轮副的啮合情况,以及齿轮、轴等的安装定位关系,是齿轮油泵的工作主线。如图 9.29 所示,主动齿轮在主动轴输入动力的带动下进行旋转,齿轮副啮合,带动从动齿轮旋转;油在齿轮旋转运动的作用下,从入口端流到出口端,吸收齿轮运动的动能,油压增大流出油泵;入口端由于油被带走,造成负压,可以不断吸入油液。如此连续不断运动,确保出口处的高压油源源不断地流出。

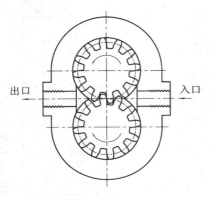

图 9.29　齿轮油泵的工作原理

如图 9.28 所示,俯视图结合左视图和假想线表达溢流的工作原理。当位于高压腔内的压力超过额定压力时,高压油克服弹簧 4 的阻力,将钢球 3 顶开,流回低压腔,起到稳压的作用。

3）了解零件的结构形状和作用

对于标准件、常用件,其作用和结构形状比较容易看懂。对于一般零件,通常先从主要零件开始分析,并且最好从表达该零件最明显的视图入手,联系其他视图,利用图上序号、指引线、剖面线找出零件所在的位置和范围,利用结构的合理性特征、配合或连接关系等,找出对应的投影关系,即可将零件的视图从装配图中分离出来,想象出它的形状,分析它的作用。这样逐一分析每个零件,便可弄清每个零件的结构形状和零件间的装配主线关系。

如图 9.28 中的 2 号件泵盖,它既可起到盖的作用,又兼有溢流阀阀体的作用,结构上也两者兼顾,如图 9.30 所示。

（1）从盖的作用看,上、下各开有 ϕ18H8 的孔,和泵体共同支承主、从动轴;凸缘上开有 6 个与 M6×16 螺栓相配的孔,用于和泵体连接紧固,还开有两个与 4m6×22 销相配的孔,用于确定泵盖和泵体的相对位置。

（2）从溢流作用看,在后侧的高压区和前侧的低压区各开了 ϕ8 的孔,用作溢流阀的进、出口;进口左边开了锥孔,用来和钢球相配,关闭溢流阀,在左侧有放置弹簧所需要的结构;泵盖最前面的圆锥螺纹孔,平时用丝堵封住,该孔是为了加工与进、出口孔相连的 ϕ10 孔而设置的结构。

4）归纳总结

在对机器或部件的工作原理、装配关系和各零件的结构进行分析之后,还应对装配图上所注的尺寸、技术要求进行分析研究,了解机器或部件的设计意图和装配线工艺性等,并弄清各零件的拆装顺序。经过归纳总结,加深对机器或部件的认识,完成看装配图的全过程,并为拆画零件图打下基础。

9.8.2　由装配图拆画零件图

由装配图拆画零件图是设计和制造过程中的重要环节,应该在读懂装配图的基础上进行。

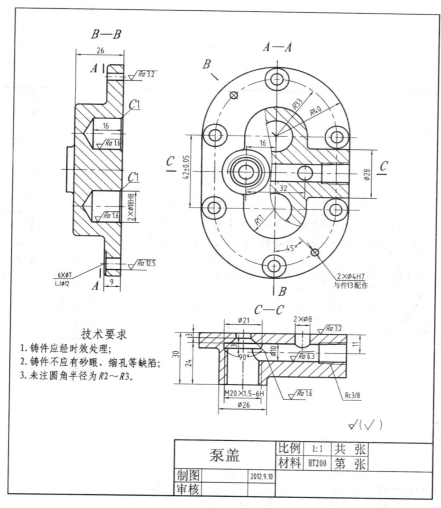

图 9.30 从装配图看泵盖的零件图

拆画零件一般遵循如下四步。

1. 从装配图中分离零件

在读懂装配图的基础上,从装配图上正确地划分每一个零件的范围。利用零件的序号,按照视图间的投影对应关系,剖视图中的剖面线差异和相关零件的配合尺寸等,分清视图中前后件、内外件及它们之间的遮盖关系,将组合在一起的零件逐一进行分解识别,分清每一零件在相关视图中的投影位置及轮廓范围。

对于标准件,通常按照规定画法将它们从装配图中分离出去,不需要拆画零件图。

对于一般零件,需要逐一从装配图中将它们分离出来,画出它们的零件图。如图 9.28 中的泵体 B,从指引线的小圆点沿着剖面线向外扩展,跨过轴线,向上到凸缘,向下从主动轴到从动轴、底板。按照投影关系和相同剖面线的引导,推测出泵体零件的结构,如图 9.31 所示。

轴类零件属于实心件,在剖视图中按不剖绘制,这类零件一般没有遮挡,顺着轴线没有剖面线的零件,就是这类零件。轴类零件上的其他孔、槽等结构,一般用局部剖、断面图等其他方法表示。如图 9.28 中的主动轴 11,在指引线的附近,沿着轴线的方向,没有剖面线的部分就是这个零件。去掉零件上局部剖的销,留下销孔,如图 9.32 所示就是主动轴 11 的零件图。

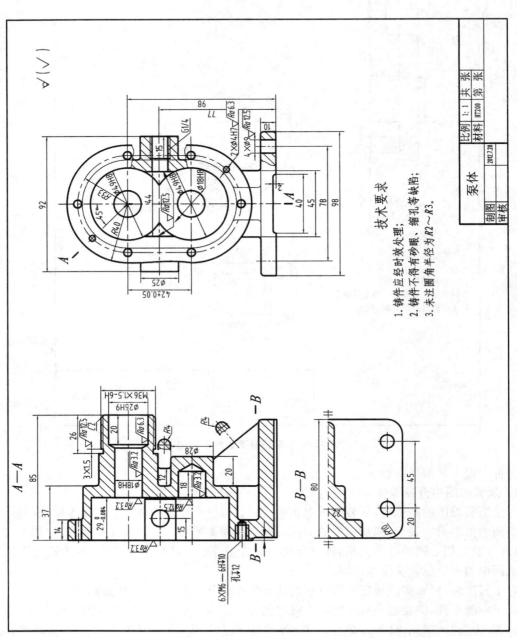

图 9.31　泵体零件图

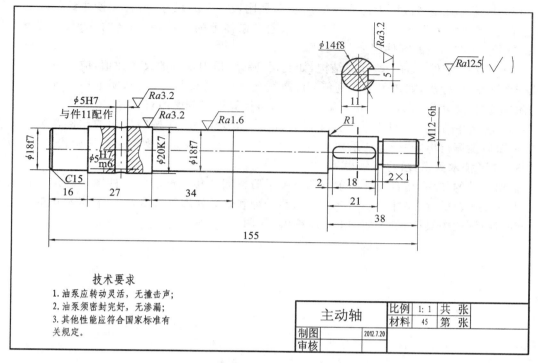

图 9.32 主动轴零件图

2. 确定零件的表达方案

确定零件的表达方案时,可以参照装配图中该零件的表达方法,但不能完全照搬,还须根据零件的结构形状特点适当调整,选择更恰当的表达方法。

对比泵体在装配图(见图 9.28)和零件图(见图 9.31)中的表达可见,各视图在表达上既有相同之处,也有不同之处。主视图完全相同,都采用了两个相交的剖切面剖切机件得到的全剖视图。左视图和俯视图就有所不同。油泵除溢流部分,整体是对称的,油泵装配图中,左视图采用了半剖视图,而泵体零件图中,左视图只用局部剖视图表达了泵的进出口。油泵俯视图需要表达溢流阀的工作原理,从油泵的进出口和溢流阀的进出口所在的共同平面剖切机件,而泵体的俯视图只需要表达出底板的形状和两个肋板的剖切面。

3. 画出零件的视图

对分离出来的零件投影,不要漏线,画出原图中被遮挡的线条,比如主动轴 11 被销 9 遮挡的线条,泵体 13 被主动轴 11、填料 16、填料压盖 18 等遮挡的线条。

不要画出其他零件的投影。比如主动轴 11 孔中配合的销,泵体上旋合的螺栓,都必须去掉。

在装配图中被省略不画的工艺结构,如倒角、圆角、退刀槽等,在零件图中均应画出。如泵盖 2 的 $\phi 18$ mm 孔右端的倒角 C1,在零件图必须补充画出。

若某些零件的局部结构在装配图中没有表达清楚,应根据零件在部件中的作用、零件的结构知识、装配结构知识等自行设计,如泵体 13 底板下的凹槽。

4. 标注零件的尺寸

按照零件标注尺寸的要求,标注所拆画零件图上的尺寸,所拆画的零件图,其尺寸可按以下方法确定。

　　(1) 抄注　凡是装配图上已注出的尺寸都是比较重要的尺寸,可直接抄注到相应的零件图上,配合尺寸标注孔、轴的公差带代号,如泵盖和泵体上的 $\phi18H8$,轴上的 $\phi18f7$。或查出具体偏差数值注在相应的零件图上。

　　(2) 查取　零件上的一些标准结构,如倒角、圆角、退刀槽等的尺寸数值,应从有关标准中查取校对后进行标注,如泵盖上的倒角 C1;螺纹孔、键槽等的尺寸,可从明细栏中查看,如,泵体上的螺纹孔尺寸为 M6,齿轮 $m=3.5, z=12$,可计算得出分度圆直径等。

　　(3) 量取并圆整　零件上装配图中没有标注的其余尺寸,应按装配图的比例在装配图上直接量取后换算得出,并按标准系列适当圆整,如泵盖上与 $\phi6$ mm 螺栓相配的光孔尺寸为 $\phi7$。

5. 注写技术要求,填写标题栏

　　根据零件的作用,结合设计要求查阅有关手册或阅读相近产品的零件图来确定所拆画零件图上的表面粗糙度、尺寸公差、几何公差、热处理和表面处理等技术要求,标题栏中的有关参数可以从明细栏中直接获得,如图 9.30、图 9.31、图 9.32 所示。

第10章 AutoCAD 绘图基础

10.1 AutoCAD 绘图概述

AutoCAD 是 CAD 业界使用最广泛的计算机辅助绘图和设计软件,由美国 Autodesk 公司开发,其最大优势就是便于绘制二维工程图,也可以进行三维建模和渲染,广泛地应用于机械、建筑、电子、艺术造型及工程管理等领域,是我国目前应用最广泛的软件之一。自从 1982 年推出 AutoCAD 1.0 版起,该软件经历了多次版本升级,最新版本为 AutoCAD 2014。本章以普遍应用的 AutoCAD 2012 为例,介绍使用该软件来绘制图形的方法。

10.2 AutoCAD 绘图基础

通过单击 Windows 操作系统程序组中的"AutoCAD 2012"选项或双击桌面的快捷启动图标,可以启动 AutoCAD 2012。

10.2.1 使用 AutoCAD 绘制工程图的步骤

使用 AutoCAD 绘制工程图的步骤如下。

(1) 启动 AutoCAD 2012,进入 AutoCAD 的绘图界面。

(2) 依据对象要求设定绘图区域,设置图层、颜色、线型和线型比例,设置辅助绘图功能。

(3) 使用二维绘图命令绘图,运用图形编辑命令对所绘图形进行编辑修改。

(4) 标注尺寸,填充图案,书写技术要求等文本内容。

(5) 完成整个图样后保存文件,打印输出图形。

为了方便阅读和学习,本章叙述有以下约定和使用建议。

(1) 有关鼠标的操作命令:"单击"是指按一次鼠标左键;"双击"是指连续快速按两次鼠标左键;"右击"是指按一次鼠标右键;"拖动"是指按住鼠标左键移动鼠标。

(2) 为方便读者学习和应用软件,文中有些地方列出了按实际操作显示在软件命令栏中的相关命令,每条命令后圆括号"( )"内的内容是对命令的说明;符号"⏎"代表回车(按"Enter"键)。

10.2.2 AutoCAD 2012 中文版工作界面

新打开的 AutoCAD 2012 工作界面如图 10.1(a)所示。

1. 工作空间设置

AutoCAD2012 系统内预置了四个工作空间,分别是"草图与注释""三维基础""三维建模""AutoCAD 经典"。其中 AutoCAD 经典工作空间风格与早先的版本一致。用户可根据习惯,进行工作空间设置,在不同的工作空间进行切换。具体操作如下。

单击状态栏中右侧的"切换工作空间"图标按钮 ⚙ 右下角级联符号(即黑色三角符号),选

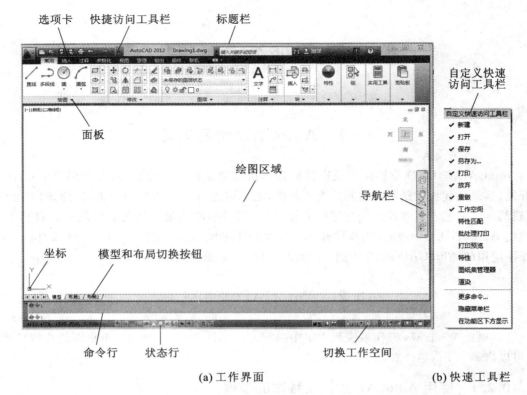

(a) 工作界面   (b) 快速工具栏

图 10.1　AutoCAD 2012 中文版工作界面

择"工作空间设置"选项,在弹出的"工作空间设置"对话框中可以四个选项都选择(见图 10.2(a)),单击"确定"按钮后回到原界面。这时四个工作空间都出现在可供选择范围内(见图 10.2(b))。再次单击"切换工作空间"图标按钮级联符号,根据需要选择工作空间。如选择经典模式,显示为与传统的风格一致,如图 10.2(c)所示;或者选择"草图与注释",又回到初始打开的状态(见图 10.2(d))。

2. 图形窗口的内容与布局

(1)标题栏和快捷工具栏　标题栏中间显示文件名,右上角有控制按钮,从左至右分别为"最小化"图标按钮、"还原"图标按钮和"关闭"图标按钮。在标题栏的左侧是快捷工具栏,包含"新建""打开""保存"等选项,单击快捷工具栏右侧黑色三角符号还可在"自定义快速访问工具栏"选择放置常用的工具栏(见图 10.1(b))。

(2)工具板选项卡和面板(草图与注释)　在"草图与注释"环境下,选项卡有"常用""插入""注释""视图""管理""输出"等七项。每个选项卡下含有多个面板,如"常用"选项卡上就有"绘图""修改""图层""注释""块""特性""实用工具"和"剪贴板"等八个面板,每个面板上有多个图标命令。

(3)绘图区域　即用户的绘图空间。

(4)状态行　状态行在整个用户界面的最下面,反映当前的绘图状态,如图 10.3 所示。左边显示当前光标位置的坐标,其次为绘图工具,有十四个按钮;此外,还有模型、布局、注释工具和工作空间等的图标显示。

(5)菜单栏　如在"自定义快速工具栏"中选择"显示菜单栏",则默认情况下菜单栏显示

(a)"工作空间设置"对话框

(b)切换工作空间选项

(c) AutoCAD经典工作空间

(d)"草图与注释"工作空间

图 10.2　工作空间设置和切换

图 10.3　状态行

在标题栏的下面;也可以打开"视图"选项卡中"窗口"面板上的工具栏图标按钮，调用常用工具栏。

菜单栏包含多个菜单名,如"文件""编辑""视图""插入"等。用鼠标单击其中任何一个菜单名,均可以引出一个下拉菜单条。如图 10.4 所示。

图 10.4　菜单栏

(6)对话框　AutoCAD 内包含有对话框程序,许多命令允许用户在对话框中进行设置模式、选择菜单、拾取按钮或输入文本及参数值等操作,图 10.2(a)所示则是在对话框中进行参数选择等操作。

3. 命令执行方法

使用 AutoCAD 进行绘图工作时,必须输入并执行一系列命令。底部命令行窗口提示有

"命令",此时表示 AutoCAD 已处于命令状态并准备接受命令。

1）命令的输入

命令的输入以通过鼠标和键盘输入最为常见。也可采用其他方法输入命令。

（1）键盘输入命令　从键盘输入命令时，大、小写均可。在命令行"命令："提示符后键入命令名，接着按回车键（Enter）或空格键即可。在命令行中将显示有关该命令的输入提示和选择项提示。

（2）图标按钮输入命令　图标按钮是一组图标型工具的集合，把光标移到某个图标上，稍停片刻即在该图标一侧显示相应的命令提示。单击图标按钮可以启动相应的命令。

（3）下拉菜单输入命令　在菜单行中用鼠标单击一项标题，则出现下拉菜单，要选择某一菜单项，可用鼠标单击。如某一菜单项后有"…"，说明该菜单项会引出一个对话框。

如某一菜单项右端有一个黑色小三角，说明该菜单项仍为标题项，它将引出下一级菜单，称为级联菜单。如某一菜单项为灰色，则表示该项不可选。

2）重复执行命令

在 AutoCAD 执行某个命令后，如果要立即重复执行该命令，则只需在"命令："提示符出现后，按一下回车键或空格键即可（按一下鼠标右键与此等效）。

3）撤销命令

当命令已经被激活并进入执行状态时，发现不是所希望激活的命令，那么可以按键盘上的"Esc"键，这时系统立即中止正在执行的命令，重新返回准备接受命令的状态，即在命令行上显示"命令："提示符。有些命令要连续按两次或者三次"Esc"键，才能返回到"命令："提示符状态。

4）插入透明命令

AutoCAD 可以在某个命令正在执行期间，插入执行另一个命令。须在这个中间插入执行的命令前加一个撇号"'"作为前导。这种可从中间插入执行的命令称为透明命令。最常用的透明命令有 help（寻求帮助）、redraw（重画）、pan（平移图形）、zoom（缩放图形）以及状态行上的辅助绘图命令等。

4. 数据输入方法

每当输入一条命令后，通常还需要为命令的执行提供一些必要的附加信息。例如，输入"Circle"（画圆）命令后，为了能画出唯一确定的圆，就必须输入圆心的位置坐标和圆的半径大小数值。

1）数值的输入

AutoCAD 的许多提示符要求输入表示点的位置坐标值、距离、长度等的数值。这些数值可从键盘上使用下列字符输入：＋，－，1，2，E，/。注意在英文半角状态下输入。

2）坐标的输入

当命令行窗口出现"指定一点："提示时，需要用户输入绘图过程中某个点的坐标。因为图形总是要在一定的坐标系中进行绘制，AutoCAD 常用直角坐标系和极坐标系。

在直角坐标系中，二维平面上一个点的坐标用一对数值 (x,y) 来表示。输入该点的两个坐标值时，中间要用英文逗号","分开。坐标值前面有"@"符号时，表示该点坐标为相对坐标，相对坐标反映了输入点相对于当前点的位置关系。

在极坐标系中，二维平面上一个点的坐标，是用该点距坐标系原点的距离和该距离向量与水平正向夹角的角度来表示的。其形式为 $(d<\alpha)$，其中"d"表示距离，"α"表示角度，中间用"<"分隔。用相对坐标方式输入时，要在输入值的第一个字符前键入字符"@"作为前导。

3）距离的输入

在绘图过程中，AutoCAD 有许多输入提示符，要求输入一个距离的数值。这些提示符有：height（高度）、width（宽度）、radius（半径）、diameter（直径）、column distance（列距）、row distance（行距）等。

当 AutoCAD 提示要求输入一个距离时，可以直接使用键盘输入一个距离数值；也可以使用鼠标指定一个点的位置，系统会自动计算出某个明显的基点到该指定点的距离，并以该距离作为要输入的距离。此时，AutoCAD 会动态地显示出一条从基点到光标所在位置间的"橡皮筋"线，让用户可以看到测得的距离，以便判断确定。

4）角度的输入

当出现"角度:"提示时，要求用户输入角度值。AutoCAD 上的角度一般都以"度"为单位，但用户也可以选择弧度、梯度或度/分/秒等单位制。角度的值按以下规则设定：角度的起始基准边水平指向右边（即 X 轴正向），逆时针方向的增量为正角，顺时针方向的增量为负角。

用键盘输入时，可直接在"角度:"提示后键入角度值。

5）动态输入

当动态输入功能处于启用状态时，在鼠标光标附近将显示工具栏提示信息，该信息会随着光标移动而动态更新。当某条命令正在进行时，可以在工具提示文本框中指定选项和值。

10.2.3　设置绘图环境

1. 设置图限

设置图限是通过输入绘图区域的左下角和右上角的坐标来限定一个区域，将来所有的绘图工作都将在该区域中进行。系统默认左下角为坐标原点（0,0）。设置图限命令中的选项〔开（On）关（Off）〕中，"On"表示只能在图限内绘制图形，而"Off"则表示不受限制。

如绘制横放 A3 图（X 方向宽度为 420，Y 方向宽度为 297），可用以下命令实现图限设置：limits ↵/↵（默认左下角坐标为 0,0）/420,297 ↵（指定右上角点坐标）。

2. 设置栅格和捕捉

单击状态栏的栅格（grid）图标按钮▦，使栅格功能处于使用状态，在屏幕图限范围内会出现类似于坐标纸格线的点阵。栅格在绘图中起度量参考作用，便于判断屏幕局部区域的大小。

3. 设置图层

图层是 AutoCAD 的一个非常重要的图形组织工具。图层可理解成无厚度的透明纸，可根据图线的属性（如线型、线宽、颜色等）设置不同的图层。在各图层上画出相应的图形后，再把这些图层叠加起来就会形成完整的图形。设置图层便于对某图层的相关属性进行修改而不影响其他图层。

1）图层性质

（1）一个图形文件可以创建任意多个图层，每个图层上的实体数量没有限制。

（2）图层名最多可由 31 个字符组成，这些字符可以包括字母、数字和专用符号"-"（连字符）、"_"（下划线）。"0"层是 AutoCAD 固有的，"defpoints"层是由 AutoCAD 尺寸标注时自动生成的特殊图层，这两个层不能改名，不能删除。

（3）图层可以设置颜色、线型和线宽。当使用"bylayer"绘图时，图形实体自动采用当前图层中设定的颜色、线型和线宽。

（4）只能在当前图层上绘图，所以在绘图时要先调用当前层。

（5）图层可以被打开或关闭。被关闭图层上的图形既不能显示，也不能打印输出，但仍然参与显示运算。合理关闭一些图层，可以使绘图或看图时显得更清楚。

（6）图层可以被冻结或解冻。被冻结的图层上的图形同样既不能显示，也不能打印输出，且不参与显示运算。合理冻结一些图层，能加快图形重新生成时的速度。

（7）图层可以锁定和解锁。锁定图层不影响其上图形的显示状况，锁定层上可以绘制图形，但不能对锁定层上的图形进行编辑。设置锁定层可防止对这些图层上的图形产生误操作。

2）图层建立

"图层"的执行方式有以下三种：

（1）命令方式　在命令行输入"layer"命令。

（2）图标方式　单击"常用"选项卡上"图层"面板中"图层特性管理器"图标按钮 。

（3）菜单栏方式　顺次单击菜单栏上的"格式"→"图层"。

建立图层后，出现"图层特性管理器"对话框，如图 10.5 所示。

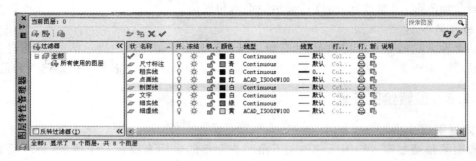

图 10.5　"图层特性管理器"对话框

图层操作的基本步骤如下。

（1）打开"图层特性管理器"对话框。

（2）点击图标按钮" "新建图层，在图层列表框中出现新建图层默认名"图层 1"，可以对图层重命名，如"粗实线"等。

（3）点击图层列表框中的颜色前面的图标按钮" 白"，打开"选择颜色"对话框，选择颜色。

（4）点击图层列表框中的线型图标按钮" Contin… "，打开"选择线型"对话框，确定按国家绘图标准设置的各种线型，如表 10.1 所示。

（5）点击图层列表框中的线宽设置图标按钮" 默认 "，打开"选择线宽"对话框，确定线宽。

表 10.1　图层线型设置

描　　述	颜色	线型	线宽
粗实线	黑色	continuous	0.30mm/ 0.50mm
细实线	绿色	continuous	默认/0.15mm
点画线	红色	ACAD_ISO 04 W100	默认/0.15mm
虚线	黄色	ACAD_ISO 02 W100	默认/0.15mm
剖面符号	黑色	continuous	默认/0.15mm
文字	黑色	continuous	默认/0.15mm
尺寸标注	青绿色	continuous	默认/0.15mm

设置好后,单击对话框左上角的关闭图标按钮"✖",关掉图层特性管理器。

4. 设置线型比例

通过命令"Linetype"线型管理器,可加载不同的线型,也可对全局比例因子进行设置,调整细点画线和细虚线的显示比例,使图形中较短的点画线或细虚线正常显示。

例如,作直径为 10 mm 的圆,两条中心线显示为实线,把线型管理器中的显示比例从 1 调整为 0.2 后,则中心线将按设置的线型显示。

操作过程如下:

通过"常用"选项卡打开"特性"面板上,单击"线型"最右侧的黑色三角符号,选择"其他"(见图 10.6(a)),出现"线型管理器"对话框(见图 10.6(b)),选择"显示细节",将"全局比例因子"改为 0.2,则原来的圆中心线就会从细实线调整为点画线(见图 10.6(c))。

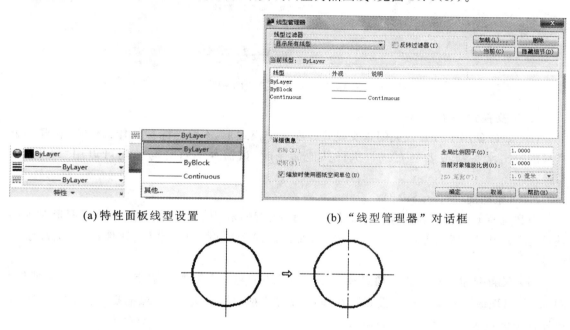

　　(a)特性面板线型设置　　　　　　　(b)"线型管理器"对话框

(c)中心线显示

图 10.6　调整线型比例

10.2.4　AutoCAD 辅助绘图功能

1. 捕捉(snap)和栅格(grid)

捕捉功能用于控制捕捉间隔,即用于设置光标移动的间距。

栅格功能显示可见的参照网格点,以便帮助用户定位对象。栅格点仅仅是一种视觉辅助工具,并不是图形的一部分,绘图输出时并不输出栅格点。

对捕捉和栅格功能的设置,可以右键单击下方状态栏中的"捕捉"图标,出现快捷菜单,点击"设置…",出现"草图设置"对话框。打开"草图设置"对话框中的"捕捉和栅格"选项卡,即可进行设置,如图 10.7 所示。

图 10.7 "草图设置"对话框

2. 正交模式(ortho)

Ortho 命令用于打开或关闭正交模式。在正交模式下,不管光标移到什么位置,在屏幕上都只能绘出水平线或者竖直线。执行其他命令时,该命令的打开与关闭可以用"F8"键来切换。

3. 对象捕捉(object Snap)

对象捕捉是精确定位对象上某点的一种重要方法,利用该功能能迅速地捕捉图形对象的端点、交点、中点、切点等特殊点和位置,从而提高绘图精度,简化设计、计算过程,提高绘图速度。

(1) 设置对象捕捉模式   通过在命令行输入"osnap"或右键单击"状态栏"的"对象捕捉"图标,出现级联菜单,选择"设置",在"草图设置"对话框中选择"对象捕捉"选项卡,进入对象捕捉模式设置。如图 10.8(a)所示。

(2) 临时调用对象捕捉功能   系统还提供另一种对象捕捉的操作方式,即在命令要求输入点时,临时调用对象捕捉功能,此时它覆盖"对象捕捉"选项卡的设置,称为单点优先方式。此方式当时有效,对下一点的输入就无效了。右键单击"状态栏"的"对象捕捉"图标按钮,出现"对象捕捉"光标菜单;或者在命令要求输入点时,同时按"Shift"键和鼠标右键,在屏幕上当前光标处也可出现"对象捕捉"光标菜单,如图 10.8(b)所示。

4. 自动追踪

利用自动追踪功能,可以在特定的角度和位置绘制图形。打开自动追踪功能,执行绘图命令时屏幕上会显示临时辅助线,帮助用户在指定的角度和位置上精确地绘制图形对象。自动追踪功能包括两种:极轴追踪和对象捕捉追踪。

(1) 极轴追踪   在绘图过程中,当系统要求用户给定点时,打开极轴追踪功能,在给定的极角方向上即出现临时辅助线。极轴追踪的各项设置可在"草图设置"对话框的"极轴追踪"选项中完成。

例如:先从 1 点到 2 点画一条水平线,再从 2 点到 3 点作一条与该水平线成 30°角的直线

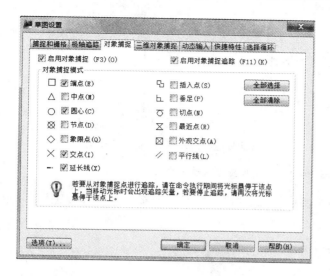

(a) 设置对象捕捉模式　　　　　　　　　　　(b) 临时调用对象捕捉

图 10.8　对象设置中的对象捕捉

（见图 10.9（a））。首先在草图设置中的极轴追踪选项卡中设置"增量角为 30"，如图 10.9（b）所示，单击"确定"按钮。输入直线命令"line"，指定 1 和 2 点；把鼠标向右上移动，这时每 30°角的倍数方向出现一条辅助线（此即极轴追踪），确定 30°角方向的 3 点，单击鼠标左键确定即可。

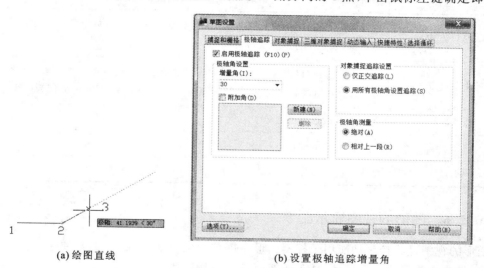

(a) 绘图直线　　　　　　　　　　　(b) 设置极轴追踪增量角

图 10.9　极轴追踪

（2）对象捕捉追踪　对象捕捉追踪与对象捕捉功能相关，启用对象捕捉追踪功能之前必须启用对象捕捉功能。利用对象捕捉追踪功能可产生基于对象捕捉点的辅助线。

例 10.1　绘制图 10.10（a）所示图形。

绘制过程如下。

首先在命令行输入直线命令"line"，在绘图区域确定 1 点、2 点和 3 点，作直线 12 和 23；画直线 34 时，先将鼠标移到 1 点处，如图 10.10（b）所示，再慢慢向右水平移动，当光标处竖直线与 3 点处在同一竖直位置时，就会显示交点（见图 10.10（c）），单击鼠标确定即可。

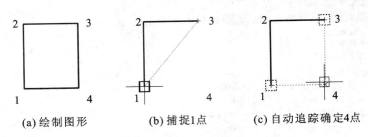

(a) 绘制图形　　　　　　(b) 捕捉1点　　　　　(c) 自动追踪确定4点

图 10.10　自动捕捉追踪模式的应用

　　为方便绘图,通常使辅助绘图功能的"极轴追踪""对象捕捉""对象捕捉追踪"功能处于应用状态。

10.2.5　图形的选择方式

　　在 AutoCAD 编辑图形对象过程中,系统常常会提示用户"选择对象",经常使用的选择方式有直接选择方式、窗口方式、交叉窗口方式,具体操作方法和选择方式,如表 10.2 所示。

表 10.2　图形选择方式

选择方式	选择方式操作方法
直接选择	用鼠标单击对象,直接拾取,拾取到的对象醒目显示
W(窗口方式)	选择矩形窗口(由两点定义)中的所有对象。从右向左指定角点创建窗口方式选择对象,显示的方框为实线方框
C(交叉窗口方式)	除选择矩形窗口(由两点定义)中的所有对象之外,还选择与 4 条边界相交的所有对象。从右到左指定角点创建交叉窗口方式选择对象,显示的方框为虚线方框
P	选择上一次选择的对象
U	放弃前一次的操作
回车	结束选择的操作

10.2.6　图形的视图显示命令

　　图形的视图显示控制功能用于控制图形在屏幕上的显示方式,目的是便于读图。改变显示方式,只改变图形的显示尺寸,并不改变图形的实际尺寸。

　　调用方式:在绘图区域的右侧"导航栏"上单击"缩放"图标按钮下的级联符号,或打开"视图"选项卡,打开"二维导航"面板并单击其上的"视图显示"图标按钮 范围 ▾ 的级联符号,打开二级菜单,如图 10.11 所示。常用视图显示命令和功能如表 10.3 所示。

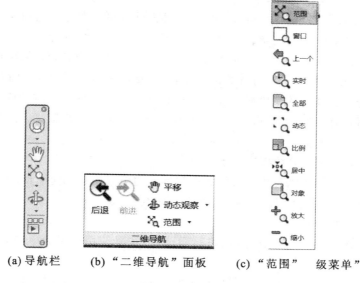

(a) 导航栏　　　(b)"二维导航"面板　　　(c)"范围"级菜单"

图 10.11　视图显示命令的图标

表 10.3　常用视图显示命令和功能

图标	命令	功　能
	平移	沿屏幕方向平移视图
	范围缩放	缩放以显示所有图形的最大范围
	窗口缩放	显示以矩形窗口指定的区域
	上一个	显示上一个视图
	实时	显示当前视图中对象的外观尺寸
	动态	使矩形窗口平移和缩放
	比例	使用比例因子进行缩放
	居中	显示由中心点及比例值或高度定义的视图
	对象	在视图中心尽可能大地显示一个或多个选定对象
	放大	使用比例因子 2 进行放大显示
	缩小	使用比例因子 0.5 进行缩小显示

10.2.7　参数化绘图

1. 参数化绘图介绍

参数化图形是一项通过使用约束进行设计的技术,约束是应用于二维几何图形的关联和限制。参数化绘图这项功能是从 AutoCAD 2010 版后增加的一项新的功能。

常用的约束类型如下。

(1) 几何约束　用于控制对象相对于彼此的关系。如两条相交线可能垂直相交或以其他角度相交。

（2）标注约束　用于控制对象的距离、长度、角度和半径值。

在工程的设计阶段，通过约束，可以在进行各种设计或更改设计时强制执行要求。对对象做更改可能会使其他对象被自动调整，并且更改被限制为距离和角度值。

用户可以通过约束图形中的几何元素来保持设计规范和要求，可以将多个几何约束应用于对象；在标注约束中包括公式和方程式的约束，通过更改变量值可快速进行设计更改。一般建议在设计中首先应用几何约束以确定设计的形状，然后应用标注约束以确定对象的大小。

使用约束进行设计、创建或更改设计时，图形会处于以下三种状态之一。

（1）未约束　表示未将约束应用于任何几何图形。

（2）欠约束　表示将部分约束应用于几何图形。

（3）完全约束　表示将所有相关几何约束和标注约束应用于几何图形。完全约束的一组对象需要包括至少一个固定约束，以锁定几何图形的位置。

因此，有以下两种通过约束进行设计的方法。

（1）在欠约束图形中进行操作，同时进行更改，方法是使用编辑命令和夹点的组合，添加或更改约束。

（2）先创建一个图形，并对其进行完全约束，然后以独占方式对设计进行控制，方法是释放并替换几何约束，更改标注约束中的值。

2. 关于参数化绘图的操作

1）参数化的调用

单击"参数化"选项卡，就会出现与参数化相关的面板，有"几何"面板、"标注"面板等，如图10.12所示。单击面板上"几何"标签右侧的箭头，即出现"约束设置"对话框，如图10.13所示。

图10.12　"参数化"选项卡

2）约束的操作步骤

（1）添加几何约束　在"几何"选项卡中根据几何要素特点，点击要增加的几何约束的图标按钮，然后根据命令区的提示选择要约束的对象，如图10.13所示。单击"几何"约束面板上的平行约束图标按钮 ⟍，根据命令行提示，先选择左侧第一条直线，再选择第二条直线，则会显示两条直线的平行约束关系，如图10.14（a）所示。

一般情况下，在对话框"约束设置"中的"自动约束"选项卡内设置好自动约束的类型，系统就会根据用户所画的图形情况自动加工必要的几何约束，再根据需要进行调整。

（2）删除或释放几何约束　需要对设计进行更改时，有以下两种方法可取消约束效果。

① 单独删除约束，然后应用新约束。将光标悬停在几何约束图标按钮上时，可以使用"Delete"键或快捷菜单删除该约束。

② 临时释放选定对象上的约束以进行更改。已选定夹点或在编辑命令使用期间选定选项时，轻敲"Ctrl"键以交替释放约束和保留约束。

（3）添加标注约束　操作时选择合适的标注约束功能，然后根据命令行提示和用户的需

图 10.13　"约束设置"对象框

(a) 平行约束　　　(b) 线性标注约束　　　(c) 更改参数值

图 10.14　"参数化"控制

要选择对象。如图 10.14(b)所示。如果要更改标注约束的值,系统会计算对象上的所有约束,并自动更新受影响的对象。如图 10.14(c)中,点击线性标注,将 d1 的尺寸更改为 25,两条线的距离变为 25。

　　默认情况下,标注约束并不是对象,只是以一种标注样式显示,在缩放操作过程中保持大小相同,且不能打印,如果需要打印输出,需按尺寸标注另做设定。

　　(4) 参数化管理器　标注约束的值可以包含自定义变量和方程式。单击"管理"面板上的"参数管理器"图标，出现"参数管理器"对话框,如图 10.15 所示。参数管理器显示标注约束(动态约束和注释性约束)、参照约束和用户变量。可以通过参数管理器创建、修改和删除参数。

图 10.15　"参数管理器"对话框

10.3　AutoCAD 工程图的绘制

工程图样一般是由点、直线、圆弧等基本的图形元素组成的二维平面图形,本节主要讲述如何使用 AutoCAD 绘制二维工程图。

10.3.1　绘图二维图形及图形显示

基本绘图命令位于"常用"选项卡中的"绘图"面板上,如图 10.16 所示。常用绘图命令包括画直线、多段线、圆、圆弧、正多边形命令等。单击"绘图"标签右边的三角符号,还会弹出其他常用命令,使用时只要点击这些图标按钮即可操作相应的绘图命令;也可以使用键盘在命令行直接输入命令。最常用的绘图命令及其图标如表 10.4 所示。

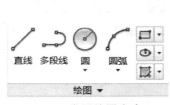
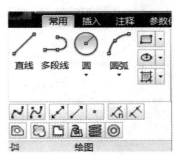

(a) 常用绘图命令　　　　　　　　(b) 隐藏绘图命令

图 10.16　"绘图"面板

表 10.4　AutoCAD 二维图形的常用绘图命令

名称	功能	调用方式		
		命令	简化命令	工具图标
直线	绘制给定端点的连续直线	line	L	
构造线	绘制沿双向无限长的直线,常作为辅助线使用	xline	XL	
多段线	绘制不同宽度或同宽度的直线或圆弧的组合线段	pline	PL	
多(义)线	同时绘制 n 条($1 \leqslant n \leqslant 16$)相互平行的相同或不同线型组合的直线元素	mline	ML	
圆	绘制给定尺寸的圆	circle	C	
圆弧	绘制给定尺寸的圆弧	arc	A	
椭圆	绘制给定尺寸的椭圆或椭圆弧	ellipse	EL	
椭圆弧	绘制给定条件下的椭圆弧	ellipse	EL	
样条曲线	绘制非均匀有理 B 样条曲线	spline	SPL	
矩形	绘制给定尺寸和条件的矩形	rectang	REC	
正多边形	绘制正多边形	polygon	POL	
图案填充	用一种图案填充某一区域	bhatch		
渐变色	用渐变色填充某一区域	gradient		
点	绘制点	point	po	
修订云线	由连续圆弧组成的多段线,用于在检查阶段提醒用户注意图形的某个部分	revcloud		

1．直线、多段线

1）绘制直线

操作规则：启动命令，指定起点和下一点，可连续画出多个直线段，直至按回车键或鼠标右键结束命令。

直线命令的选项如下。

（1）放弃（U）　可以取消上一线段，直至重新开始直线段命令。

（2）闭合（C）　当连续绘制线段多于一段时，出现此选项，它将当前点与该组线段的起始点相连，构成一个封闭图形，同时退出直线命令。

例 10.2　绘制图 10.17 所示的图形。

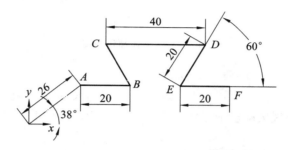

图 10.17　用"直线"命令画图

命令:_line ↵	（输入 line 命令）
指定第一点:26＜38 ↵	（极坐标方式，确定 A 点，开始作直线）
指定下一点或［放弃（U）］:20 ↵	（极轴方式，水平方向长度 20，确定 B 点）
指定下一点或［闭合（C）/放弃（U）］:@20＜120 ↵	（相对极坐标方式，确定 C 点）
指定下一点或［闭合（C）/放弃（U）］:40 ↵	（极轴方式，水平方向长度 40，确定 D 点）
指定下一点或［闭合（C）/放弃（U）］:@20＜240 ↵	（相对极坐标方式，确定 E 点）
指定下一点或［闭合（C）/放弃（U）］:20 ↵	（极轴方式，水平长度 20，确定 F 点）
指定下一点或［闭合（C）/放弃（U）］:↵	（回车，结束画图）

2）绘制多段线

操作规则：启动命令，通过命令栏中的提示进行操作或选择或给出相关参数。先指定起点，然后按提示进行操作。可绘制不同宽度或同宽度的直线或圆弧的组合线段，一次绘制的多线段为一个实体，可以用分解命令将其分解成多个直线或圆弧实体。

例 10.3　绘制图 10.18(a)所示图形（该图形常用来表示断面图中剖切平面所在位置）。

命令:_pline ↵　　　　　　　　　　　　　（输入 pline 命令）

指定起点:（在绘图区域确定 1 点）　　　　　（确定起点位置）

当前线宽为 0.0000

指定下一个点或［圆弧（A）/半宽（H）/长度（L）/放弃（U）/宽度（W）］:20 ↵

　　　　　　　　　　　　　　　　　　（极轴方式，竖直向下作长 20 的直线）

指定下一点或［圆弧（A）/闭合（C）/半宽（H）/长度（L）/放弃（U）/宽度（W）］:w ↵（改变线宽）

指定起点宽度＜0.0000＞:4 ↵　　　　　　（指点起点线宽为 4）

指定端点宽度＜4.0000＞:0 ↵　　　　　　（指点端点线宽为 0）

指定下一点或［圆弧（A）/闭合（C）/半宽（H）/长度（L）/放弃（U）/宽度（W）］:10 ↵

工程制图

（极轴方式,竖直向下距离 10,作直线 23）

指定下一点或[圆弧(A)/闭合(C)/半宽(H)/长度(L)/放弃(U)/宽度(W)]:⏎

（回车,结束命令）

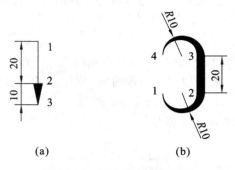

(a)　　　　　　　　(b)

图 10.18　用多段线绘制图形

例 10.4　绘制图 10.18(b)所示图形。

命令:PL ⏎　　　　　　　　　　　　　　（输入 pline 简化命令）

指定起点:(在绘图区域确定 1 点)　　　　　（确定起点 1 位置）

当前线宽为 0.0000

指定下一个点或［圆弧(A)/半宽(H)/长度(L)/放弃(U)/宽度(W)］:a ⏎

（选择画圆弧命令）

指定圆弧的端点或［角度(A)/圆心(CE)/方向(D)/半宽(H)/直线(L)/半径(R)/第二个点(S)/放弃(U)/宽度(W)］:w ⏎　　　　　　（设置线宽）

指定起点宽度 ＜0.0000＞:0 ⏎　　　　　　（起点宽度为 0）

指定端点宽度 ＜0.0000＞:4 ⏎　　　　　　（端点宽度为 4）

指定圆弧的端点或［角度(A)/圆心(CE)/方向(D)/半宽(H)/直线(L)/半径(R)/第二个点(S)/放弃(U)/宽度(W)］:r ⏎　　　　　　（以半径方式画圆弧）

指定圆弧的半径:10 ⏎　　　　　　　　　　（半径为 10）

指定圆弧的端点或［角度(A)］:a ⏎　　　　（指定圆弧包含角度）

指定包含角:180 ⏎　　　　　　　　　　　（包含角度为 180°）

指定圆弧的弦方向 ＜180＞:⏎　　　　　　（极轴方式,水平右侧方向,确定 2 点）

指定圆弧的端点或［角度(A)/圆心(CE)/闭合(CL)/方向(D)/半宽(H)/直线(L)/半径(R)/第二个点(S)/放弃(U)/宽度(W)］:l ⏎　　　　（转成画直线命令）

指定下一点或［圆弧(A)/闭合(C)/半宽(H)/长度(L)/放弃(U)/宽度(W)］:20 ⏎

（极轴方式,竖直向上确定直线长度为 20,

确定 23 段直线）

指定下一点或［圆弧(A)/闭合(C)/半宽(H)/长度(L)/放弃(U)/宽度(W)］:a ⏎

（转成画圆弧命令）

指定圆弧的端点或［角度(A)/圆心(CE)/闭合(CL)/方向(D)/半宽(H)/直线(L)/半径(R)/第二个点(S)/放弃(U)/宽度(W)］:w ⏎　　　　（设置宽度）

指定起点宽度 ＜4.0000＞:4 ⏎　　　　　　（起点宽度为 4）

指定端点宽度 <4.0000>：0 ↙　　　　　　　　（端点宽度为 0）

指定圆弧的端点或［角度(A)/圆心(CE)/闭合(CL)/方向(D)/半宽(H)/直线(L)/半径(R)/第二个点(S)/放弃(U)/宽度(W)］：20 ↙　　　（极轴方式，水平向左，输入 20，即圆弧直径为 20，确定 4 点）

指定圆弧的端点或［角度(A)/圆心(CE)/闭合(CL)/方向(D)/半宽(H)/直线(L)/半径(R)/第二个点(S)/放弃(U)/宽度(W)］：↙　　　（回车，结束命令）

（注：本例中给出了两种方式来画圆弧 12 段和 34 段，读者可根据自己的习惯选用）

2. 多边形和矩形

1）绘制正多边形

操作规则：给出多边形命令后，先确定多边形的边数，再确定中心点，按"内接于圆"或"外切于圆"方式作正多边形，确定圆的半径即可。如图 10.19 所示。

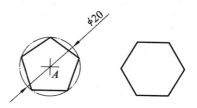

图 10.19　正多边形

2）绘制矩形

操作规则：给出矩形命令后，默认情况下，系统根据输入的两个对角点（第一角点和另一角点的相对位置可以任意给定）坐标绘制矩形。也可根据选项要求，输入选项字母来绘制不同形式的矩形，如带倒角矩形和圆角矩形等。如图 10.20 所示。

命令：_rectang ↙

指定第一个角点或［倒角(C)/标高(E)/圆角(F)/厚度(T)/宽度(W)］：

(a) 矩形　　　　　　(b) 带倒角矩形　　　　　　(c) 带圆角矩形

图 10.20　画矩形

3. 圆、圆弧和椭圆

1）圆

操作规则：圆命令用于绘制一整圆。输入圆命令后，有多种不同的选项，这些选项分别对应不同的画圆方法。如图 10.21 所示。

命令：C ↙

指定圆的圆心或［三点(3P)/两点(2P)/切点、切点、半径(T)］：

有五种画圆方法，如下。

(1) 指定圆心和半径画圆，如图 10.21(a)所示。

(2) 指定圆心和直径画圆。

(3) "三点(3P)"方式　通过指定圆周上的三点画圆，如图 10.21(c)所示。

(4) "两点(2P)"方式　通过指定圆周上直径的两个端点画圆，如图 10.21(b)所示。

(5) "相切、相切、半径(T)"方式　通过指定与圆相切的两个实体（直线、圆弧或者圆），然后给出圆的半径画圆，如图 10.21(d)所示。

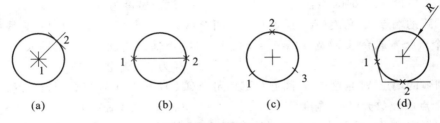

图 10.21　不同画圆方式

2）圆弧

操作规则：绘制圆弧有 11 种方式（见图 10.22），默认方式为三点画圆弧，还可根据已知条件选用合适的方式绘制圆弧。

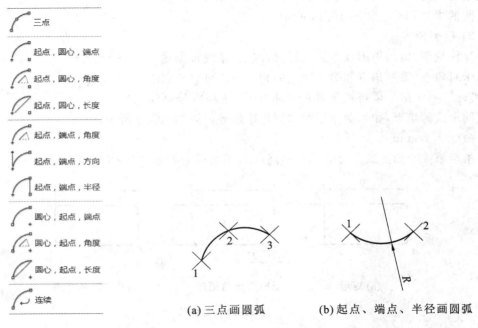

图 10.22　画圆弧的 11 种选项　　　　　图 10.23　画圆弧

图 10.23 所示为两种常用的画圆弧方法。

（1）"三点（P）"方式　这是画圆弧的缺省画法。通过依次指定圆弧上的起点、中间点和终点来画圆弧。

（2）"起点、端点、半径（R）"方式　通过指定圆弧的起始点、端点和半径画圆弧。用这种方法可用来绘制相贯线的近似圆弧，但要注意圆弧是按起点到端点的逆时针方向绘制的。

3）椭圆或椭圆弧

操作规则：绘制椭圆有两种方式，分别是"圆心"方式和"轴、端点"方式。执行椭圆命令后，在参数选项中还可选择以圆弧（A）方式绘制椭圆弧。如图 10.24（a）所示。

命令：_ellipse ↵

指定椭圆的轴端点或［圆弧 A/中心点（C）］：

4. 图案填充

画剖视图或断面图中用来表示机件内部结构的剖面线时，需要对封闭区域或选定对象进

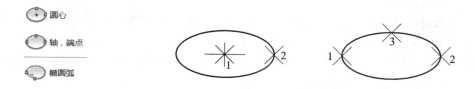

(a) 椭圆或椭圆弧绘制 (b) 以"圆心"方式画椭圆 (c) 以"轴，端点"方式画椭圆

图 10.24　画椭圆

行填充,可使用"图案填充"命令。

　　操作规则:单击"图案填充"图标按钮(见图 10.25(a)),出现"图案填充创建"选项卡(见图 10.25(b)),根据需要,对边界、图案进行选择后确定,如图 10.25(c)所示。

　　边界的选择通常采用两种方式:拾取点和选择对象。拾取点,则包围该点的最内部封闭区域为填充边界;选择对象,则根据形成封闭区域的选择对象确定图案填充边界。

　　填充时需根据材质选择国家标准规定的填充图案。

(a)"图案填充"图标按钮 (b)"图案填充创建"选项卡 (c) 填充图形

图 10.25　图案填充

5．文本输入

1）设置文字样式

　　顺次单击"注释"选项卡→"文字"面板右侧的箭头 ，出现"文字样式"对话框,如图10.26所示。单击"新建"按钮,在样式名中新建"工程字"(文字样式名),单击"字体"下面的"使用大字体"前的方框中打钩,确认使用 AutoCAD 大字体字库。在"SHX 字体"中选择"gbeitc. shx"西文字体,单击"大字体",在列表中选择"gbcbig. shx"中文单线长仿宋字体,高度设置为 3.5,其他的保持不变,单击"置为当前",然后关闭即可。

图 10.26　"文字样式"对话框

2) 文本的对齐方式

书写文本时需要根据对齐方式确定基点位置,系统默认对齐方式是在左下角处(BR),另外还提供了多种不同的对齐方式,如正中、右上等(见图 10.27(a))。选择文本后右键选择快捷菜单中的"编辑多行文字"选项,则出现"文字编辑器"选项卡,通过其中"段落"面板(见图 10.27(b))的对正选项图标 来选择对齐方式。

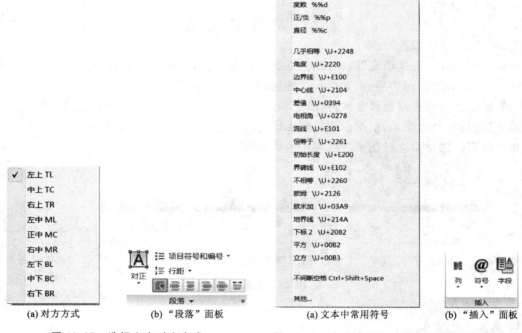

(a) 对方方式　　　(b) "段落"面板　　　　　(a) 文本中常用符号　　(b) "插入"面板

图 10.27　选择文字对齐方式　　　　图 10.28　在文字样式编辑文本中添加特殊符号

3) 书写单行和多行文本

在"注释"选项卡的"文字"面板上,有"单行文字"和"多行文字"图标按钮选项,可以根据需要来选择。

4) 文字修改

要编辑和修改已写完的文本,只要双击该文本,或选择文本后单击鼠标右键,在出现的菜单中选择"编辑多行文字"选项,即可进行修改。修改完后在文本以外区域单击鼠标左键即更新。

5) 文本中常用符号

根据需要,AutoCAD 中给出了一些特殊符号,如"ϕ(％％c)"、"±"(％％p)、"°"(％％d)等(见图 10.28(a))。可以直接输入用来表示这些特定符号的字符,如需要在数值 20 前加符号"ϕ",可双击文本"20",在数字前输入"％％c",即将"20"调整成"ϕ20";也可以通过双击要修改的文字,在"文字编辑器"选项卡中的"插入"面板符号图标按钮(见图 10.28(b))单击选择相应的符号。

10.3.2　二维图形的编辑与修改

在绘图中,单纯使用绘图命令和绘图工具,只能创建一些基本的图形对象,要绘制复杂的图形,必须同时应用图形编辑命令。编辑命令位于"常用"选项卡中的"修改"面板上,如图 10.29所示。常用编辑命令包括移动、镜像、修剪等。单击"修改"两字右边的黑色三角符号,还会弹出其他修改命令,使用时只要点击这些图标按钮即可;也可以使用键盘在命令行直接输入命令。最常用的修改命令如表 10.5 所示。

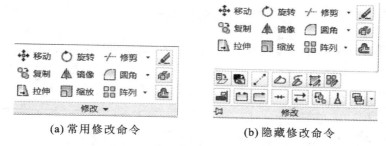

(a) 常用修改命令　　　　　　(b) 隐藏修改命令

图 10.29　"修改"面板上的编辑命令

表 10.5　AutoCAD 常用的修改命令

名称	功能	调用方式		
		命令	简化命令	图标按钮
移动	移动(平移)一个或一组对象的位置	move	M	
复制	一次或多次复制一个或一组对象到指定位置	copy	CO	
拉伸	将相交窗口中的目标对象进行伸展,但对窗口中的圆只做平移	stretch	S	
旋转	将一个或一组对象绕指定基点旋转指定角度	rotate	RO	
镜像	镜像复制,相对于指定镜像线复制一个或一组对象	mirror	MI	
缩放	以指定点为基准,按比例缩放一个或一组对象	scale	SC	
修剪	剪除在两剪切边中间所夹的直线、圆弧等对象	trim	TR	
延伸	将直线或弧延长到与另一对象相交为止	extend	EX	
圆角	用已知半径的圆弧光滑连接两个选定对象	fillet	F	
倒角	用指定的直线段连接两条不平行的直线	chamfer	CHA	
阵列	阵列复制,在矩形或圆周上均匀复制对象	array	AR	
删除	删除一个或一组对象	erase	E	
分解	将尺寸标注、矩形及区域填充等组合对象分解为单个对象,以便单独进行修改	explode	X	
偏移	偏移复制,按给定的偏移距离或通过一点来复制对象	offset	O	
打断	将直线、多边形、圆、圆弧、样条曲线等单个对象中的部分线段删除	break	BR	
打断子点	将直线、圆弧、样条曲线等单个对象在指定点处断开,使其成为两部分	break	BR	
合并	将多个相似的对象合并成一个对象	join	J	

1. 移动和复制

利用移动命令可将对象在指定方向上移动指定距离,使用坐标及栅格捕捉、对象捕捉等功能可以精确移动指定对象。复制命令是将对象复制到指定方向上的指定距离处,大小和方向均不改变。

操作规则:先选定要移动(复制)的对象,指定基点,再指定目标位置,即移动(复制)的目标点。移动和复制操作相似。

例 10.5 将图 10.30(a)中的图形分别移动到 B 点和在 B 点复制。

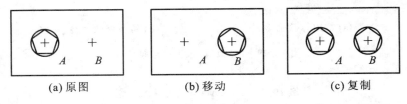

(a) 原图　　　　　　　(b) 移动　　　　　　　(c) 复制

图 10.30　移动和复制

1) 移动操作

命令:_move	
选择对象:	(选择正五边形对象)
选择对象:	(选择外圆对象)
选择对象:↵	(回车,对象选择完成)
指定基点或〔位移(D)〕<位移>:	(捕捉模式,指定圆心作为基点)
指定第二个点或 <使用第一个点作为位移>:	(指定 B 点作为目标点)

2) 复制操作

命令:_copy	
选择对象:	(选择正五边形对象)
选择对象:	(选择外圆对象)
选择对象:↵	(回车,对象选择完成)
指定基点或〔位移(D)/模式(O)〕<位移>:	(捕捉模式,指定圆心作为基点)
指定第二个点或 <使用第一个点作为位移>:	(指定 B 点作为目标点)
指定第二个点或〔退出(E)/放弃(U)〕<退出>:↵	(回车,结束复制操作)

2. 镜像

利用镜像命令,可以使选择的半个对象沿指定的线进行镜像,以创建另一半。

操作规则:先选择需要镜像的对象,再指定镜像线的两个端点,然后确认原来的对象是否要删除,默认为不删除,可以直接单击鼠标右键或回车键完成操作。如图 10.31 所示为镜像图形操作。

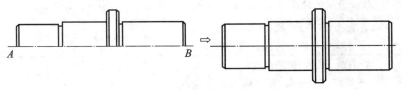

图 10.31　镜像

命令：_mirror

选择对象：　　　　　　　　　　　　　　（以窗口方式选择要镜像的对象）

选择对象：↵　　　　　　　　　　　　　（选择完对象后回车，确定）

指定镜像线的第一点：　　　　　　　　　（指定镜像的第一点 A）

指定镜像线的第二点：　　　　　　　　　（指定镜像的第二点 B）

要删除源对象吗？［是(Y)/否(N)］＜N＞：↵

　　　　　　　　　　　　　（默认方式不删除，保留原对象，回车结束操作）

3. 偏移

利用偏移命令可指定距离或通过一个点偏移对象，来创建同心圆、平行线或等距曲线。

操作规则：启动偏移命令后，先给出偏移距离（可以输入数值或在绘图区域指定两点），选择要偏移的对象，再指定要放置对象一侧的任意一点。如图 10.32 所示。

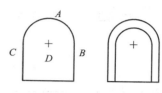

图 10.32　偏移命令

命令：_offset

指定偏移距离或［通过(T)/删除(E)/图层(L)］:20 ↵　　（指定偏移距离 20）

选择要偏移的对象，或［退出(E)/放弃(U)］＜退出＞：（选择对象 A）

指定要偏移的那一侧上的点，或［退出(E)/多个(M)/放弃(U)］＜退出＞：

　　　　　　　　　　　　　（向内偏移，指定内侧任一点 D）

选择要偏移的对象，或［退出(E)/放弃(U)］＜退出＞：（选择对象 B）

指定要偏移的那一侧上的点，或［退出(E)/多个(M)/放弃(U)］＜退出＞：

　　　　　　　　　　　　　（向内偏移，指定内侧任一点 D）

选择要偏移的对象，或［退出(E)/放弃(U)］＜退出＞：（选择对象 C）

指定要偏移的那一侧上的点，或［退出(E)/多个(M)/放弃(U)］＜退出＞：

　　　　　　　　　　　　　（向内偏移，指定内侧任一点 D）

选择要偏移的对象，或［退出(E)/放弃(U)］＜退出＞:↵　　（回车，结束操作）

4. 倒角和圆角操作

倒角命令用于在两条线之间创建倒角，圆角命令用于在两条线之间创建圆角。

操作规则：调用倒角命令后，先根据提示设置形成倒角的两个距离，再选择要倒角的两条直线，确定即可。与此类似，调用圆角命令后，先根据提示设置圆角半径，再选择要形成圆角的两条边，最后确定。这两个命令的操作如图 10.33 所示。

1）倒角

命令：_chamfer

（"修剪"模式）当前倒角距离 1 = 0.0000，距离 2 = 0.0000

选择第一条直线或［放弃(U)/多段线(P)/距离(D)/角度(A)/修剪(T)/方式(E)/多个(M)］:d ↵　　　　　　　　　　　　　　（设置倒角距离）

指定第一个倒角距离 ＜0.0000＞：4 ↵　　（D_1 值为 4）

指定第二个倒角距离 ＜4.0000＞：2 ↵　　（D_2 值为 2）

选择第一条直线或［放弃(U)/多段线(P)/距离(D)/角度(A)/修剪(T)/方式(E)/多个(M)］:（选择距离 D_1 的边）　　　　（选择形成倒角的第一条边）

选择第二条直线，或按住 Shift 键选择要应用角点的直线：（选择距离 D_2 的边）

　　　　　　　　　　　　　（选择形成倒角的第二条边）

2）圆角

命令：_fillet

当前设置：模式 ＝ 修剪，半径 ＝ 0.0000

选择第一个对象或［放弃（U）/多段线（P）/半径（R）/修剪（T）/多个（M）］：r ↵

　　　　　　　　　　　　（设置圆角半径）

指定圆角半径＜0.0000＞：4 ↵　　　　（指定半径值为 4）

选择第一个对象或［放弃（U）/多段线（P）/半径（R）/修剪（T）/多个（M）］：

　　　　　　　　　　（选择形成圆角的第一个对象）

选择第二个对象，或按住 Shift 键选择要应用角点的对象：

　　　　　　　　　　（选择第二个对象）

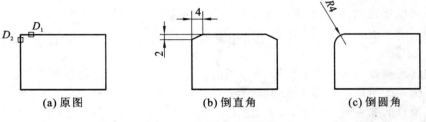

(a) 原图　　　　　　　(b) 倒直角　　　　　　(c) 倒圆角

图 10.33　倒直角和倒圆角

5. 旋转

旋转命令用于将图形绕基点旋转指定的角度，逆时针方向为"＋"值角度。

操作规则：先选择需要旋转的对象，再确定旋转基点，指定旋转角度，如图 10.34 所示。

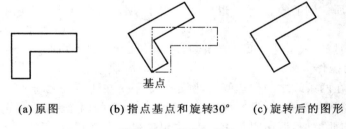

基点

(a) 原图　　　(b) 指点基点和旋转30°　　(c) 旋转后的图形

图 10.34　旋转和缩放

命令：_rotate

选择对象：　　　　　　　　　　　　　　　　　　　　（选择旋转对象）

选择对象：↵　　　　　　　　　　　　　　　　　　　（结束对象选择）

指定基点：　　　　　　　　　　　　　　　　　　　（在图中指点基点）

指定旋转角度，或［复制（C）/参照（R）］＜0＞：30 ↵　　　（给出旋转角度）

6. 缩放

缩放命令用于将图形按指定的比例因子相对于基点进行尺寸缩放。

操作规则：先选定要缩放的对象，再确定缩放基点，指定缩放的比例因子。缩放和旋转类似。

7. 修剪和延伸

1）修剪

功能：用指定的剪切边裁剪所选定的对象。

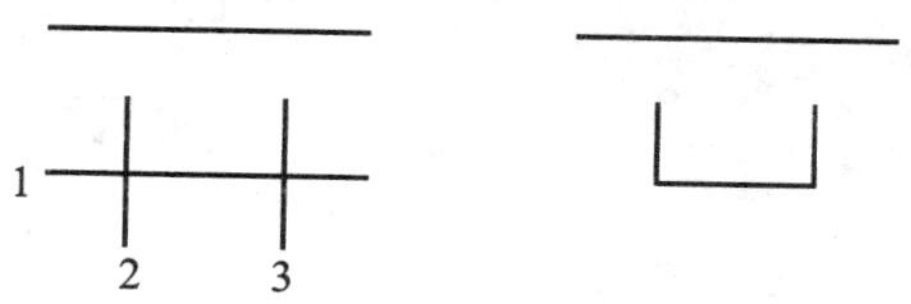

操作规则：启动修剪命令。先选择作为剪切边的对象，按"Enter"键；再选择要修剪的对象，进行修剪。如图 10.35 和图 10.36 所示。

命令：_trim

当前设置：投影＝UCS，边＝无

选择剪切边…

(a) 原图　　　　　(b) 修剪图形

图 10.35　修剪

选择对象或 ＜全部选择＞：　　　　　　　　　　　　　（选择直线 1 左边）

选择对象：　　　　　　　　　　　　　　　　　　　（选择直线 2 下边）

选择对象：　　　　　　　　　　　　　　　　　　　（选择直线 3 下边）

选择对象：␘　　　　　　　　　　　　　　　　　　（对象选择结束）

选择要修剪的对象，或按住"Shift"键选择要延伸的对象，或［栏选（F）/窗交（C）/投影（P）/边（E）/删除（R）/放弃（U）］：　（点选直线 1，修剪左端）

选择要修剪的对象，或按住"Shift"键选择要延伸的对象，或［栏选（F）/窗交（C）/投影（P）/边（E）/删除（R）/放弃（U）］：　（点选直线 2，修剪下端）

选择要修剪的对象，或按住"Shift"键选择要延伸的对象，或［栏选（F）/窗交（C）/投影（P）/边（E）/删除（R）/放弃（U）］：　（点选直线 3，修剪下端）

选择要修剪的对象，或按住"Shift"键选择要延伸的对象，或［栏选（F）/窗交（C）/投影（P）/边（E）/删除（R）/放弃（U）］：　（点选直线 1，修剪右端）

选择要修剪的对象，或按住"Shift"键选择要延伸的对象，或［栏选（F）/窗交（C）/投影（P）/边（E）/删除（R）/放弃（U）］：　（回车，完成操作）

2）延伸边修剪

命令：_trim

当前设置：投影＝UCS，边＝无

选择剪切边…

选择对象或 ＜全部选择＞：　　　　　　　　　　　　　（选择直线 5）

选择对象：　　　　　　　　　　　　　　　　　　　（选择直线 6）

选择对象：␘　　　　　　　　　　　　　　　　　　（回车，结束选择）

选择要修剪的对象，或按住"Shift"键选择要延伸的对象，或［栏选（F）/窗交（C）/投影（P）/边（E）/删除（R）/放弃（U）］：E␘　　（选择以边作为参考）

输入隐含边延伸模式［延伸（E）/不延伸（N）］＜不延伸＞：E␘　　　（延伸方式）

选择要修剪的对象，或按住"Shift"键选择要延伸的对象，或［栏选（F）/窗交（C）/投影（P）/边（E）/删除（R）/放弃（U）］：　　　　　（点选直线 7 左端）

选择要修剪的对象，或按住"Shift"键选择要延伸的对象，或［栏选（F）/窗交（C）/投影（P）/边（E）/删除（R）/放弃（U）］：　　　　　（点选直线 7 右端）

3）延伸

延伸和修剪类似，其操作规则是：先选择确定延伸位置的对象，回车后根据提示再选择要延伸的对象。

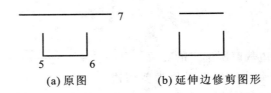

(a) 原图   (b) 延伸边修剪图形

图 10.36   延伸边修剪

8. 阵列

操作规则:单击"修改"面板上的图标按钮 ⊞⊞ 阵列 ▾ 的黑色三角符号,根据需要将指定对象以矩形、环形、指定路径的方式进行多重复制。如需要进行矩形阵列,单击"矩形阵列"图标按钮后,按命令行提示选择对象,确定后出现"阵列创建"选项卡,有相应的参数设置面板,根据需要进行参数如列数、行数和列间距、行间距等的输入。"环形阵列"与此类似。如图 10.37 所示。

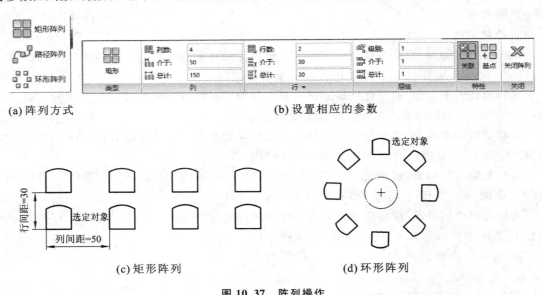

(a) 阵列方式   (b) 设置相应的参数

(c) 矩形阵列   (d) 环形阵列

图 10.37   阵列操作

10.3.3   图块的创建和插入

(a) 常用块操作图标按钮   (b) 隐含块操作图标按钮

图 10.38   调用块操作

图块是由一组图形对象组成的整体。图块一旦创建,就可根据需要多次插入图样中,并能任意缩放和旋转,一些非图形信息也能够以属性的方式附带在图块上。图块由于具有使用方便、节省空间等诸多优点而被广泛使用。

块的相关命令可在"常用"选项卡的"块"面板上进行调用,如图 10.38 所示。主要有创建、编辑、插入和属性设置等图标按钮。单击"块"旁的黑色三角符号,可看到隐藏的其他操作命令按钮,如定义属性、块属性管理器等图标。

1. 图块创建

图块分为带属性图块(附带一些非图形信息的图块)和不带属性图块两大类。其中,带属性图块的创建过程分为三步:画出所需的图形;设置属性;创建图块。不带属性图块的创建过程中无"设置属性"这一步。

　　注意:图块又分为内部图块和外部图块。内部图块是指只能将其插入制作该图块时所在的图形文件的图块;外部图块则允许插入任何一个图形文件(实际上,外部图块本身就是一个图形文件)。

　　2. 定义和编辑属性

　　属性主要用于说明图块中的一些非图形信息,其中作为属性内容的文字称为属性值。属性值有以下两个特点。

　　(1) 可作为变量附在图块上,插入时可再根据具体要求确定其值。

　　(2) 可以编辑。即使已将图块插入图形中,也仍可对属性值进行编辑。

　　因此,可将需要变更的内容作为属性值来处理,例如:表面粗糙度符号中的 Ra 数值就可作为属性值来进行设置。

　　3. 创建图块

　　通过对块定义进行设置,定义所创建图块的名称,进行拾取基点、对象选择等操作。

　　4. 插入图块

　　块创建完后,可根据需要进行插入操作。在"插入块"对话框中需做如下设置。

　　在"名称(N)"右边的文本框中选择图块名"表面粗糙度"。有多个图块时可单击旁边下拉按钮进行查找。若要插入图形文件,可单击"浏览(B)"按钮进行查找。在"插入点""缩放比例"和"旋转"三选项中选择下面的小方框,以表示插入图块时将在屏幕上指定各项数值。用户也可直接在其下面的各个矩形框中输入"X""Y"坐标值、缩放比例和角度值。单击"确定"按钮后返回绘图栏,然后根据命令栏内的提示操作。

　　例 10.6　建立图 10.39(a)所示表面粗糙度的图块。

　　分析图形特点,除了表面粗糙度值 6.3 是变量外,其余都是不变量,因此可建立图块,将变量设为属性。具体步骤如下。

　　(1) 绘制图形　表面粗糙度图形如图 10.39(b)所示,各部分可按尺寸标注和角度标注提示绘制。

　　(2) 定义属性　单击"常用"选项卡中"块"面板上的"定义属性"图标按钮，出现"属性定义"对话框,如图 10.40(a)所示。在"标记"文本框中输入"Ra","提示"中输入"Ra 值";单击"确定"按钮后根据属性所在位置,将其标记"Ra"放到适当的位置处。此处放到表面粗糙度"Ra"字符的后面,如图 10.40(b)所示。

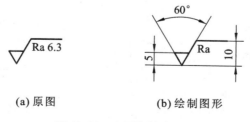

(a) 原图　　　　　　　　(b) 绘制图形

图 10.39　表面粗糙度图块

　　(3) 创建块　单击"块"面板上的"创建块"图标按钮 创建,出现"块定义"对话框,如图 10.41(a)所示,给出名称"表面粗糙度",在"基点"栏下选择"拾取点"方式,以"捕捉"方式拾取

(a) "属性定义"对话框　　　　　　　(b) 定义属性

图 10.40　块"属性定义"对话框

表面粗糙度符号下部三角形的顶点;点击"选择对象"图标按钮,将含属性的标记"Ra"一并选择后,回车确认,如图 10.41(b)所示。单击"确定"按钮,出现"编辑属性"对话框(见图 10.41(c)),在"Ra 值"栏给出相应的数值"6.3",则原来定义好属性的表面粗糙度图块就会按图 10.41(d)所示的形式显示。

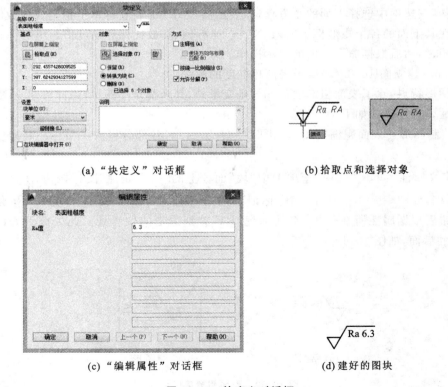

(a)"块定义"对话框　　　　　　(b)拾取点和选择对象

(c)"编辑属性"对话框　　　　　(d)建好的图块

图 10.41　块定义对话框

(4) 插入块　单击"块"面板上的"插入"图标按钮,出现"插入"对话框,如图 10.42(a)

所示。可以对"插入点""比例"等项进行相应设置,对插入的图块进行编辑。通常是"在屏幕上指定"插入点,比例不变,单击"确定"按钮,就会出现"编辑属性"对话框,可在"Ra 值"文本框中输入"12.5",单击"确定",如图 10.42(b)所示。同时,在命令行中出现相应的提示,指定插入点,输入属性值,就会出现表面粗糙度图形,如图 10.42(c)所示。

(a)"插入"对话框　　　　(b)"编辑属性"对话框　　(c)插入新属性值的块

图 10.42　插入块

10.4　二维图形的尺寸标注

在 AutoCAD 中,标注尺寸可通过"常用"选项卡中的"注释"面板(见图 10.43(a))上的图标按钮进行,或直接调用"注释"选项卡(见图 10.43(b))。首先要设置尺寸标注样式,再根据图形要求进行标注。

(a)"注释"面板

(b)"注释"选项卡

图 10.43　尺寸标注

10.4.1　设置尺寸标注样式

在尺寸标注中,尺寸标注样式的设定非常重要,尺寸标注样式设置合理,对于各种不同的尺寸标注就变得很轻松。系统提供了"ISO－25"的尺寸标注样式,但它与国家标准有些差异,必须对其默认值进行修改。

1.设置尺寸标注样式

(1)单击"注释"面板下级联菜单选项中"标注样式"图标按钮，如图 10.44(a)所示,或"注释"选项卡中的"标注"面板上右下角的箭头符号,都会出现"标注样式管理器"对话框,如

图 10.44(b)所示。单击"新建"按钮,弹出如图 10.44(c)所示的"创建新标注样式"对话框。在"新样式名"文本框中输入"机械标注样式",单击"继续"按钮,弹出"新建标注样式"对话框,如图 10.45 所示。

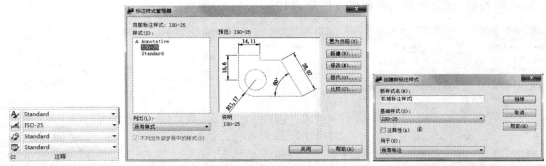

(a)"注释"面板　　　　(b)"标注样式管理器"对话框　　　(c)"创建新标注样式"对话框

图 10.44　标注样式设置

(2) 分别对各选项卡进行设置。

打开"线"选项卡。在"基线间距"文本框中输入"10",将各尺寸线之间的距离设置为 10 mm;在"超出尺寸线"文本框中输入"5",使尺寸界线超出尺寸线 5 mm;在"起点偏移量"文本框中输入"0",使尺寸界线的起点和标注对象之间无间隔。

打开"符号和箭头"选项卡。在"箭头大小"文本框中输入"4",使箭头的长度为 4 mm;在"折弯角度"文本框中输入"60",使半径折弯标注时尺寸线的折弯角度为 60°。其他选项保留默认设置。

打开"文字"选项卡。在"文字样式"中选择已设置好的"工程字"文字样式;在"文字位置"栏中,将"从尺寸线偏移"文本框中的数字改为 1;在"文字对齐"栏的选项中选择"与尺寸线对齐"。

打开"调整"选项卡。在"调整选项"栏下选择"文字或箭头(最佳效果)";在"文字位置"栏下选择"尺寸线旁边"。

打开"主单位"选项卡。在"小数分隔符"中选择"."(句点)。

其他选项保留默认设置。各选项卡设置分别如图 10.45(a)~(e)所示。

2. 设置角度标注样式

在"标注样式管理器"对话框中,单击"新建"按钮,在"创建新标注样式"对话框中设置将新样式用于角度标注,如图 10.46(a)所示。点击"继续"按钮后,在"文字"选项卡中,在"文字对齐"栏下选择"水平",然后单击"确定"按钮即可,如图 10.46(b)所示。

3. 设置直径和半径标注样式

在"标注样式管理器"对话框中,单击"新建"按钮,在"创建新标注样式"对话框中设置将新样式中用于直径标注。点击"继续"按钮后,在"调整"选项卡中,在"调整选项"栏下选择"文字或箭头",然后单击"确定"按钮即完成设置。如图 10.47 所示。调整前的直径标注样式如图 10.48(a)所示,而调整后的如图 10.48(b)所示。

半径标注样式的设置与直径的类似。

4. 设置线性直径标注样式

有时在回转体的非圆视图的线性尺寸前需要标注直径符号"φ",就需要设置线性直径标注样式。在"标注样式管理器"对话框中,单击"新建"按钮,在"创建新标注样式"对话框中,将新

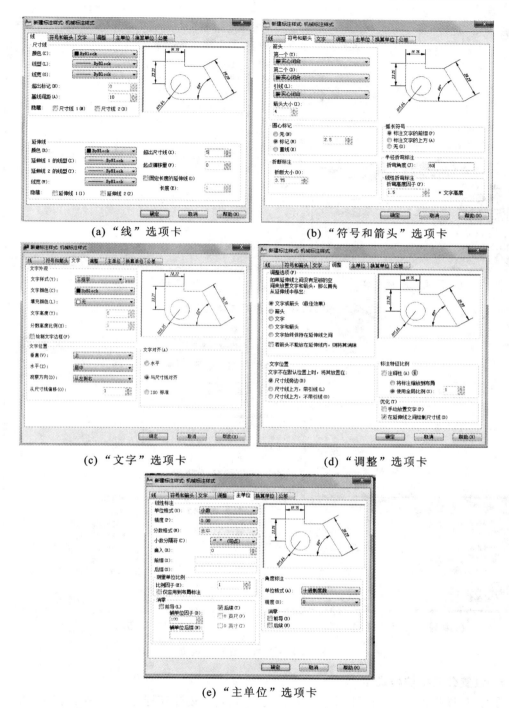

(a) "线" 选项卡　　　　　　　　　　(b) "符号和箭头" 选项卡

(c) "文字" 选项卡　　　　　　　　　　(d) "调整" 选项卡

(e) "主单位" 选项卡

图 10.45　尺寸标注样式设置

样式名设置为"线性直径",基础样式选择"机械标注样式",并设置将标注样式用于"所有标注",如图 10.49(a)所示。单击"继续"按钮,在"主单位"选项卡中,在"前缀"处输入"%%c",单击"确定"按钮完成设置,如图 10.49(b)所示。

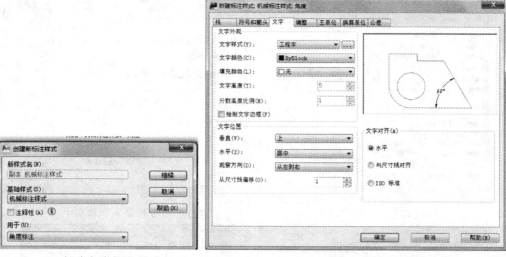

(a) 新建角度标注样式　　　　　　(b)"文字"选项卡

图 10.46　角度标注样式设置

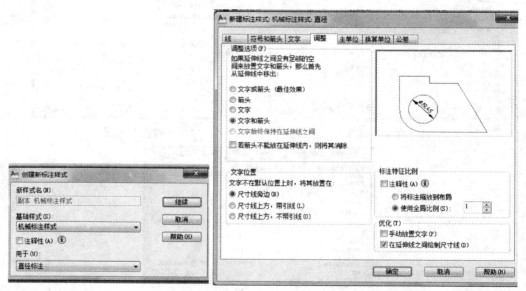

(a)新建直径标注样式　　　　　　(b)"调整"选项卡

图 10.47　尺寸标注样式设置

5. 设置公差标注样式

在"标注样式管理器"对话框中,单击"新建"按钮,在"创建新标注样式"对话框中,将新样式名设置为"公差标注",基础样式设置为"机械标注样式",并设置将标注样式用于"所有标注",如图10.50(a)所示,单击"继续"按钮。打开"公差"选项卡,在"公差格式"栏中,方式选择"极限偏差",精度选择"0.000",高度比例改为"0.7",垂直位置选择"中",最后单击"确定"按钮完成设置,如图10.50(b)所示。如果极限偏差有确定的数值,直接输入数值即可,其他公差值可通过分解公差值,并采用右键"编辑多行文字"功能进行标注。另外,上偏差的值已自带"+"号,下偏差的值

 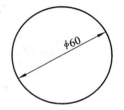

(a) 原标注样式下的直径标注　　　　(b) 调整后的直径标注

图 10.48　不同样式下的直径标注

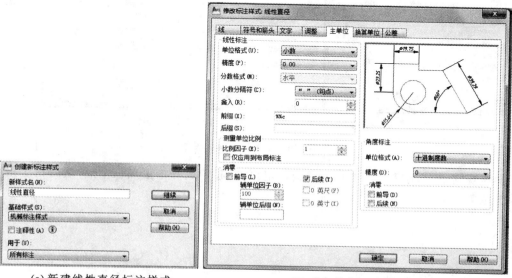

(a) 新建线性直径标注样式　　　　　　　(b) "主单位"选项卡

图 10.49　线性直径样式设置

已自带"－"号，如上偏差为＋0.025，直接输入"0.025"就行，上偏差为－0.025，就需要输入"－0.025"；下偏差为＋0.040，就需要输入"－0.040"，下偏差为－0.040，输入"0.040"即可。

10.4.2　尺寸标注命令

AutoCAD 提供了各种尺寸标注命令，如线性标注、对齐标注、角度标注、半径标注、直径标注等。单击"注释"面板上图标按钮 ⊢⊣ 线性 ▾ 右侧的级联菜单符号，可根据需要选用尺寸标注命令，如图 10.51 所示。

1. 线性标注

功能：标注水平型或垂直型尺寸。

操作规则：先选择要标注尺寸的两个点或一个对象，然后指定尺寸放置位置。

2. 对齐标注

功能：创建与指定位置或对象平行的标注，即倾斜的尺寸。

操作规则：先选择需要标注尺寸的两个点或选择一对象，然后指定尺寸放置位置。

3. 角度标注

功能：标注两条直线之间的夹角，或者三点构成的角度，其尺寸数值后会自动加上"°"。

(a) 新建公差标注样式　　　　　　　　　　(b) "公差"选项卡

图 10.50　公差标注样式设置

操作规则:先选择需要标注的对象或指定顶点、起始点和结束点三个点,然后指定角度尺寸放置位置。

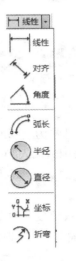

图 10.51　尺寸标注命令

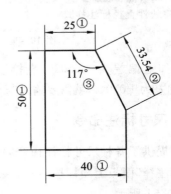

图 10.52　尺寸标注

4. 直径标注

功能:标注圆的直径,其尺寸数字前自动加上"ϕ"。

操作规则:先选择圆周上的任意一点,然后指定尺寸放置的位置。

5. 半径标注

功能:标注圆弧的半径,其尺寸数字前自动加上"R"。

操作规则:先选择圆弧上的任意一点,然后指定尺寸放置的位置。

如图 10.52 所示,其中①为线性标注、②为对齐标注、③为角度标注。

10.4.3　尺寸编辑命令

根据需要可对标注的尺寸进行编辑修改,如调整文字位置、在尺寸数字前加"±"或"ϕ"、以分数形式显示等操作。

操作规则:双击要进行编辑的尺寸标注,会出现"文字编辑器"选项卡,其中有"样式""格式""段落""插入"等面板,如图 10.53 所示。根据需要进行选择调整即可。

图 10.53　"文字编辑器"选项卡

10.4.4　几何公差标注

在"注释"选项卡中"标注"面板的"标注"标签的下级联菜单中有几何公差标注图标按钮,单击该按钮可打开"形位公差"对话框,如图 10.54 所示。

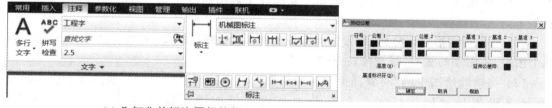

　　　(a) 几何公差标注图标按钮　　　　　　　　　　　　　(b) "形位公差"对话框

图 10.54　"形位公差"图标按钮和"形位公差"对话框

如果利用几何公差标注图标按钮进行几何公差标注,则需要自己设置指引线,比较麻烦。而使用"快速引线(qleader)"功能标注几何公差,可同时绘出指引线和几何公差框格,使用更方便。操作过程如下。

命令:_qleader　　(输入命令)

指定第一个引线点或[设置(S)]<设置>:s ↵　　(选择设置,出现"引线设置"对话框(见图 10.55),"注释"中选择"公差",单击"确定"按钮)

指定第一个引线点或[设置(S)]<设置>:　　　(图上指定第一个引线点)

指定下一点:(图上指定第二个引线点)

指定下一点:(图上指定第三个引线点)　　　(出现"形位公差"对话框,如图 10.54(b)所示,根据需要设置相应的几何公差,点击"确定"按钮即可)

注:根据需要,可利用"形位公差"对话框,在几何公差框格第二格公差值前面加"ϕ"符号,在后面框格中加注公差原则相关符号等,如图 10.56 所示。

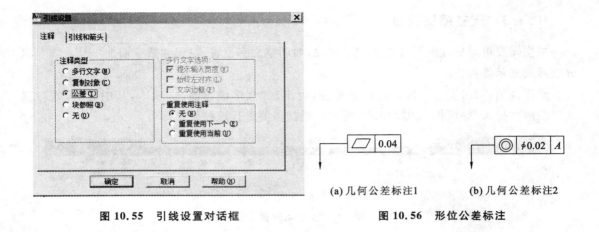

图 10.55　引线设置对话框

(a) 几何公差标注1　　(b) 几何公差标注2

图 10.56　形位公差标注

10.5　绘制典型零件图

绘制平面图形是绘制工程图样的基础,平面图形包含直线和圆弧的连接,可以利用 AutoCAD 提供的绘图工具、编辑工具和对象捕捉工具精确地完成图形的绘制。绘图步骤一般如下。

(1) 首先对图形进行分析,通常建立粗实线、细实线、细点画线、细虚线、尺寸标注、文字这几个图层,各图层的线型、线宽按表 10.1 设置。

(2) 将辅助绘图中的“对象捕捉”“极轴追踪”“对象捕捉追踪”打开,使其处于应用状态。

(3) 设置尺寸标注样式。通常,将上述设置好的图形保存为 AutoCAD 样板文件 “＊.dwt”,便于之后绘图时直接调用,不再重新设置。

例 10.7　绘制图 10.57 所示的典型零件图。

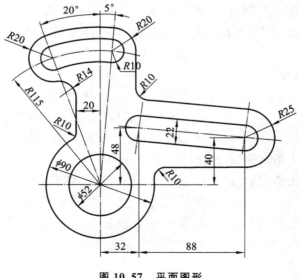

图 10.57　平面图形

(1) 直接调用已设置好的图层、辅助绘图功能、尺寸标注的样板文件。

（2）调用"点画线"图层,根据相应尺寸,绘制图形辅助线。

首先调用直线 line 命令,作水平直线①和竖直直线②;设置"极轴追踪增量角"分别为 5°和 110°(角度和极轴追踪增量角均从水平位置右方按逆时针方向计值),使用 line 命令以极轴追踪方式作两条倾斜直线③和④;再根据相应的尺寸使用偏移命令作直线,分别确定交点后,再使用 xline 命令过两交点作直线⑤;最后作半径为 $R115$ 的大圆 6。修剪过长的线或圆,所得图形如图10.58所示(图中的尺寸可最后标注,此处给出是为了方便看图)。

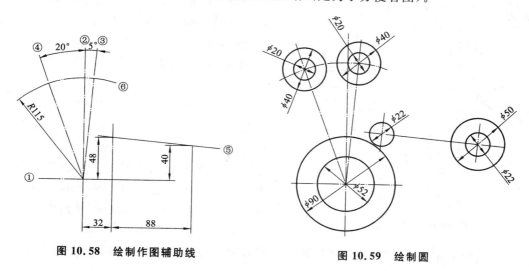

图 10.58　绘制作图辅助线　　　　　　　　　　图 10.59　绘制圆

（3）调用"粗实线"图层,应用对象捕捉功能,根据圆心所在位置,按各自的半径或直径作圆,如图 10.59 所示。

（4）作上端两个 $\phi40$ 圆的外切圆⑦,利用"trim"修剪命令,去掉多余圆弧。作右端 $\phi50$ 圆的下相切水平直线⑧;再利用"center"命令中"三点(相切、相切、半径)"方式绘制该直线和下端 $\phi90$ 大圆的相切圆⑨,再用"trim"命令去掉多余圆弧和线;设置好对象捕捉中的"相切"模式,绘制右端同直径两圆 $\phi22$ 的公切线⑩和⑪。如图 10.60 所示。

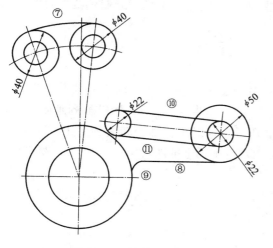

图 10.60　绘制连接圆弧

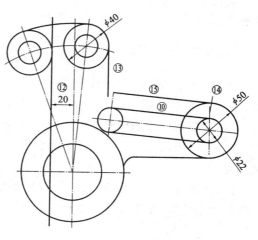

图 10.61　绘制中间线

（5）使用"offset"命令,设置偏移距离20,作左侧竖直直线⑫（偏移命令按原对象所在图层设置进行偏移,此处需要将偏移后的直线从点画线图层调整为粗实线图层）；利用"对象捕捉"命令中的"垂足捕捉"方式,以上方 $\phi40$ 圆的圆心为起点,向右移动光标,出现垂足符号后确定,即得到与该圆相切的直线切点,以此切点为终点,作竖直向下的直线⑬；同样,使用 Line 命令,

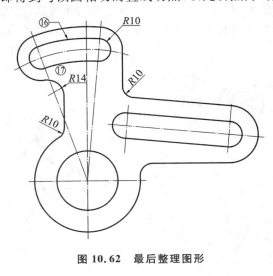

图 10.62   最后整理图形

以右侧 $\phi22$ 圆的圆心为起点,找到该小圆外切线的切点作为第二点,过这两点作直线,并将该直线使用"lengthen"命令延伸于外侧 $\phi50$ 大圆外,即得到直线⑭；再利用"offset/［通过］"命令,将切线 10 偏移至外侧 $\phi50$ 大圆处,即得到直线⑮。如图 10.61 所示。

（6）利用"center"命令中的"相切、相切、半径"方式,绘制右中上 $R10$、左中上 $R14$、左中下 $R10$ 圆弧,并进行修剪；再作上端两直径相同的小圆 $R10$ 的相切圆弧⑯和⑰。根据技术制图和机械制图要求,在作图过程中,应对超出轮廓线外的部分进行修剪和整理,使超出部分长度为 3～5 mm。如图 10.62 所示。

（7）调用尺寸标注图层,按已设置的尺寸标注样式,根据原图进行尺寸标注,如图10.57所示。

10.6   绘制正等轴测图

轴测图能同时反映物体长、宽、高三个方向的尺度,具有直观性好、立体感强的特点,但其度量性差,不能确切表达物体原形,所以在工程上只作为辅助图样使用。AutoCAD 为绘制轴测图创建了一个特定的环境,在此环境中,系统提供了一些辅助手段来绘制轴测图,此环境即轴测绘制环境。本节介绍正等轴测图的画法。

10.6.1   轴测图设置

右键单击状态行上的"极轴""对象捕捉"等多个图标按钮都会出现二级菜单。选择"设置",弹出"草图设置"对话框。在"捕捉和栅格"选项卡中,将"捕捉类型"中"栅格捕捉"项调整为"等轴测捕捉",单击"确定"按钮,如图 10.63 所示。这时坐标轴会转变为图 10.64 所示形式。按 F5 键可以在三个平面间进行切换。如作 OXY 平面上的图形,则调用 OXY 坐标系,其他类同。

注：作正等轴测图时,建议在状态栏上选择"正交""对象捕捉""对象捕捉追踪",将这三个功能打开来绘图,便于沿三个轴测轴方向取值绘制直线。

图 10.63　正等轴测图设置

(a) *OXY* 平面　　(b) *OXZ* 平面　　(c) *OYZ* 平面

图 10.64　按 F5 键进行平面切换

10.6.2　在轴测图中绘制直线

在轴测模式下绘制直线的常用方法有以下三种。

1. 以极坐标模式绘制直线

当所绘制直线与不同的轴测轴平行时,输入的极坐标值的极坐标角度将不同。

所画直线与 *X* 轴平行时,极坐标角度应输入 30°或−150°;

所画直线与 *Y* 轴平行时,极坐标角度应输入 150°或−30°;

所画直线与 *Z* 轴平行时,极坐标角度应输入 90°或−90°;

当所画直线与任何轴测轴都不平行时,必须找出直线上的两点,然后连线。

2. 以正交模式绘制直线

根据轴测投影特性,对于与直角坐标轴平行的直线,切换至当前轴测面后,打开正交模式,可将它们绘成与相应的轴测轴平行。对于与三个直角坐标轴均不平行的一般位置直线,则可关闭正交模式,沿轴向测量获得该直线两个端点的轴测投影,然后相连即得一般位置直线的轴测图。

3. 以极轴追踪模式绘制直线

打开状态栏上的"极轴追踪""自动追踪"功能画线。打开极轴追踪、对象捕捉和自动追踪功能,并设定极轴追踪的角度增量为 30°,这样就能画出 30°、90°或 150°方向的直线。

例 10.8　作垫块的轴测图。垫块的三视图如图 10.65 所示。

绘制步骤如下。

(1) 应用正交模式、对象捕捉和对象捕捉追踪功能,将捕捉类型选为等轴测捕捉。坐标首先切换成 *OXY* 平面。沿 *X* 轴方向作直线,取长度为 60,沿 *Y* 轴方向作直线,取长度为 40,得到长方体的下底面;再用 F5 键切换至坐标系 *OXZ* 下,*Z* 轴方向取为 40,依次画出各线段,按正等轴测图的要求,看不见的线不表示,最后整理画出完整长方体的正等轴测图形。如图 10.66(a)所示。

(2) 根据三视图中的尺寸 15、15,定出长方体前、后面上的两点,分别连接形成直线①、②;再切换至 *OXZ* 平面,连接两交点,作出直线③和④。这样即可画出长方体左上角被正垂面切割掉一个三棱柱后的正等轴测图形,如图 10.66(b)所示。

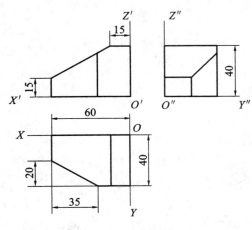

图 10.65　垫块的三视图

（3）切换至 OXY 平面，根据三视图中的尺寸 20、35，定出长方体底面上两交点，连接成直线⑤；切换至 OXZ 平面，再分别过上述的两交点向上作与 Z 轴平行的直线⑥和⑦，多余的部分修剪掉；利用对象捕捉功能，确定直线⑦和③的交点、直线⑥和②的交点，连接这两点，绘制直线⑧，即画出长方体左前角被一个铅垂面切割掉三棱柱后的正等轴测图。如图 10.66（c）所示。

（4）最后根据三视图整理删掉多余的图线，如图 10.66(d)所示。

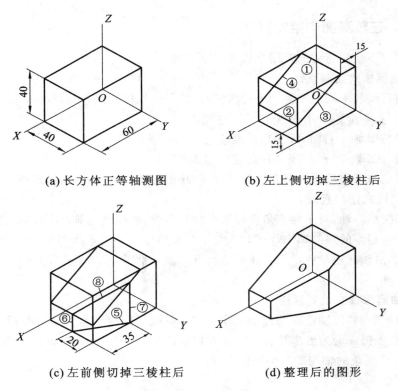

(a) 长方体正等轴测图　　　　(b) 左上侧切掉三棱柱后

(c) 左前侧切掉三棱柱后　　　　(d) 整理后的图形

图 10.66　作垫块的正等轴测图

10.6.3　正等轴测图中圆和圆弧的绘制

正等轴测图中的圆实际上是椭圆，当圆位于不同的轴测面时，椭圆长、短轴的位置将是不相同的。手工绘制圆的轴测投影比较麻烦，但在 AutoCAD 中可以使用 ellipse 命令的"等轴测圆"选项来绘制，这个选项仅在轴测模式被激活后才出现。

具体操作：激活轴测绘图模式后，调用或输入"椭圆"命令。命令行提示如下：

命令：_ellipse

指定椭圆轴的端点或［圆弧(A)/中心点(C)/等轴测图(I)］：I（选择等轴测图模式）

指定等轴测圆的圆心：（在绘图区捕捉等轴测圆圆心或者输入圆心坐标）

指定等轴测圆的半径或［直径(D)］：（输入等轴测圆的半径，按回车键结束命令）

如，在绘制好的正方体等轴测图上分别绘制三个轴测平面上的等轴测圆，如图 10.67 所示。注意坐标平面的切换。在等轴测模式下绘制圆弧时，应首先绘制等轴测椭圆，然后对椭圆进行修剪操作。

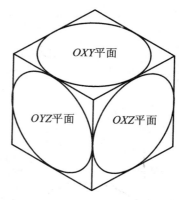

图 10.67　在正等轴测图中作圆

10.6.4　轴测图的尺寸标注和书写文字

1. 轴测图尺寸标注的规定

在等轴测图中不能直接生成文字或尺寸的等轴测投影。为了使文字看起来像是在该轴测面内，就必须将文字倾斜并旋转某一个角度值。在轴测图上标注尺寸，应遵循以下规定。

（1）轴测图的线性尺寸，一般应沿轴测轴标注。尺寸数值为机件的基本尺寸。

（2）尺寸线必须和所标注的线段平行；尺寸界线一般应平行于某一轴测轴；尺寸数字应根据相应的轴测图形标注在尺寸线的上方。在图形中出现数字字头向下的情况时，应用引出线引出标注，并将数字按水平位置注写。

（3）标注角度时，尺寸线应画成该坐标平面内与原圆弧相对应的椭圆弧，角度数字一般写在尺寸线的中断处，字头向上。

（4）标注圆的直径时，尺寸线和尺寸界线应分别平行于圆所在平面的轴测轴。标注圆弧半径或较小圆的直径时，尺寸线可从（或通过）圆心引出标注，但注写尺寸数字的横线必须平行于轴测轴。

2. 设置方式

1）文字样式

首先新建轴测图中的文字样式，如表 10.6 和图 10.68 所示。与文字倾斜角度一致，新建"轴测文字 30""轴测文字－30"两种文字样式。

表 10.6　正等轴测图中文字样式设置

文字名称	字体	图样文字高度/mm	倾斜角度(°)
轴测文字 30	gbeitc	5	30
轴测文字－30	gbeitc	5	－30

2）正等测轴测图尺寸标注

选择"对齐"标注，根据尺寸标注位置不同（见图 10.69），采用不同标注样式，再通过"倾斜"命令，给出不同倾斜角度值进行修改，如表 10.7 所示。

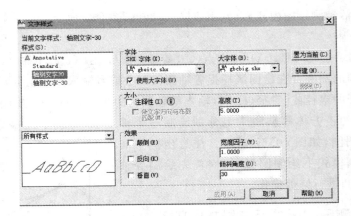

图 10.68　正等测轴测图文字设置

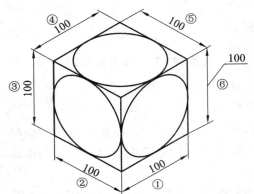

图 10.69　正等轴测图中的尺寸标注

表 10.7　正等轴测图中尺寸标注样式

标注位置	文字样式	标注样式	标注	倾斜角度/(°)
位置①	轴测文字 30	轴测标注 30	对齐	90
位置②	轴测文字 −30	轴测标注 −30	对齐	90
位置③	轴测文字 30	轴测标注 30	对齐	−30
位置④	轴测文字 −30	轴测标注 −30	对齐	−30
位置⑤	轴测文字 30	轴测标注 30	对齐	30
位置⑥	轴测文字 −30	轴测标注 −30	对齐	30

注:位置 6 由于倾斜角度小于 30°,为便于读尺寸数字,将尺寸标注分解,尺寸数字单独标注。

例 10.9　作图 10.70 所示的零件轴测图。

(1) 轴测图模式设置。右键单击 AutoCAD 下方状态栏"捕捉模式"按钮,右键单击"设置"按钮,出现"草图设置"对话框。打开"捕捉和栅格"选项卡,将"捕捉类型"设置为"等轴测捕捉",光标会随之显示为正等测轴测图光标。为便于绘图,开启"正交模式""对象捕捉""对象捕捉追踪"功能绘图。

(2) 在 OXY 平面下,调用直线、等轴测圆命令,绘制图 10.71(a)所示底板图形;切换至 OXZ 平面后,沿 Z 轴负方向确定底板的高度 8,使用复制命令复制上一步画好的底板图形;在"象限点捕捉"模式下,将上、下底板后侧的转向直线连接起来;将多余的线修剪掉。如图 10.71(b)所示。

(3) 在 OXZ 平面下,根据尺寸 22 和 46 确定圆筒上端中心线位置和辅助线,如图 10.72(a)所示。在 OXY 平面下,利用等轴测圆命令,作圆筒上端面两同心圆,直径分别为 $\phi25$ 和 $\phi10$;再使用复制命令,切换至 OXZ 平面,沿 Z 轴负方向确定距离 27,复制得到圆筒下端两同心圆;同样,在"象限点捕捉"模式下,利用 line 命令连接圆筒外侧前、后平面转向线,如图 10.72(b)所示。

（4）在 OXZ 平面上，根据尺寸 25 和 7 在底板上确定支承板前左下端位置，根据尺寸 10 确定支承板前右上端位置，利用 line 命令和等轴测圆命令作其前端轮廓，修剪多余图线并根据支承板宽度 25 复制前端轮廓，得到支承板整体正等轴测图，如图 10.73(a)所示；根据尺寸距离 6，确定肋板与底板交点，记为 1 点，并作直线②，得到与支承板、底板共同的交点，记为③，在③点位置复制支承板前面轮廓图形，得到圆弧④和直线⑤的组合图形；利用切点进行对象捕捉，从交点①向圆弧④作切线，连接后得到直线⑥，再使用复制命令，将刚作好的直线⑤、圆弧④、直线⑥和直线⑦复制，得到肋板的另一端轮廓，如图 10.73(b)所示；整理得图 10.73(c)。

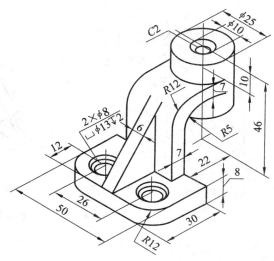

图 10.70　正等轴测图

（5）补充底板上和圆筒上的阶梯孔和倒角，并按原图形进行整理。使用修剪命令删除多余线条，如图 10.74(a)所示。最后，进行轴测图尺寸标注，如图 10.74(b)所示。

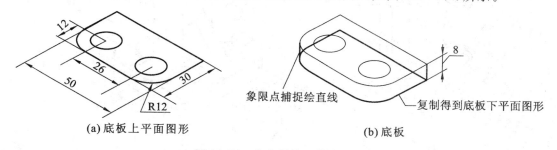

(a) 底板上平面图形　　　　　　　　　　　(b) 底板

图 10.71　作底板的正等轴测图

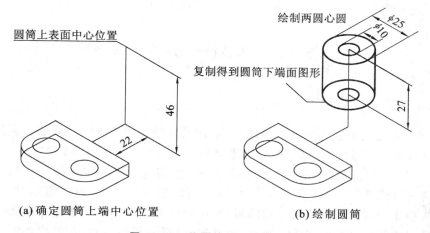

(a) 确定圆筒上端中心位置　　　　　　　　(b) 绘制圆筒

图 10.72　作圆筒的正等轴测图

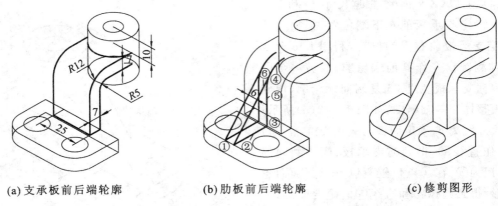

(a) 支承板前后端轮廓　　　　(b) 肋板前后端轮廓　　　　(c) 修剪图形

图 10.73　作支承板和肋板的正等轴测图

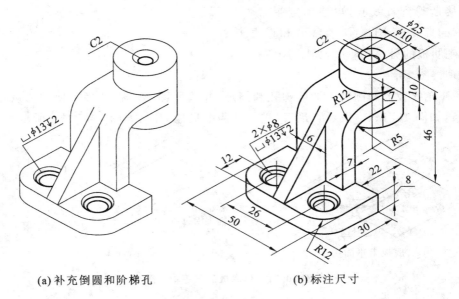

(a) 补充倒圆和阶梯孔　　　　　　　　(b) 标注尺寸

图 10.74　整理并尺寸标注

10.7　AutoCAD 三维实体建模

10.7.1　三维实体建模概述

　　AutoCAD 不仅具有强大的二级绘图功能,还具备较强的三维绘图功能。利用三维绘图功能可以绘制各种三维线、平面、曲面等,而且可以直接创建三维实体模型。

　　AutoCAD 支持三种类型的三维模型:线框模型、表面模型和实体模型。其中实体模型是最常用的三维建模类型,使用实体建模功能,可以创建长方体、圆柱体、圆锥体、球体、锥体、棱锥体、楔体和圆环体等基本三维体素,并可通过对这些基本体素进行并集、交集、差集的布尔运算生成各种复杂的实体。此外,还可通过拉伸、旋转、扫掠和放样等方式来创建实体。本节简要介绍三维实体模型的创建及编辑方法。

　　三维建模时先将"工作空间"切换到"三维建模"环境下,此时三维建模常用的工具图标显示在窗口上方,如图 10.75 所示。

图 10.75　三维建模工具栏

三维建模工具栏包含"常用""实体""曲面""网格""渲染""参数化""插入""注释""视图""管理"和"输出"等选项卡,常用的主要有"常用""实体"和"视图"等选项卡,需要时可方便地进行切换。

10.7.2　三维坐标系统

在三维建模过程中,设置与切换坐标系是不可缺少的操作。创建三维模型,其实是在平面上创建二维图形,然后对其进行拉伸、旋转等操作而形成三维模型。二维图形视图方向的切换则是通过调整坐标位置和方向获得的。因此三维坐标系是确定三维对象位置的基本手段,是研究三维空间的基础。

在 AutoCAD 中有两个坐标系:一个是世界坐标系(WCS),它是固定坐标系;一个称为用户坐标系(UCS),它是可移动坐标系。世界坐标系是系统默认的二维图形坐标系,它的原点和各坐标轴的方向固定不变。通常在二维视图中,WCS 的 X 轴水平,Y 轴竖直,原点为 X 轴和 Y 轴的交点(0,0)。图形文件中的所有对象均由其 WCS 坐标定义。由于它的原点和坐标轴的方向固定不变,因而不能满足三维建模的需要。在建模过程中,需要不断变换坐标系的原点和方向,即使用用户坐标系 UCS 来不断改变 OXY 平面的位置以便创建和编辑对象。用户坐标系主要应用于三维模型的创建。

1. 定义 UCS

操作规则:"常用"选项卡→"坐标"面板。根据需要选择新建用户坐标的方式,然后在图中选择对象来建立该坐标系。UCS 的图标如图 10.76 所示。有多种方式可对 UCS 进行定义。下面只介绍几种常用的定义 UCS 的工具。

图10.76　用户坐标系 UCS

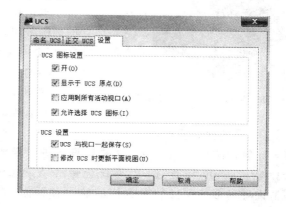

图 10.77　"UCS"对话框

1) 用户坐标系工具

单击用户坐标系工具图标按钮,命令行出现如下提示:

指定 UCS 的原点或 [面（F）/命名（NA）/对象（OB）/上一个（P）/视图（V）/世界（W）/X/Y/Z/Z 轴（ZA）] ＜世界＞：

该命令行中各选项与工具栏中的按钮相对应。

2）世界坐标系工具![icon]

单击世界坐标系工具图标按钮![icon]，可以将坐标系切换到模型或视图的世界坐标系，即 WCS 坐标系。

3）原点工具![icon]

原点工具是系统默认的 UCS 坐标创建方法，它主要用于修改当前用户坐标系的原点位置，坐标轴方向与上一个坐标系相同，由它定义的坐标系将以新坐标系存在。

4）三点工具![icon]

该方式是最简单也最常用的一种方法，只需选取三个点就可确定新坐标系。

2. 编辑 UCS

单击"坐标"标签右下角的箭头，就出现"UCS"对话窗口，如图 10.77 所示。该对话框集中了"命名 UCS""正交 UCS""设置"等多项功能。

10.7.3　观察三维模型

在三维建模环境中，为了创建和编辑三维图形各部分的结构特征，需要不断地调整显示方式和视图位置，以更好地观察三维模型。查看模型时需要进行的操作主要是缩放、移动和旋转。三维模型的缩放和移动操作与二维图形相同，模型旋转可利用控制盘 ViewCube 工具、利用三维动态观察功能和利用视觉样式功能三种方法来进行。

1. 控制盘 ViewCube 工具

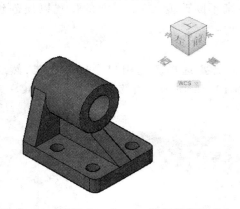

图 10.78　利用 ViewCube 工具切换视图方向

在"三维建模"工作空间中，使用三维导航器 ViewCube 工具可在各种视图模式之间切换，包括 6 种正交视图、8 种正等轴测视图和 8 种斜等轴测视图，以及其他视图方向，可以根据需要快速地调整模型的视点。该三维导航器控制盘显示了非常直观的 3D 导航立方体，点击该工具图标的各个位置将显示不同的视图效果，如图 10.78 所示。可以点击或拖动 ViewCube 图标的点、线和面来改变对三维模型的观察方向。点击立方体的顶点切换到轴测图，点击立方体的面切换到正投影。比如要观察模型的正面投影，就点击图标上的"前"字，要观察模型的侧面投影就点"左"字。

对该导航器图标的显示方式可根据设计进行必要的修改，右击绘图区域右上角的立方体并选择"ViewCube 设置"选项，系统会弹出"ViewCube 设置"对话框，如图 10.79 所示。在该对话框设置参数值可控制立方体的显示和行为，并且可在对话框中设计默认的位置、尺寸和立方体的透明度。

2. 三维动态观察

单击"视图"选项卡中"导航"面板上的动态观察图标按钮![icon]动态观察·的级联符号，可以发现有三种观察方式可供选择，即动态观察、自由动态观察、连续动态观察，如图 10.80 所示。

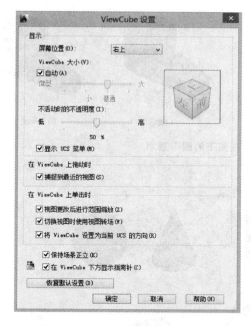

图 10.79　"ViewCube 设置"对话框

图 10.80　三维动态观察

（1）动态观察：利用此功能可以对视图中的图形进行一定约束的动态观察，即水平、垂直或对角拖动对象进行动态观察。默认情况下，观察点会约束对象沿着世界坐标系的 OXY 平面或 Z 轴移动。

（2）自由动态观察：利用此功能可以对视图中的图形进行任意角度的动态观察，此时选择并在转盘的外部拖动光标，这将使视图围绕延长线通过转盘的中心并垂直于屏幕的轴旋转。

（3）连续动态观察：利用此功能可以使观察对象绕指定的旋转轴和旋转速度连续做旋转运动，从而对其连续地进行动态观察。

3．视觉样式（VSM）

在 AutoCAD 中，为了观察三维模型的最佳效果，通常通过"视觉样式"功能来切换视觉样式。"视觉样式"是一组设置，用来控制视图显示效果和着色的显示。

单击"常用"选项卡中"视图"面板上的视觉样式图标按钮，会出现多种可供选择的样式。"视觉样式"功能有五种默认设置，即五种显示效果。

（1）二维线框　显示用直线和曲线表示边界的对象，线型和线宽均可见。

（2）三维线框　显示用直线和曲线表示边界的对象，如图 10.81(a)所示。

（3）三维隐藏　显示用三维线框表示的对象并隐藏不可见的直线，如图 10.81(b)所示。

（4）概念　着色多边形平面间的对象，并使对象的边平滑化。着色到对象的材质表面，如图 10.81(c)所示。

（5）真实　着色多边形平面间的对象，并使对象的边平滑化。效果缺乏真实感，但是可以更方便地查看模型的细节。如图 10.81(d)所示。

10.7.4　三维实体建模

1．绘制基本实体

基本实体是构成三维实体的最基本元素，如长方体、圆柱体、球体等，如图 10.82 所示。

(a) 三维线框　　　(b) 三维隐藏　　　(c) 概念　　　(d) 真实

图 10.81　不同视图下的图形显示

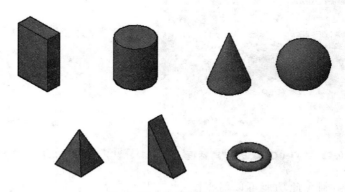

图 10.82　绘制基本实体

2. 由二维对象生成三维实体

在 AutoCAD 中进行实体建模时,除了可以利用基本实体工具进行简单实体模型的创建,还可以利用二维图形生成三维实体。常用的方法是拉伸、旋转、扫掠和放样,其中拉伸、旋转用得较多。

1) 拉伸(Ext)

功能:将二维对象拉伸成三维实体模型。大多数情况下,如果拉伸闭合对象,将生成新三维实体。如果拉伸开放对象,将生成曲面。

操作规则:顺次打开"常用"选项卡→"建模"面板,单击"拉伸"图标按钮 。先选择要拉伸的二维对象,然后给定拉伸高度或指定拉伸路径后再给定拉伸长度,拉伸时还能指定倾斜角以便拉伸出具有一定斜度的面。

例 10.10　作图 10.83 所示的三维实体。

作图步骤如下。

(1) 首先在"视图"选项卡中的"视图"面板左侧下拉菜单中选择"西南等轴测"(见图 10.84(a)),绘图区域中光标状态如图 10.84(b)所示;然后分析立体,看在哪个视图中由基本的二维对象图形做拉伸方便,就在哪个视图下作二维图形。本例是在俯视图中作二维图形,因此选择俯视,光标如图 10.84(c)所示。

(2) 打开"常用"选项卡中的"绘图"面板和"修改"面板,利用二维平面绘图命令,绘制如图 10.85(a)所示的二维图形。回到西南等轴测状态下观察,看到图形如图 10.85(b)所示。

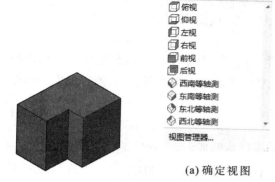

(a) 确定视图　　　　(b) 西南等轴测光标状态 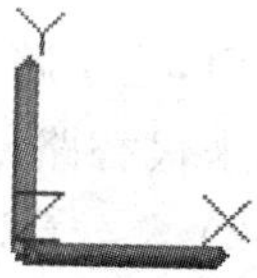　　　　(c) 俯视图光标状态

图 10.83　拉伸　　　　图 10.84　三维坐标系的变化

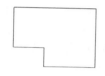

(a) 俯视图作二维图形 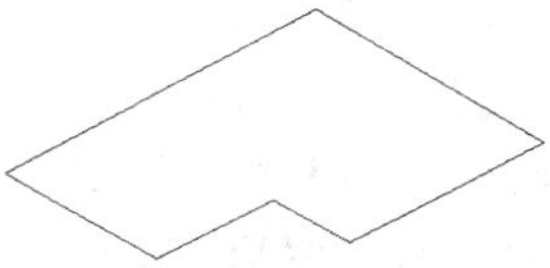　　　　　　(b) 西南等轴测显示

图 10.85　三维不同视图下的图形

（3）打开"常用"选项卡中的"绘图"面板，用"面域"命令，使刚才用二维直线作好的图形成为一个对象，即平面。为了能更清楚地读图，在"视图"选项卡中的"视觉样式"面板中单击"实体"标签，则形成面域的图形非常清楚地显示出来，如图 10.86 所示。

命令行提示如下。

命令：_region

选择对象：指定对角点：找到 6 个

选择对象：

已提取 1 个环。

已创建 1 个面域。

图 10.86　形成面域

（4）打开"常用"选项卡中的"建模"面板，激活"拉伸"命令，选择刚才形成面域的图形，给出拉伸高度。

命令行提示如下。

命令：_extrude

选择要拉伸的对象：（选建好面域的图形）

选择要拉伸的对象：↵（回车，确定）

指定拉伸的高度或［方向(D)/路径(P)/倾斜角(T)］＜30.0000＞：30 ↵（给出拉伸高度）

说明：

（1）利用"拉伸"命令可创建指定形状的实体或曲面。可以将闭合对象（例如矩形）转换为三维实体，将开放对象（例如直线）转换为三维曲面。

（2）如果拉伸具有一定宽度的多段线，则将忽略宽度并从多段线路径的中心拉伸多段线。

（3）必须将多个独立对象（例如多条直线或圆弧）转换为单个对象，才能创建拉伸实体。可以使用"Pedit"命令的"合并"选项将对象合并为多段线，或使用"Region"命令将对象转换为面域图形。

（4）使用"路径"功能可以通过指定路径来控制创建的实体或曲面。拉伸实体始于轮廓所在平面，止于路径端点处与路径垂直的平面。扫掠比使用路径拉伸更易控制，所以通常用扫掠命令来代替路径拉伸。

2）旋转（REV）

功能：通过绕轴旋转二维平面对象来创建三维实体或曲面。

操作规则：顺次单击"常用"选项卡→"建模"面板→"旋转"图标按钮  。先选择旋转对象，再指定旋转轴，然后给出旋转角度。如进行图 10.87 所示的旋转操作，命令行提示如下。

命令：_revolve

选择要旋转的对象：（指定要旋转对象）

选择要旋转的对象：↵（回车，确定）

指定轴起点或根据以下选项之一定义轴［对象（O）/X/Y/Z］＜对象＞：

指定轴端点：（分别指定旋转轴的两点）

指定旋转角度或［起点角度（ST）］＜360＞：180 ↵（给出旋转角度 180°）

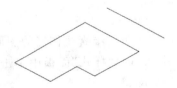

(a)作好旋转图形和旋转轴　　　(b)对旋转图形创建面域　　　(c)旋转

图 10.87　旋转

说明：

（1）在创建实体时，用于旋转的二维对象可以是封闭多段线、多边形、圆等封闭图形。三维对象、包含在块中的对象、有交叉或自干涉的多段线不能被旋转，而且每次只能旋转一个对象。

（2）可以旋转闭合对象来创建三维实体，也可以旋转开放对象来创建三维曲面，可以将对象旋转 360°或其他指定角度。

3）扫掠（sweep）

功能：通过沿路径扫掠二维对象来创建三维实体或曲面。

操作规则：顺次打开"常用"选项卡→"建模"面板，单击扫掠图标按钮  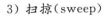。先选择要扫掠的二维对象，然后选择扫掠路径。

例 10.11　作图 10.88 所示的圆柱螺旋压缩弹簧。

作图步骤如下。

图 10.88　扫掠

（1）在"视图"选项卡中的"视图"面板中，单击"西南等轴测"标签，然后顺次打开"常用"选项卡→"绘图"面板，单击"螺旋"命令图标按钮，绘制螺旋线,将其作为扫掠路径,如图 10.89(a)所示。

命令：_helix

圈数＝3.0000　　　　扭曲＝CCW　　　　　　　　（默认螺旋线参数）

指定底面的中心点:（指定中心点）

指定底面半径或［直径(D)］＜1.0000＞：10（给出底面半径 10）

指定顶面半径或［直径(D)］＜10.0000＞:10（给出顶面半径 10）

指定螺旋高度或［轴端点(A)/圈数(T)/圈高(H)/扭曲(W)］＜50.0000＞：50

　　　　　　　　　　　　　　　　　　　　　　　　（给出螺旋高度 50）

　　(2) 打开"视图"选项卡中的"视图"面板,选择俯视图显示模式,启用对象捕捉模式,找到
螺旋线起点,绘制圆,如图 10.89(b)所示。在西南等轴测模式下显示,如图 10.89(c)所示。

命令：_circle

指定圆的圆心或［三点(3P)/两点(2P)/切点、切点、半径(T)］:（在对象捕捉模式下,指定圆心）

指定圆的半径或［直径(D)］＜2.0000＞：2（给出圆半径）

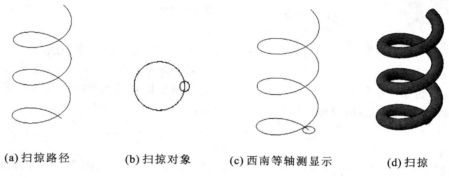

　　(a)扫掠路径　　　　　　(b)扫掠对象　　　　(c)西南等轴测显示　　　　(d)扫掠

图 10.89　扫掠命令

　　(3) 顺次打开"常用"选项卡→"建模"面板,单击"扫掠"命令图标按钮,选择扫掠对象和扫
掠路径,即得到图形。

命令：_sweep

选择要扫掠的对象：　　　　　　　　　　　　　（选择半径为 2 的小圆,作为扫掠对象）

选择要扫掠的对象:↵　　　　　　　　　　　　　（回车,确定）

选择扫掠路径或［对齐(A)/基点(B)/比例(S)/扭曲(T)］：　　　　　　　　　（选择螺旋线）

说明：

　　(1) 使用扫掠命令,可以通过沿开放或闭合的二维或三维路径扫掠开放或闭合的平面曲
线(轮廓)来创建新曲面或实体。执行扫掠命令时沿指定的路径,以指定轮廓的形状绘制实体
或曲面。可以扫掠多个对象,但是这些对象必须位于同一平面内。

　　(2) 对齐(A)　如果轮廓曲线不垂直于路径曲线起点的切向,则轮廓曲线将自动对齐。
出现对齐提示时输入"No"以避免该情况的发生。

　　(3) 基点(B)　指定要扫掠对象的基点。如果指定的点不在选定对象所在的平面上,则该
点将被投影到该平面上。

　　(4) 比例(S)　指定比例因子以进行扫掠操作。从扫掠路径的开始到结束,比例因子将统
一应用到扫掠的对象上。

（5）扭曲（T）　设置当前扫掠对象的扭曲角度。扭曲角度指定沿扫掠路径全部长度的旋转量。

4）放样（Loft）

功能：在若干横截面之间的空间中创建三维实体或曲面。

操作规则：顺次打开"常用"选项卡→"建模"面板，单击放样图标按钮 放样。先依次选择横截面，然后指定导向或路径。在不使用导向或路径的情况下创建放样对象，放样参数选择为"仅横截面"，此时直接回车即可。

例 10.12　绘制如图 10.90 所示的放样图形。

图 10.90　放样图形

作图步骤如下。

（1）顺次打开"视图"选项卡→"视图"面板，单击"俯视"标签，作矩形，作好后切换到"西南等轴测"模式显示，如图 10.91(a) 所示，并将 UCS 坐标系原点置于矩形中心点。操作时命令行提示如下。

命令：_ucs

指定 UCS 的原点或 ［面（F）/命名（NA）/对象（OB）/上一个（P）/视图（V）/世界（W）/X/Y/Z/Z 轴（ZA）］＜世界＞：O ↵（给出新原点方式指定 UCS）

指定新原点 ＜0,0,0＞：（指定矩形的中心点）

（2）在与原矩形平行的平面画另一个放样图形。首先输入 UCS 命令，参考三个坐标系方向和指向，建立一个新的 UCS 坐标系（注意，此时按新坐标系给出相应数值），如图 10.91(b) 所示。在此坐标平面上，用圆命令，作半径为 15 mm 的圆，如图 10.91(c) 所示。操作时命令行提示如下。

命令：_ucs

指定 UCS 的原点或 ［面（F）/命名（NA）/对象（OB）/上一个（P）/视图（V）/世界（W）/X/Y/Z/Z 轴（ZA）］＜世界＞：0,0,50　（参考原 UCS 坐标系方向和指向，Z 轴正方向上向上平移 50 建立新 UCS 坐标系）

指定 X 轴上的点或 ＜接受＞：↵（回车确认，如图 10.91(b) 所示）

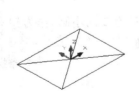
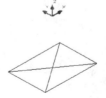
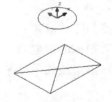

(a) 绘制矩形，UCS 坐标系
　　原点置于矩形中心　　　　　　(b) UCS 坐标系沿 Z 轴平移　　　(c) 在新 UCS 坐标系下绘圆

图 10.91　作放样中的另一个图形

（3）顺次打开"常用"选项卡→"建模"面板上的放样图标按钮 放样，依次选择横截面 1（圆）和横截面 2（矩形）（见图 10.9(c)），在放样路径确认后在出现的"放样设置"对话框中选择"平滑拟合"，单击"确定"按钮，即完成放样图形，如图 10.92 所示。操作时命令行提示如下。

命令：_loft

按放样次序选择横截面：（选择圆、选择矩形）

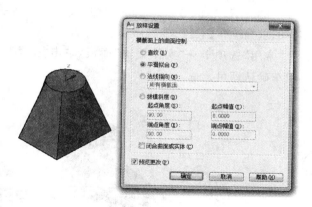

图 10.92　放样

按放样次序选择横截面：↵（回车确认，选完放样图形）

输入选项［导向（G）/路径（P）/仅横截面（C）］＜仅横截面＞：↵（回车）

说明：

（1）用来放样的横截面（通常为曲线或直线）可以是开放的（例如圆弧），也可以是闭合的（例如圆）；放样用于在横截面之间的空间内绘制实体或曲面。

（2）使用放样命令时，必须至少有两个横截面。

（3）使用导向和路径可以更好地控制三维模型的创建。

10.7.5　模型编辑命令

1. 实体的并、差、交集运算

通过并、差、交集运算来创建三维对象，分别如图 10.93、图 10.94 和图 10.95 所示。

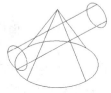

图 10.93　并集　　　　　　　　　　　　**图 10.94　差集**

1）并集（UNI）

功能：通过加操作来合并选定的三维实体。

操作规则：顺次打开"常用"选项卡→"实体编辑"面板，单击"并集"图标按钮◎。依次选择需要合并的实体，然后回车确认即可。

2）差集（SU）

功能：通过减操作合并选定的三维实体。

操作规则：顺次打开"常用"选项卡→"实体编辑"面板，单击"差集"图标按钮◎。先选择被减的实体，按回车后，再选择减去的实体，然后回车确认即可。

3）交集（IN）

功能：通过几个实体的重叠操作创建三维实体。

操作规则：顺次打开"常用"选项卡→"实体编辑"面板，单击"交集"图标按钮⨀。依次选择要交集的实体，然后回车确认即可。

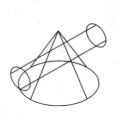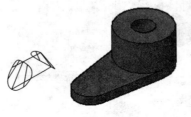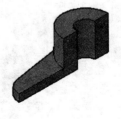

图 10.95　交集　　　　　　　　　　　　　　　图 10.96　剖切

2. 剖切（SL）

功能：通过剖切或分割现有对象，创建新的三维实体。

操作规则：顺次打开"常用"选项卡→"实体编辑"面板，单击剖切图标按钮。先选择要剖切的实体，然后用适当方法选定剖切面的位置，可以选择切去一部分，也可以保留全部。如图 10.96 所示。

命令：_Slice

选择要剖切的对象：　　　　　　　　　　　　　　　（选择要剖切对象）

选择要剖切的对象：↵　　　　　　　　　　　　　　（回车确认，选择完对象）

指定切面的起点或［平面对象（O）/曲面（S）/Z 轴（Z）/视图（V）/XY（XY）/YZ（YZ）/ZX（ZX）/三点（3）］＜三点＞：　　　　　　　　　（指定剖切平面起点）

指定平面上的第二个点：　　　　　　　　　　　　（指定剖切平面第二个点）

在所需的侧面上指定点或［保留两个侧面（B）］＜保留两个侧面＞：（在立体上选择后半体上的一点）↵　　　　　　　　　　　　　　　　　（保留后半剖切体）

注：如果选择保留两个侧面，则在确定剖切平面的位置将三维实体一分为二；如果选择在所需的侧面上指定点，则会只出现想要保留的那个侧面。

10.7.6　轴座承三维实体建模

例 10.12　作轴承座三维实体建模，三视图如图 10.97 所示。

分析　轴承座由五部分组成：下面的底座、上方的圆筒、后侧的支承板和连接圆筒、底板的前方肋板。

作图步骤如下。

（1）将工作空间切换到"三维建模"环境，转换成三维建模方式。在"视图"选项卡中的"视图"面板上选择"西南等轴测"，再点击"俯视图"。在俯视图状态下，绘制"轴承座"底座，可同时将底座上的圆角、四个通孔作出，如图 10.98（a）所示。调整到"西南等轴测"模式下，使用面域命令，使所绘图形成为一个对象，如图 10.98（b）所示。再调用"拉伸"命令，将拉伸高度设置为 16，将底座二维平面图形和四个圆分别拉伸，再利用差集命令将底座的四个孔"挖"掉，形成底座实体模型，如图 10.98（c）所示（提示，为便于读图，可将视觉样式设置为"二维线框"和"概念"方式）。

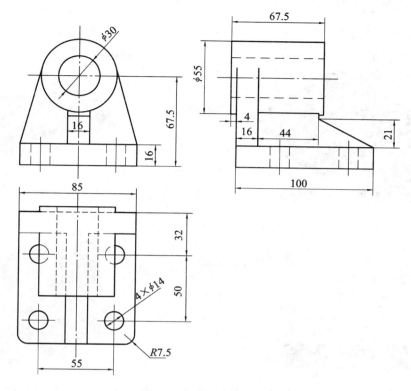

图 10.97　轴承座三视图

(a)底座平面图形　　　　　　(b)形成面域　　　　　　(c)拉伸和差集运算

图 10.98　轴承座底座实体模型

　　(2) 调用 UCS 命令,将 UCS 坐标设置在底座后平面所在平面上,且与底座上表面距离为 51.5 位置处,如图 10.99(a)和(b)所示。在主视图模式下绘制圆筒和后侧的支承板,如图 10.99(c)所示。提示:建好的面域对象不能重复调用,因此需要对圆筒作两次平面、支承板作一次平面形成面域 1、2 和 3。利用"拉伸"和"差集"命令分别将面域 1 圆筒向前拉伸 63.5、面域 1 圆筒向后拉伸 4(输入−4),再利用"差集"命令去掉内部的圆柱体,形成圆筒实体;拉伸面域 3,拉伸距离为 16。为便于显示,可设不同颜色的图层,分别进行操作,如图 10.99(d)所示。

　　(3) 切换至"西南等轴测"模式,将 UCS 坐标放置在支承板前端中间位置,再切换至"主视图"模式下,如图 10.100(a)所示,绘制肋板后半部分,如图 10.100(b)所示,并将此图形作为面域 4;将拉伸距离设置为 44,采用"拉伸"命令得到肋板后半部分实体模型,如图 10.100(c)所示。

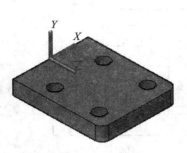

(a) 新建UCS坐标系

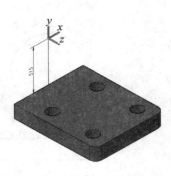

(b) UCS坐标系向上移动51.5

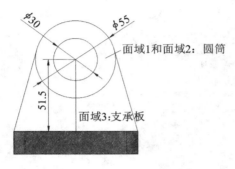

(c) 绘制圆筒和支承板平面图形，形成3个面域

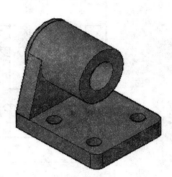

(d) 分别拉伸形成实体

图 10.99　建立轴承座支承板和圆筒模型

(a) 建立新UCS坐标系

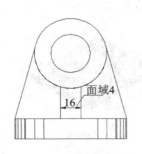

(b) 肋板后半部分图形

(c) 拉伸

图 10.100　建立肋板后面部分模型

（4）新建 UCS 坐标系，置于如图 10.101(a)位置，作肋板前三角形图形，形成面域，如图 10.101(b)所示，将此面域进行拉伸，得到肋板实体模型。

（5）最后使用"并集"命令，将分别建立的实体并成一体，如图 10.102 所示。

(a)新建UCS坐标

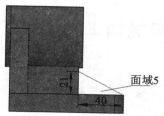

(b)作肋板前三角形

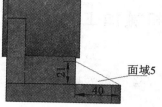

(c)拉伸形成肋板

图 10.101　肋板前部分模型

图 10.102　轴承座整体模型

附录 A　常用机械加工一般规范和零件结构要素

（一）标准尺寸（摘自 GB/T 2822—2005）

表 A.1　标准尺寸　　　　　　　　　　　　　　　　　　　（单位：mm）

R10	2.5,3.15,4.00,5.00,6.30,8.00,10.0,12.5,16.0,20.0,25.0,31.5,40.0,50.0,63.0,80.0,100, 125,160,200,250,315,400,500,630,800,1000
R20	2.80,3.55,4.50,5.60,7.10,9.00,11.2,14.0,18.0,22.4,28.0,35.5,45.0,56.0,71.0,90.0,112, 140,180,224,280,355,450,560,710,900
R40	13.2,15.0,17.0,19.0,21.2,23.6,26.5,30.0,33.5,37.5,42.5,47.5,53.0,60.0,67.0,75.0,85. 0,95.0,106,118,132,150,170,190,212,236,265,300,335,375,425,475,530,600,670,750, 850,950

注　(1) 本表仅摘录 1～1000 mm 范围内优先数系 R 系列中的标准尺寸,选用顺序为 R10、R20、R40。当需选用小于 2.5 mm 或大于 1000 mm 的尺寸时,可查阅标准(GB/T 2822—2005)。
　　(2) 该表适用于有互换性或系列化要求的主要尺寸,如直径、长度、高度等,其他结构尺寸也尽可能采用。
　　(3) 如果必须将数值圆整,可在相应的 R′ 系列中选用标准尺寸,选用的顺序为 R′10、R′20、R′40,本书未摘录,需用时可查阅标准(GB/T 2822—2005)。

（二）零件倒圆与倒角（摘自 GB/T 6403.4—2008）

倒圆与倒角的形式及倒圆与 45°倒角的四种装配形式见表 A.2。

表 A.2　倒圆与倒角的装配形式　　　　　　　　　　　　　（单位：mm）

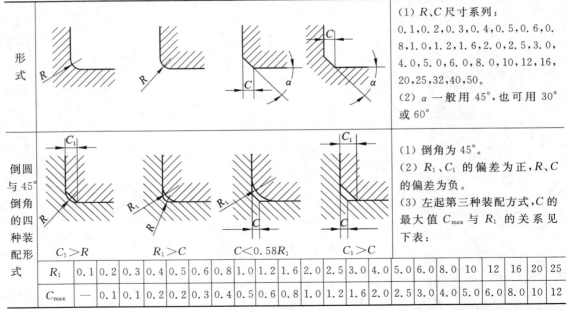

形式　　　　　　　　　　　　　　　　　　　　　　
(1) R、C 尺寸系列:
0.1,0.2,0.3,0.4,0.5,0.6,0.8,1.0,1.2,1.6,2.0,2.5,3.0,4.0,5.0,6.0,8.0,10,12,16,20,25,32,40,50。
(2) α 一般用 45°,也可用 30° 或 60°

倒圆与 45° 倒角的四种装配形式
$C_1 > R$　　$R_1 > C$　　$C < 0.58R_1$　　$C_1 > C$
(1) 倒角为 45°。
(2) R_1、C_1 的偏差为正,R、C 的偏差为负。
(3) 左起第三种装配方式,C 的最大值 C_{max} 与 R_1 的关系见下表:

R_1	0.1	0.2	0.3	0.4	0.5	0.6	0.8	1.0	1.2	1.6	2.0	2.5	3.0	4.0	5.0	6.0	8.0	10	12	16	20	25
C_{max}	—	0.1	0.1	0.2	0.2	0.3	0.4	0.5	0.6	0.8	1.0	1.2	1.6	2.0	2.5	3.0	4.0	5.0	6.0	8.0	10	12

注　按上述关系装配时,内角与外角取值要恰当,外角的倒圆或倒角过大会影响零件工作面;内角的倒圆或倒角过小会导致应力集中。

与零件的直径 ϕ 相应的倒角 C、倒圆 R 的推荐值见表 A.3。

表 A.3 倒角与倒圆推荐值 （单位：mm）

ϕ	～3	>3～6	>6～10	>10～18	>18～30	>30～50	>50～80	>80～120	>120～180
C 或 R	0.2	0.4	0.6	0.8	1.0	1.6	2.0	2.5	3.0
ϕ	>180～250	>250～300	>300～400	>400～500	>500～630	>630～800	>800～1000	>1000～1250	>1250～1600
C 或 R	4.0	5.0	6.0	8.0	10	12	16	20	25

注　倒角一般用 45°，也允许用 30°、60°。

（三）砂轮越程槽（摘自 GB/T 6403.5—2008）

表 A.4 砂轮越程槽尺寸 （单位：mm）

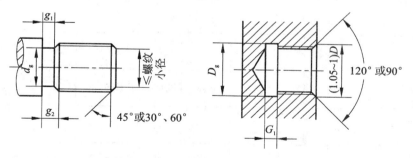

b_1	0.6	1.0	1.6	2.0	3.0	4.0	5.0	8.0	10.0
b_2	2.0		3.0		4.0		5.0	8.0	10.0
h	0.1		0.2		0.3	0.4		0.6	0.8	1.2
r	0.2		0.5		0.8		1.0	1.6	2.0	3.0
d	～10			>10～50		>50～100			>100	

注　(1) 越程槽内两直线相交处，不允许产生尖角。
　　(2) 越程槽深度 h 与圆弧半径 r 要满足 $r \leq 3h$。
　　(3) 磨削具有数个直径的工件时，可使用同一规格的越程槽。
　　(4) 直径 d 值大的零件，允许选择小规格的砂轮越程槽。
　　(5) 砂轮越程槽的尺寸公差和表面粗糙度根据该零件的结构、性能确定。

（四）普通螺纹倒角和退刀槽（摘自 GB/T 3—1997）、螺纹紧固件的螺纹倒角（摘自 GB/T 2—2001）

表 A.5 普通螺纹退刀槽尺寸 （单位：mm）

螺距	外螺纹			内螺纹		螺距	外螺纹			内螺纹	
	g_{2max}	g_{1min}	d_g	G_1	D_g		g_{2max}	g_{1min}	d_g	G_1	D_g
0.5	1.5	0.8	$d-0.8$	2		1.75	5.25	3	$d-2.6$	7	
0.7	2.1	1.1	$d-1.1$	2.8	$D+0.3$	2	6	3.4	$d-3$	8	
0.8	2.4	1.3	$d-1.3$	3.2		2.5	7.5	4.4	$d-3.6$	10	$D+0.5$
1	3	1.6	$d-1.6$	4		3	9	5.2	$d-4.4$	12	
1.25	3.75	2	$d-2$	5	$D+0.5$	3.5	10.5	6.2	$d-5$	14	
1.5	4.5	2.5	$d-2.3$	6		4	12	7	$d-5.7$	16	

注　退刀槽的尺寸见上表；普通螺纹端部倒角见倒角国家标准。

（五）紧固件通孔（摘自 GB/T 5277—1985）及沉头座尺寸（摘自 GB/T 152.2～152.4—1988）

表 A.6　紧固孔通孔及沉头座尺寸　　　　　　　　　　（单位：mm）

螺纹规格 d			3	4	5	6	8	10	12	14	16	18	20	22	24	27	30	36
通孔直径 GB/T 5277—1985	精装配		3.2	4.3	5.3	6.4	8.4	10.5	13	15	17	19	21	23	25	28	31	37
	中等装配		3.4	4.5	5.5	6.6	9	11	13.5	15.5	17.5	20	22	24	26	30	33	39
	粗装配		3.6	4.8	5.8	7	10	12	14.5	16.5	18.5	21	24	26	28	32	35	42
六角头螺栓和六角螺母用沉孔 GB/T 152.4—1988	d_2		9	10	11	13	18	22	26	30	33	36	40	43	48	53	61	71
	d_3		—	—	—	—	—	—	16	18	20	22	24	26	28	33	36	42
	d_1		3.4	4.5	5.5	6.6	9.0	11.0	13.5	15.5	17.5	20.0	22.0	24	26	30	33	39
沉头用沉孔 GB/T 152.2—1988	d_2		6.4	9.6	10.6	12.8	17.6	20.3	24.4	28.4	32.4	—	40.4	—	—	—	—	—
	$t\approx$		1.6	2.7	2.7	3.3	4.6	5.0	6.0	7.0	8.0	—	10.0	—	—	—	—	—
	d_1		3.4	4.5	4.4	6.6	9	11	13.5	15.5	17.5	—	22	—	—	—	—	—
	α		$90°^{-2°}_{-4°}$															
内六角圆柱头螺钉用沉孔 GB/T 152.3—1988	d_2		6.0	8.0	10.0	11.0	15.0	18.0	20.0	24.0	26.0	—	33.0	—	40.0	—	48.0	57.0
	t		3.4	4.6	5.7	6.8	9.0	11.0	13.0	15.0	17.0	—	21.5	—	25.5	—	32.0	38.0
	d_3		—	—	—	—	—	—	16	18	20	—	24	—	28	—	36	42
	d_1		3.4	4.5	5.5	6.6	9.0	11.0	13.5	15.5	17.5	—	22.0	—	26.0	—	33.0	39.0
开槽圆柱头螺钉用沉孔 GB/T 152.3—1988	d_2		—	8	10	11	15	18	20	24	26	—	33	—	—	—	—	—
	t		—	3.2	4.0	4.7	6.0	7.0	8.0	9.0	10.5	—	12.5	—	—	—	—	—
	d_3		—	—	—	—	—	—	16	18	20	—	24	—	—	—	—	—
	d_1		—	4.5	5.5	6.6	9.0	11.0	13.5	15.5	17.5	—	22.0	—	—	—	—	—

注　对螺栓和螺母用沉孔的尺寸 t，只要能制出与通孔轴线垂直的圆平面即可，即刮平圆平面为止，常称锪平。表中尺寸 d_1、d_2、t 的公差带代号都是 H13。

附录 B 螺　　纹

（一）普通螺纹（摘自 GB/T 193—2003、GB/T 196—2003）

单位：mm

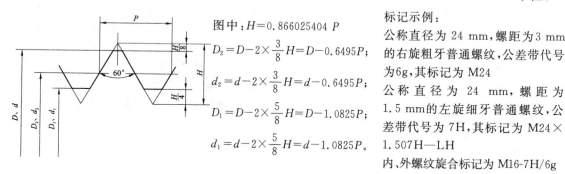

图中：$H = 0.866025404P$

$D_2 = D - 2 \times \dfrac{3}{8}H = D - 0.6495P$；

$d_2 = d - 2 \times \dfrac{3}{8}H = d - 0.6495P$；

$D_1 = D - 2 \times \dfrac{5}{8}H = D - 1.0825P$；

$d_1 = d - 2 \times \dfrac{5}{8}H = d - 1.0825P$。

标记示例：

公称直径为 24 mm，螺距为 3 mm 的右旋粗牙普通螺纹，公差带代号为 6g，其标记为 M24

公称直径为 24 mm，螺距为 1.5 mm 的左旋细牙普通螺纹，公差带代号为 7H，其标记为 M24×1.5 07H—LH

内、外螺纹旋合标记为 M16-7H/6g

表 B.1　普通螺纹直径与螺距、基本尺寸

公称直径 D、d		螺距 P		粗牙小径 D_1、d_1	公称直径 D、d		螺距 P		粗牙小径 D_1、d_1
第一系列	第二系列	粗牙	细牙		第一系列	第二系列	粗牙	细牙	
3		0.5	0.35	2.459	16		2	1.5,1	13.835
4		0.7	0.5	3.242		18		2,1.5,1	15.294
5		0.8		4.134	20		2.5		17.294
6		1	0.75	4.917		22			19.294
8		1.25	1,0.75	6.647	24		3		20.752
10		1.5	1.25,1,0.75	8.376	30		3.5	(3),2,1.5,1	26.211
12		1.75	1.25,1	10.106	36		4	3,2,1.5	31.670
	14	2	1.5,1.25,1	11.835		39			34.670

注　（1）优先选用第一系列，其次选用第二系列，最后选用第三系列，括号内尺寸尽可能不用。

（2）公称直径 D、d 为 1～2.5 和 64～300 的部分未列入；第三系列全部未列入。

（3）M14×1.25 规格仅用于发动机的火花塞。

（4）中径 D_2、d_2 未列入，可按公式计算。

（二）管螺纹（摘自 GB/T 7306.1—2000、GB/T 7306.2—2000、GB/T 7307—2001）

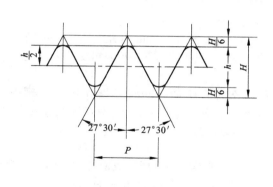

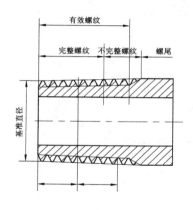

圆柱螺纹的设计牙型

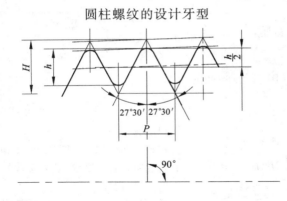

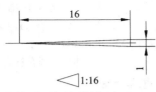

<1:16

圆锥螺纹的设计牙型

标记示例：

　　尺寸代号为 1/2 的 A 级右旋外螺纹标记为 G1 /2 A

　　尺寸代号为 1/2 的右旋内螺纹的标记为 G1 /2

　　上述右旋内、外螺纹所组成的螺纹副的标记为 G1/2 A

　　当螺纹左旋时标记为 G1/2 A—LH

表 B.2　管螺纹尺寸代号及基本尺寸

尺寸代号	每 25.4 mm 内的牙数 n	螺距 P/mm	牙高 h/mm	基本直径或基准平面内的基本直径/mm			基准距离（基本）/mm	外螺纹的有效螺纹长度不小于/mm
				大径 $D=d$	中径 $D_2=d_2$	小径 $D_1=d_1$		
1/4	19	1.337	0.856	13.157	12.301	11.445	6	9.7
3/8	19	1.337	0.856	16.662	15.806	14.950	6.4	10.1
1/2	14	1.814	1.162	20.995	19.793	18.631	8.2	13.2
3/4	14	1.814	1.162	26.441	25.279	24.117	9.5	14.5
1	11	2.309	1.479	33.249	31.770	30.291	10.4	16.8
11/4	11	2.309	1.479	41.910	40.431	38.952	12.7	19.1
11/2	11	2.309	1.479	47.803	46.324	44.845	12.7	19.1
2	11	2.309	1.479	59.614	58.135	56.656	15.9	23.4

注　第五列中所列的是圆柱螺纹的基本直径和圆锥螺纹在基本平面内的基本直径；第六、七列只适用于圆锥螺纹。

（三）梯形螺纹（GB/T 5796.2—2005 和 GB/T 5796.3—2005）

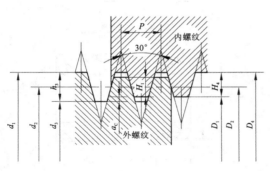

标记示例：

　　公称直径为 28 mm、螺距为 5 mm、中径公差带代号为 7H 的单线右旋梯形内螺纹，其标记为

　　　　Tr 28×5—7H

　　公称直径为 28 mm、导程为 10 mm、螺距为 5 mm，中径公差带代号为 8e 的双线左旋梯形外螺纹，其标记为

　　　　Tr 28×10(P5)—LH—8e

　　内、外螺纹旋合所组成的螺纹副的标记为

　　　　Tr 28×5—7H/8e

表 B.3　梯形螺纹直径与螺距系列、基本尺寸　　　　　　　　　　（单位：mm）

公称直径		螺距	中径	大径	小径		公称直径		螺距	中径	大径	小径	
第一系列	第二系列	P	$d_2=D_2$	D_4	d_3	D_1	第一系列	第二系列	P	$d_2=D_2$	D_4	d_3	D_1
8		1.5	7.250	8.300	6.200	6.500		26	3	24.500	26.500	22.500	23.000
	9	1.5	8.250	9.300	7.200	7.500		26	5	23.500	26.500	20.500	21.000
	9	2	8.000	9.500	6.500	7.000		26	8	22.000	27.000	17.000	18.000
10		1.5	9.250	10.300	8.200	8.500	28		3	26.500	28.500	24.500	25.000
10		2	9.000	10.500	7.500	8.000	28		5	25.500	28.500	22.500	23.000
	11	2	10.000	11.500	8.500	9.000	28		8	24.000	29.000	19.000	20.000
	11	3	9.500	11.500	7.500	8.000	30		3	28.500	30.500	26.500	29.000
12		2	11.000	12.500	9.500	10.000	30		6	27.000	31.000	23.000	24.000
12		3	10.500	12.500	8.500	9.000	30		10	25.000	31.000	19.000	20.500
	14	2	13.000	14.500	11.500	12.000	32		3	30.500	32.500	28.500	29.000
	14	3	12.500	14.500	10.500	11.000	32		6	29.000	33.000	25.000	26.000
16		2	15.000	16.500	13.500	14.000	32		10	27.000	33.000	21.000	22.000
16		4	14.000	16.500	11.500	12.000		34	3	32.500	34.500	30.500	31.000
	18	2	17.000	18.500	15.500	16.000		34	6	31.000	35.000	27.000	28.000
	18	4	16.000	18.500	13.500	14.000		34	10	29.000	35.000	23.000	24.000
20		2	19.000	20.500	17.500	18.000	36		3	34.500	36.500	32.500	33.000
20		4	18.000	20.500	15.500	16.000	36		6	33.000	37.000	29.000	30.000
	22	3	20.500	22.500	18.500	19.000	36		10	31.000	37.000	25.000	26.000
	22	5	19.500	22.500	16.500	17.000		38	3	36.500	38.500	34.500	35.000
	22	8	18.000	23.000	13.000	14.000		38	7	34.500	39.000	30.000	31.000
24		3	22.500	24.500	20.500	21.000		38	10	33.000	39.000	27.000	28.000
24		5	21.500	24.500	18.500	19.000	40		3	38.500	40.500	36.500	37.000
24		8	20.000	25.000	15.000	16.000	40		7	36.500	41.000	32.000	33.000
							40		10	35.000	41.000	29.000	30.000

注　优先选用第一系列，其次选用第二系列；新产品设计中，不宜选用第三系列。

附录 C 常用的标准件

（一）六角头螺栓

六角头螺栓－C 级（GB/T 5780—2000）　　　六角头螺栓全螺纹－A 级和 B 级（ GB/T 5782—2000）

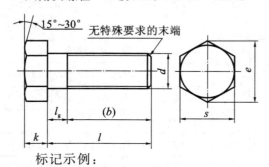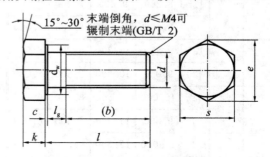

标记示例：

螺纹规格 d＝M12、公称长度 l＝80 mm、性能等级为 8.8 级、表面氧化、A 级的六角头螺栓，其标记为

螺栓 GB/T 5782—2000 M12×80

若为全螺纹，其标记为　螺栓 GB/T 5783—2000 M12×80

表 C.1　六角头螺栓各部分尺寸　　　　　　　　　　（单位：mm）

螺纹规格 d			M3	M4	M5	M6	M8	M10	M12	M16	M20	M24	M30	M36	M42
e	产品等级	A	6.01	7.66	8.79	11.05	14.38	17.77	20.03	26.75	33.53	39.98	—	—	—
		B、C	5.88	7.50	8.63	10.89	14.20	17.59	19.85	26.17	32.95	39.55	50.85	60.79	72.02
s(公称)			5.5	7	8	10	13	16	18	24	30	36	46	55	65
k(公称)			2	2.8	3.5	4	5.3	6.4	7.5	10	12.5	15	18.7	22.5	26
c			0.4	0.4	0.5	0.5	0.6	0.6	0.6	0.8	0.8	0.8	0.8	0.8	1
d_w	产品等级	A	4.57	5.88	6.88	8.88	11.63	14.63	16.63	22.49	28.19	33.61	—	—	—
		B、C	4.45	5.74	6.74	8.74	11.47	14.47	16.47	22	27.7	33.25	42.75	51.11	59.95
b (参考)	$l\leqslant125$		12	14	16	18	22	26	30	38	46	54	66	—	—
	$125<l\leqslant200$		18	20	22	24	28	32	36	44	52	60	72	84	96
	$l>200$		31	33	35	37	41	45	49	57	65	73	85	97	109
l 范围			20～30	25～40	25～50	30～60	40～80	45～100	50～120	65～160	80～200	90～240	110～300	140～360	160～400
l 系列			\multicolumn{13}{l}{12,16,20,25,30,35,40,45,50,(55),60,(65),70,80,90,100,110,120,130,140,150,160,180,200,220,240,260,280,300,320,340,360,380,400,420,440,460,480,500}

注　(1) 标准规定螺栓的螺纹规格 d＝M1.6～M64。

　　(2) 标准规定螺栓公称长度 l(mm)系列：2,3,4,5,6,8,10,12,16,20～65(5 进位),70～160(10 进位),180～500(20 进位)。

　　(3) 产品等级 A、B 根据公差取值不同而定，A 级公差小，A 级用于 d＝1.6～24 mm 和 $l\leqslant10d$ 或 $l\leqslant150$ mm 的螺栓，B 级用于 $l>24$ mm 或 $l>10d$ 或 $l>150$ mm 的螺栓。

　　(4) 材料为钢的螺栓性能等级有 5.6、8.8、9.8、10.9 级，其中 8.8 级为常用。8.8 级前面的数字 8 表示公称抗拉强度（σ_b，N/mm²）的 1/100，后面的数字表示公称屈服强度（σ_s，N/mm²）或公称规定非比例伸长应力（σ_p 0.2，N/mm²）与公称抗拉强度（σ_b）的比值（屈强比）的 10 倍。

（二）双头螺柱

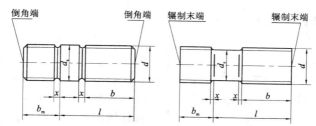

（GB/T 897—1988　（$b_m = 1d$），GB/T 898—1988　（$b_m = 1.25d$），
GB/T 899—1988　（$b_m = 1.5d$），GB/T 900—1988（$b_m = 2d$）

标注示例：

两端均为粗牙普通螺纹，$d = 10$ mm，$l = 50$ mm，性能等级为 4.8 级，不经表面处理，B 型，$b_m = d$ 的双头螺柱标记为

螺柱 GB/T 897—1988 M10×50

旋入端为粗牙普通螺纹，紧固端为螺距 $P = 1$ mm 的细牙普通螺纹，$d = 10$ mm，$l = 50$ mm，性能等级为4.8级，不经表面处理，A 型，$b_m = 1.25d$ 的双头螺柱标记为

螺柱 GB/T 898—1988 GM10—M10×1×50

表 C.2　双头螺栓各部分尺寸　　　　　　　　　　　　　（单位：mm）

螺纹规格 d	b_m（公称）				d_s		x max	b	l（公称）
	GB/T 897—1988	GB/T 898—1988	GB/T 899—1988	GB/T 900—1988	max	min			
M5	5	6	8	10	5	4.7		10	16～(22)
								16	25～50
M6	6	8	10	12	6	5.7		10	20、(22)
								14	25、(28)、30
								18	(32)～(75)
M8	8	10	12	16	8	7.64		12	20、(22)
								16	25、(28)、30
								22	(32)～90
M10	10	12	15	20	10	9.64		14	25、(28)
								16	30、(38)
								26	40～120
								32	130
M12	12	15	18	24	12	11.57	1.5P	16	25～30
								20	(32)～40
								30	45～120
								36	130～180
M16	16	20	24	32	16	15.57		20	30～(38)
								30	40～50
								38	60～120
								44	130～200
M20	20	25	30	40	20	19.48		25	35～40
								35	45～60
								46	(65)～120
								52	130～200
M24	24	30	36	48	24	23.48		30	45～50
								45	(55)～(75)
								54	80～120
								60	130～200

注　（1）P 表示粗牙螺纹的螺距。

（2）l 的长度系列：16、(18)、20、(22)、25、(28)、30、(32)、35、(38)、40、45、50、(55)、60、(65)、70、(75)、80、90、(95)、100～260（十进位）、280、300 。括号内的数值尽可能不采用。

（3）材料为钢的螺柱，性能等级有 4.8、5.8、6.8、8.8、10.9、12.9级，其中 4.8 级为常用等级。

（三）螺钉

1. 开槽圆柱头螺钉（GB/T 65—2000）

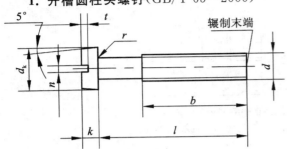

标记示例：

螺纹规格 d＝M5、公称长度 l＝20 mm、性能等级为 4.8 级、不经表面处理的 A 级开槽圆柱头螺钉标记为

螺钉 GB/T 65—2000　M5×20

表 C.3　螺钉各部分尺寸　　　　　　（单位：mm）

螺纹规格	M4	M5	M6	M8	M10
P（螺距）	0.7	0.8	1	1.25	1.5
b	38	38	38	38	38
d_k	7	8.5	10	13	16
k	2.6	3.3	3.9	5	6
n	1.2	1.2	1.6	2	2.5
r	0.2	0.2	0.25	0.4	0.4
t	1.1	1.3	1.6	2	2.4
公称长度 l	5～40	6～50	8～60	10～80	12～80
l 系列	5,6,8,10,12,(14),16,20,25,30,35,40,45,50,(55),60,(65),70,(75),80				

注　(1) 公称长度 l≤40 mm 的螺钉制出全螺纹。
　　(2) 括号内的规格尽可能不采用。
　　(3) 螺纹规格 d＝M1.6～M10；公称长度 l＝2～80 mm。d<M4 的螺钉未列入。
　　(4) 材料为钢的螺钉性能等级有 4.8、5.8 级，其中 4.8 级为常用等级。

2. 开槽盘头螺钉（GB/T 67—2008）

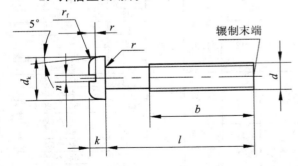

标记示例：

螺纹规格 d＝M5、公称长度 l＝20 mm、性能等级为 4.8 级、不经表面处理的 A 级开槽盘头螺钉，其标记为

螺钉 GB/T 67—2008　M5×20

表 C.4　开槽盘头螺钉各部分尺寸　　　　　（单位：mm）

螺纹规格	M3	M4	M5	M6	M8	M10
P（螺距）	0.5	0.7	0.8	1	1.25	1.5
b	25	38	38	38	38	38
d_k	5.6	8	9.5	12	16	20

续表

螺纹规格	M3	M4	M5	M6	M8	M10
k	1.8	2.4	3	3.6	4.8	6
n	0.8	1.2	1.2	1.6	2	2.5
r	0.1	0.2	0.2	0.25	0.4	0.4
t	0.7	1	1.2	1.4	1.9	2.4
r_f(参考)	0.9	1.2	1.5	1.8	2.4	3
公称长度 l	4～30	5～40	6～50	8～60	10～80	12～80
l 系列	4,5,6,8,10,12,(14),16,20,25,30,35,40,45,50,(55),60,(65),70,(75),80。					

注 (1) 括号内的规格尽可能不采用。

(2) 螺纹规格 d=M1.6～M10;公称长度 l=2～80 mm。d<M3 的螺钉未列入。

(3) M1.6～M3 的螺钉,公称长度 l≤30 mm 时,制出全螺纹。

(4) M4～M10 的螺钉,公称长度 l≤40mm 时,制出全螺纹。

(5) 材料为钢的螺钉性能等级有 4.8、5.8 级,共中 4.8 级为常用等级。

3. 开槽沉头螺钉(GB/T 68—2000)

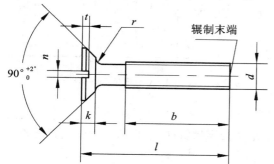

标记示例:

螺纹规格 d=M5、公称长度 l=20 mm、性能等级为 4.8 级、不经表面处理的 A 级开槽沉头螺钉,其标记为

螺钉 GB/T 68—2000 M5×20

表 C.5 开槽沉头螺钉各部分尺寸 (单位:mm)

螺纹规格 d	M1.6	M2	M2.5	M3	M4	M5	M6	M8	M10
P(螺距)	0.35	0.4	0.45	0.5	0.7	0.8	1	1.25	1.5
b	25	25	25	25	38	38	38	38	38
d_k	3.6	4.4	5.5	6.3	9.4	10.4	12.6	17.3	20
k	1	1.2	1.5	1.65	2.7	2.7	3.3	4.65	5
n	0.4	0.5	0.6	0.8	1.2	1.2	1.6	2	2.5
r	0.4	0.5	0.6	0.8	1	1.3	1.5	2	2.5
t	0.5	0.6	0.75	0.85	1.3	1.4	1.6	2.3	2.6
公称长度 l	2.5～16	3～20	4～25	5～30	6～40	8～50	8～60	10～80	12～80
l 系列	2.5,3,4,5,6,8,10,12,(14),16,20,25,30,35,40,45,50,(55),60,(65),70,(75),80								

注 (1) 括号内的规格尽可能不采用。

(2) M1.6～M3 的螺钉,公称长度 l≤30 mm 时,制出全螺纹。

(3) M4～M10 的螺钉,公称长度 l≤40 mm 时,制出全螺纹。

(4) 材料为钢的螺钉性能等级有 4.8、5.8 级,其中 4.8 级为常用等级。

4．内六角圆柱头螺钉（GB/T 70.1—2008）

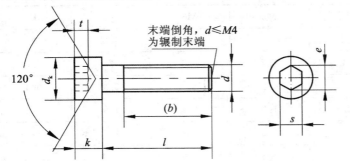

标记示例：

螺纹规格 d＝M5、公称长度 l＝20 mm、性能等级为 8.8 级、表面氧化的内六角圆柱头螺钉标记为

螺钉 GB/T 70.1　M5×20

表 C.6　内六角圆柱头螺钉各部分尺寸　　　　　　　　　　（单位：mm）

螺纹规格 d	M2.5	M3	M4	M5	M6	M8	M10	M12	M16	M20	M24	M30	M36
d_k	4.5	5.5	7	8.5	10	13	16	18	24	30	36	45	54
k	2.5	3	4	5	6	8	10	12	16	20	24	30	36
t	1.1	1.3	2	2.5	3	4	5	6	8	10	12	15.5	19
s	2	2.5	3	4	5	6	8	10	14	17	19	22	27
e	2.3	2.87	3.44	4.58	5.72	6.86	9.15	11.43	16	19.44	21.73	25.15	30.85
b(参考)	17	18	20	22	24	28	32	36	44	52	60	72	84
l 范围	4～25	5～30	6～40	8～50	10～60	12～80	16～100	20～120	25～160	30～200	40～200	45～200	55～200

注：(1) 标准规定螺钉规格 M1.6～M64。

(2) 公称长度 l(系列)：2.5,3,4,5,6～16(2 进位)mm,20～65(5 进位)mm,70～160(10 进位)mm,180～300(20 进位)mm。

(3) 材料为钢的螺钉性能等级有 8.8、10.9、12.9 级，其中 8.8 级为常用。

5．开槽锥端紧定螺钉（GB/T 71—1985）、开槽平端紧定螺钉（GB/T 73—1985）、开槽长圆柱端紧定螺钉（GB/T 75—1985）

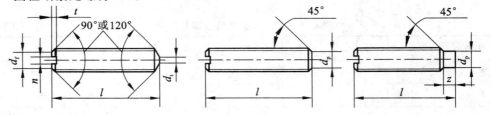

标记示例：

螺纹规格 d＝M5,公称长度 l＝12 mm,性能等级为 14H 级,表面氧化的开槽平端紧定螺钉标记为　　　　　螺钉 GB/T 73—1985 M5×12—14H

表 C.7　紧定螺钉各部分尺寸　　　　　　　　　　（单位：mm）

螺纹规格 d	M1.6	M2	M2.5	M3	M4	M5	M6	M8	M10	M12
P(螺距)	0.35	0.4	0.45	0.5	0.7	0.8	1	1.25	1.5	1.75
n(公称)	0.25	0.25	0.4	0.4	0.6	0.8	1	1.2	1.6	2
t	0.74	0.84	0.95	1.05	1.42	1.63	2	2.5	3	3.6
d_t	0.16	0.2	0.25	0.3	0.4	0.5	1.5	2	2.5	3
d_p	0.8	1	1.5	2	2.5	3.5	4	5.5	7	8.5

续表

螺纹规格 d	M1.6	M2	M2.5	M3	M4	M5	M6	M8	M10	M12
z	1.05	1.25	1.5	1.75	2.25	2.75	3.25	4.3	5.3	6.3
公称长度 l　GB/T 71—1985	2～8	3～10	3～12	4～16	6～20	8～25	8～30	10～40	12～50	14～60
GB/T 73—1985	2～8	3～10	4～12	4～16	5～20	6～25	8～30	8～40	10～50	12～60
GB/T 75—1985	2.5～8	4～10	5～12	6～16	8～20	10～25	12～30	16～40	20～50	25～60
l 系列	2,2.5,3,4,5,6,8,10,12,(14),16,20,25,30,35,40,45,50,(55),60										

注　(1) 括号内的规格尽可能不采用。
　　(2) d_f 不大于螺纹小径。本表中 n 摘录的是公称值，t、d_1、d_p、z 摘录的是最大值。l 在 GB/ 71—1985 中，当 d = M2.5、l = 3 mm 时，螺钉两端倒角为 120°，其余情况下均为 90°。l 在 GB/T 73—1985 和 GB/T 75—1985 中，分别列出了头部倒角为 90° 和 120° 的尺寸，本表只摘录了头部倒角为 90° 的尺寸。
　　(3) 紧定螺钉性能等级有 14H、22H 级，其中 14H 级为常用。H 表示硬度，数字表示最低的维氏硬度的 1/10。
　　(4) GB/T 71—1985、GB/T 73—1985 规定，d=M1.2～M12；GB/T 75—1985 规定，d=M1.6～M12。

（四）1 型六角螺母（GB/T 6170—2000），**2 型六角螺母**（GB/T 6175—2000），**六角薄螺母**（GB/T 6172.1—2000）

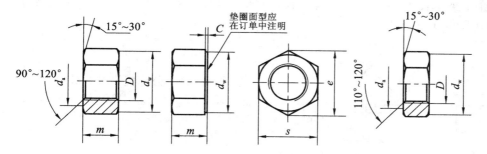

标记示例：
　　螺纹规格 D＝M12、性能等级为 8 级、不经表面处理、产品等级为 A 级的 1 型六角螺母，其标记为　　　　　　螺母 GB/T 6170—2000 M12
　　性能等级为 9 级、表面氧化产品等级为 A 级的 2 型六角螺母，其标记为
　　　　　　螺母 GB/T 6175—2000 M12
　　性能等级为 04 级、不经表面处理产品等级为 A 级的六角薄螺母，其标记为
　　　　　　螺母 GB/T 6172.1—2000 M12

表 C.8　螺母各部分尺寸　　　　　　　　　　（单位：mm）

螺纹规格 D		M3	M4	M5	M6	M8	M10	M12	M16	M20	M24	M30	M36
e(min)		6.01	7.66	8.79	11.05	14.38	17.77	20.03	26.75	32.95	39.55	50.85	60.79
s	max	5.5	7	8	10	13	16	18	24	30	36	46	55
	min	5.32	6.78	7.78	9.78	12.73	15.73	17.73	23.67	29.16	35	45	55.8
c(max)		0.4	0.4	0.5	0.5	0.6	0.6	0.6	0.8	0.8	0.8	0.8	0.8
d_w(min)		4.6	5.9	6.9	8.9	11.6	14.6	16.6	22.5	27.7	33.2	42.8	51.1
d_a(max)		3.45	4.6	5.75	6.75	8.75	10.8	13	17.3	21.6	25.9	32.4	38.9

螺纹规格 D			M3	M4	M5	M6	M8	M10	M12	M16	M20	M24	M30	M36
m	GB/T 6170—2000	max	2.4	3.2	4.7	5.2	6.8	8.4	10.8	14.8	18	21.5	25.6	31
		min	2.15	2.9	4.4	4.9	6.44	8.04	10.37	14.1	16.9	20.2	24.3	29.4
	GB/T 6172.1—2000	max	1.8	2.2	2.7	3.2	4	5	6	8	10	12	15	18
		min	1.55	1.95	2.45	2.9	3.7	4.7	5.7	7.42	9.10	10.9	13.9	16.9
	GB/T 6175—2000	max	—	—	5.1	5.7	7.5	9.3	12	16.4	20.3	23.9	28.6	34.7
		min	—	—	4.8	5.4	7.14	8.94	11.57	15.7	19	22.6	27.3	33.1

注 (1) GB/T 6170—2000 和 GB/T 6172.1—2000 的螺纹规格为 M1.6～M64,GB/T 6175—2000 的螺纹规格为 M5～M36。

(2) 产品等级 A、B 是由公差取值大小决定的,A 级公差数值小。A 级用于 $D\leqslant 16$ mm 的螺母,B 级用于 $D>16$ mm 的螺母。

(3) 钢制 1 型和 2 型螺母用与之相配的螺栓性能等级最高的第一部分数值标记,1 型螺母的性能等级有 6、8、10 级,其中 8 级为常用等级;2 型螺母有 9、12 级,其中 9 级为常用等级。薄螺母的性能等级有 04、05 级,其中 04 级为常用等级(第一位数字"0"表示这种螺栓、螺母组合件承载能力比淬硬芯棒测出的承载能力要小,第 2 位数字表示以淬硬芯棒测出的公称保证应力的 1/100,以 N/mm² 计)。

(五) 垫圈

1. 小垫圈 A 级(GB/T 848—2002),**平垫圈倒角型 A 级**(GB/T 97.2—2002),**平垫圈 A 级**(GB/T 97.1—2002)

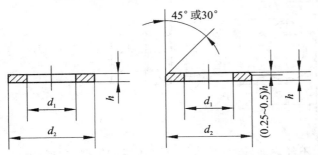

标准系列、公称规格 8 mm,由钢制造的硬度等级为 200HV 级、不经表面处理、产品等级为 A 级的平垫圈标记为

垫圈 GB/T 97.1—2002　8

表 C.9　垫圈各部分尺寸　　　　　　　　　　　(单位:mm)

公称规格(螺纹大径)d		1.6	2	2.5	3	4	5	6	8	10	12	16	20	24	30	36
d_1	GB/T 848—2002	1.7	2.2	2.7	3.2	4.3	5.3	6.4	8.4	10.5	13	17	21	25	31	37
	GB/T 97.1—2002	1.7	2.2	2.7	3.2	4.3	5.3	6.4	8.4	10.5	13	17	21	25	31	37
	GB/T 97.2—2002	—	—	—	—	—	5.3	6.4	8.4	10.5	13	17	21	25	31	37
d_2	GB/T 848—2002	3.5	4.5	5	6	8	9	11	15	18	20	28	34	39	50	60
	GB/T 97.1—2002	4	5	6	7	9	10	12	16	20	24	30	37	44	56	66
	GB/T 97.2—2002	—	—	—	—	—	10	12	16	20	24	30	37	44	56	66
h	GB/T 848—2002	0.3	0.3	0.5	0.5	0.5	1	1.6	1.6	1.6	2	2.5	3	4	4	5
	GB/T 97.1—2002	0.3	0.3	0.5	0.5	0.8	1	1.6	1.6	2	2.5	3	3	4	4	5
	GB/T 97.2—2002	—	—	—	—	—	1	1.6	1.6	2	2.5	3	3	4	4	5

注 (1) 硬度等级有 200HV、300HV 级;材料有钢和不锈钢两种。GB/T 97.1—2002 和 GB/T 97.2—2002 规定,200HV 适用于≤8.8 级的 A 级和 B 级或不锈钢六角头螺栓、六角螺母和螺钉等;300HV 适用于不小于 10 级的 A 级和 B 级的六角头螺栓、螺钉和螺母。GB/T 848—2002 规定,200HV 适用于不大于 8.8 级或不锈钢制造的圆柱头螺钉、内六角头螺钉等;300HV 适用于不大于 10.9 级的内六角圆柱头螺钉等。

(2) d 的范围:GB/T 848—2002 的为 1.6～36 mm,GB/T 97.1—2002 的为 1.6～64 mm;GB/T 97.2—2002 的为 5～64 mm。表中所列的仅为 $d\leqslant 36$ mm 垫圈的优选尺寸;$d>36$ mm 垫圈的优选尺寸和非优选尺寸,可查阅以上三个标准。

2. 标准型弹簧垫圈（GB/T 93—1987）

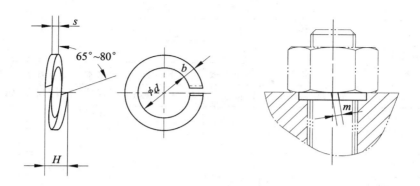

标记示例

规格为 16 mm，材料为 65Mn，表面氧化的标准型弹簧垫圈标记为

垫圈 GB/T 93—1987　16

表 C.10　垫圈各部分尺寸

（单位：mm）

公称规格（螺纹大径）	3	4	5	6	8	10	12	(14)	16	(18)	20	(22)	24	(27)	30
d	3.1	4.1	5.1	6.1	8.1	10.2	12.2	14.2	16.2	18.2	20.2	22.5	24.5	27.5	30.5
H	1.6	2.2	2.6	3.2	4.2	5.2	6.2	7.2	8.2	9	10	11	12	13.6	15
$s(b)$	0.8	1.1	1.3	1.6	2.1	2.6	3.1	3.6	4.1	4.5	5	5.5	6	6.8	7.5
$m \leqslant$	0.4	0.55	0.65	0.8	1.05	1.3	1.55	1.8	2.05	2.25	2.5	2.75	3	3.4	3.75

注　(1) 括号内的规格尽可能不采用。

　　(2) m 应大于零。

（六）键

1. 平键和键槽的剖面尺寸（GB/T 1095—2003）

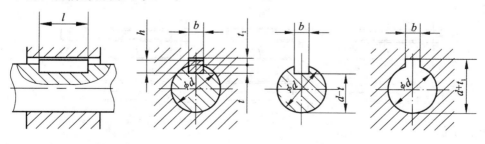

表 C.11　普通平键的尺寸和公差　　　　　　　　　　　　　　　　　（单位：mm）

轴	键	键槽										
		宽度					深度				半径 r	
公称尺寸 L	键尺寸 b×h	基本尺寸	极限偏差					轴 t_1		毂 t_2		
			正常连接		紧密连接	松连接		基本尺寸	极限偏差	基本尺寸	极限偏差	
			轴 N9	毂 JS9	轴和毂 P9	轴 H9	毂 D10					min	max
自 6～8	2×2	2	−0.004 −0.029	±0.0125	−0.006 −0.031	+0.025 0	+0.060 +0.020	1.2	+0.1 0	1.0	+0.1 0	0.08	0.16
>8～10	3×3	3						1.8		1.4		
>10～12	4×4	4	0 −0.030	±0.015	−0.012 −0.042	+0.030 0	+0.078 +0.030	2.5		1.8		0.16	0.25
>12～17	5×5	5						3.0		2.3		
>17～22	6×6	6						3.5		2.8		
>22～30	8×7	8	0 −0.036	±0.018	−0.015 −0.051	+0.036 0	+0.098 +0.040	4.0		3.3		
>30～38	10×8	10						5.0		3.3		
>38～44	12×8	12	0 −0.043	±0.0215	−0.018 −0.061	+0.043 0	+0.120 +0.050	5.0	+0.2 0	3.3	+0.2 0	0.25	0.40
>44～50	14×9	14						5.5		3.8		
>50～58	16×10	16						6.0		4.3		
>58～65	18×11	18						7.0		4.4		
>65～75	20×12	20	0 −0.052	±0.026	−0.022 −0.074	+0.052 0	+0.149 +0.065	7.5	+0.2 0	4.9	+0.2 0	0.40	0.60
>75～85	22×14	22						9.0		5.4		
>85～95	25×14	25						9.0		5.4		
>95～110	28×16	28						10.0		6.4		
>110～130	32×18	32						11.0		7.4		

注　(1) 标准规定键宽 b=2～100 mm，公称长度 L=6～500 mm。

(2) 在零件图中轴槽深用 $d-t_1$ 标注，轮毂槽深用 $d+t_2$ 标注。键槽的极限偏差按 t_1（轴）和 t_2（毂）的极限偏差选取，但轴槽深 $d-t_1$ 的极限偏差值应取负号。

(3) 键的材料常用 45 钢。

2. 普通平键形式尺寸（GB/T 1096—2003）

A 型（圆头）　　　　　　B 型（平头）　　　　　C 型（单圆头）

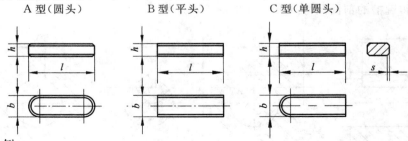

标记示例：

普通 A 型平键，b=18 mm、h=11 mm、L=100 mm，其标记为　GB/T 1096 键 18×11×100

普通 B 型平键，b=18 mm、h=11 mm、L=100 mm，其标记为　GB/T 1096 键 B 18×11×100

普通 C 型平键，b=18 mm、h=11 mm、L=100 mm，其标记为　GB/T 1096 键 C 18×11×10

表 C.12　普通平键尺寸 (单位:mm)

宽度 b	基本尺寸	2	3	4	5	6	8	10	12	14	16	18	20	22
	极限偏差(h8)	0 −0.014		0 −0.018			0 −0.022		0 −0.027				0 −0.033	

高度 h		基本尺寸	2	3	4	5	6	7	8	8	9	10	11	12	14
	极限偏差	矩形(h11)								0 −0.090				0 −0.110	
		方形(h8)	0 −0.014		0 −0.018			—				—			

倒角或倒圆 s	0.16~0.25	0.25~0.40	0.40~0.60	0.60~0.80

长度 L

基本尺寸	极限偏差(h14)
6	0 −0.36
8	
10	
12	0 −0.43
14	
16	
18	
20	0 −0.52
22	
25	
28	
32	0 −0.62
36	
40	
45	
50	

(七) 销

1. 不淬硬钢和奥氏体不锈钢圆柱销(GB/T 119.1—2000)**，淬硬钢和马氏体不锈钢圆柱销**
(GB/T 119.2—2000)

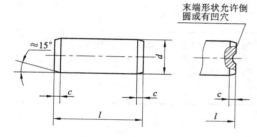

标记示例：

公称直径 $d=8$ mm，公差为 m6，公称长度 $l=30$ mm，材料为钢，不经淬火，不经表面处理的圆柱销，其标记为

　　销 GB/T 119.1—2000　8m6×30

公称直径 $d=8$ mm，公差为 m6，公称长度 $l=30$ mm，材料为 A1 组奥氏体不锈钢，表面简单处理的圆柱销，其标记为

　　销 GB/T 119.1—2000　8m6×30—A1

表 C.13　圆柱销各部分尺寸　　　　　　　　　　　　（单位:mm）

公称直径 d(m6/h8)	0.6	0.8	1	1.2	1.5	2	2.5	3	4	5
$c\approx$	0.12	0.16	0.20	0.25	0.30	0.35	0.40	0.50	0.63	0.80
l(商品规格范围公称长度)	2~6	2~8	4~10	4~12	4~16	6~20	6~24	8~30	8~40	10~50
公称直径 d(m6/h8)	6	8	10	12	16	20	25	30	40	50
$c\approx$	1.2	1.6	2.0	2.5	3.0	3.5	4.0	5.0	6.3	8.0
l(商品规格范围公称长度)	12~60	14~80	18~95	22~140	26~180	35~200	50~200	60~200	80~200	95~200
l系列	2,3,4,5,6,8,10,12,14,16,18,20,22,24,26,28,30,32,35,40,45,50,55,60,65,70,75, 80,85,90,95,100,120,140,160,180,200									

注　(1) GB/T 119.1—2000 规定圆柱销的公称直径 $d=0.6$~50 mm,公称长度 $l=2$~200 mm,公差有 m6 和 h8。GB/T
　　　119.2—2000 规定圆柱销的公称直径 $d=1$~20 mm,公称长度 $l=3$~100 mm,公差仅有 m6。

　　(2) 材料用钢时硬度要求为 125~245 HV30,用奥氏体不锈钢 A1(GB/T 3098.6)时硬度要求为 210~230 HV30。

　　(3) 当圆柱销公差为 h8 时,其表面粗糙度 $Ra\leqslant1.6$ μm。

　　(4) 圆柱销的材料常用 35 钢。

2. 圆锥销(GB/T 117—2000)

A 型（磨削）　　　　　B 型（切削或冷镦）

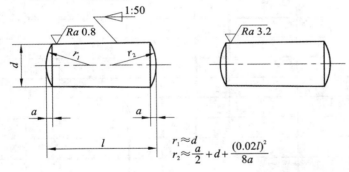

$$r_1\approx d$$
$$r_2\approx\frac{a}{2}+d+\frac{(0.02l)^2}{8a}$$

标记示例:

　　公称直径 $d=10$ mm、长度 $l=60$ mm、材料为 35 钢、热处理硬度为 28~38 HRC、表面氧化处理的 A 型圆锥销,其标记为

销 GB/T 117—2000 10×60

表 C.14　圆锥销各部分尺寸　　　　　　　　　　　　（单位:mm）

d(公称)	0.6	0.8	1	1.2	1.5	2	2.5	3	4	5
$a\approx$	0.08	0.1	0.12	0.16	0.2	0.25	0.3	0.4	0.5	0.63
l(商品规格范围公称长度)	4~8	5~12	6~16	6~20	8~24	10~35	10~35	12~45	14~55	18~60
~d(公称)	6	8	10	12	16	20	25	30	40	50
$a\approx$	0.8	1	1.2	1.6	2	2.5	3	4	5	6.3
l(商品规格范围公称长度)	22~90	22~120	26~160	32~180	40~200	45~200	50~200	55~200	60~200	65~200
l系列	2,3,4,5,6,8,10,12,14,16,18,20,22,24,26,28,30,32,35,40,45,50,55,60,65,70,75, 80,85,90,95,100,120,140,160,180,200									

3. 开口销（GB/T 91—2000）

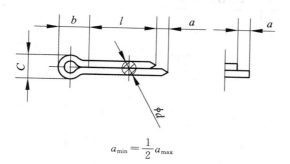

$$a_{\min} = \frac{1}{2} a_{\max}$$

标记示例：

公称规格为 5 mm、长度 $l=$ 50 mm、材料为 Q215 或 Q235，不经表面处理的开口销，其标记为

销 GB/T 91 5×50

表 C.15　开口销各部分尺寸

（单位：mm）

公称规格		0.6	0.8	1	1.2	1.6	2	2.5	3.2	4	5	6.3	8	10	13
d	max	0.5	0.7	0.9	1.0	1.4	1.8	2.3	2.9	3.7	4.6	5.9	7.5	9.5	12.4
	min	0.4	0.6	0.8	0.9	1.3	1.7	2.1	2.7	3.5	4.4	5.7	7.3	9.3	12.1
公称规格		0.6	0.8	1	1.2	1.6	2	2.5	3.2	4	5	6.3	8	10	13
C	max	1	1.4	1.8	2	2.8	3.6	4.6	5.8	7.4	9.2	11.8	15	19	24.8
	min	0.9	1.2	1.6	1.7	2.4	3.2	4	5.1	6.5	8	10.3	13.1	16.6	21.7
$b\approx$		2	2.4	3	3	3.2	4	5	6.4	8	10	12.6	16	20	26
$a_{\max}$		1.6	1.6	1.6	2.5	2.5	2.5	2.5	3.2	4	4	4	4	6.3	6.3
l（商品规格范围公称长度）		4～12	5～16	6～20	8～26	8～32	10～40	12～50	14～65	18～80	22～100	30～120	40～160	45～200	72～200
l 系列		4,5,6,8,10,12,14,16,18,20,22,24,26,28,30,32,36,40,45,50,55,60,65,70,75,80,85,90,95,100,120,140,160,180,200													

注　（1）公称规格为销孔的公称直径，标准规定公称规格为 0.6～20 mm，根据供需双方协议，可采用公称规格为 3 mm、6 mm、12 mm 的开口销。

　　（2）对销孔直径推荐的公差：公称规格≤1.2 mm 时为 H13；公称规格>1.2 mm 时为 H14。

（八）滚动轴承

1. 深沟球轴承（GB/T 276—2013）

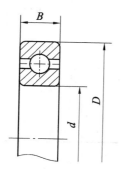

标记示例：

内径 d 为 $\phi60$ mm、尺寸系列代号为（0）2 的深沟球轴承，其标记为

滚动轴承 6212　GB/T 276—2013

表 C.16 深沟球轴承各部分尺寸 （单位：mm）

轴承代号	尺寸 /mm			轴承代号	尺寸 /mm		
	d	D	B		d	D	B
尺寸系列代号(1)0				尺寸系列代号(0)3			
606	6	17	6	634	4	16	5
607	7	19	6	635	5	19	6
608	8	22	7	6300	11	35	11
609	9	24	7	6301	12	37	12
6000	10	26	8	6302	15	42	13
6001	12	28	8	6303	17	47	14
6002	15	32	9	6304	20	52	15
6003	17	35	10	6305	25	62	17
6004	20	42	12	6306	30	72	19
6005	25	47	12	6307	35	80	21
6006	30	55	13	6308	40	90	23
6007	35	62	14	6309	45	100	25
6008	40	68	15	6310	50	110	27
6009	45	75	16	6311	55	120	29
6010	50	80	16	6312	60	130	31
6011	55	90	18				
6012	60	95	18				
尺寸系列代号(0)2				尺寸系列代号(0)4			
623	3	10	4	6403	17	62	17
624	4	13	5	6404	20	72	19
625	5	16	5	6405	25	80	21
626	6	19	6	6406	30	90	23
627	7	22	7	6407	35	100	25
628	8	24	8	6408	40	110	27
629	9	26	8	6409	45	120	29
6200	10	30	9	6410	50	130	31
6201	12	32	10	6411	55	140	33
6202	15	35	11	6412	60	150	35
6203	17	40	12	6413	65	160	37
6204	20	47	14	6414	70	180	42
6205	25	52	15	6415	75	190	45
6206	30	62	16	6416	80	200	48
6207	35	72	17	6417	85	210	52
6208	40	80	18	6418	90	225	54
6209	45	85	19	6419	95	240	55
6210	50	90	20				
6211	55	100	21				
6212	60	110	22				

注　(1) 表中括号"( )"表示该数字在轴承代号中省略。

(2) 原轴承型号为"0"。

2. 圆锥滚子轴承(GB/T 297—1994)

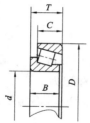

标记示例：

内径 d 为 $\phi 35$ mm、尺寸系列代号为 03 的圆锥滚子轴承,其标记为

滚动轴承 30307　GB/T 297—1994

表 C.17　圆锥滚子轴承各部分尺寸　　　　　　　　　　　　　　　（单位:mm）

轴承代号	尺寸/mm					轴承代号	尺寸/mm				
	d	D	T	B	C		d	D	T	B	C
尺寸系列代号 02						**尺寸系列代号 23**					
30204	20	47	15.25	14	12	32303	17	47	20.25	19	16
30205	25	52	16.25	15	13	32304	20	52	22.25	21	18
30206	30	62	17.25	16	14	32305	25	62	25.25	24	20
30207	35	72	18.25	17	15	32306	30	72	28.75	27	23
30208	40	80	19.75	18	16	32307	35	80	32.75	31	25
30209	45	85	20.75	19	16	32308	40	90	35.25	33	27
30210	50	90	21.75	20	17	32309	45	100	38.25	36	30
30211	55	100	22.75	21	18	32310	50	110	42.25	40	33
30212	60	110	23.75	22	19	32311	55	120	45.5	43	35
30213	65	120	24.75	23	20	32312	60	130	48.5	46	37
30214	70	125	26.75	24	21	32313	65	140	51	48	39
30215	75	130	27.25	25	22	32314	70	150	54	51	42
30216	80	140	28.25	26	22	32315	75	160	58	55	45
30217	85	150	30.5	28	24	32316	80	170	61.5	58	48
30218	90	160	32.5	30	26	**尺寸系列代号 30**					
30219	95	170	34.5	32	27	33005	25	47	17	17	14
30220	100	180	37	34	29	33006	30	55	20	20	16
尺寸系列代号 03						33007	35	62	21	21	17
						33008	40	68	22	22	18
30302	15	42	14.25	13	11	33009	45	75	24	24	19
30303	17	47	15.25	14	12	33010	50	80	24	24	19
30304	20	52	16.25	15	13	33011	55	90	27	27	21
30305	25	62	18.25	17	15	33012	60	95	27	27	21
30306	30	72	20.75	19	16	33013	65	100	27	27	21
30307	35	80	22.75	21	18	33014	70	110	31	31	25.5
30308	40	90	25.25	23	20	33015	75	115	31	31	25.5
30309	45	100	27.25	25	22	33016	80	125	36	36	29.5
30310	50	110	29.25	27	23	**尺寸系列代号 31**					
30311	55	120	31.5	29	25						
30312	60	130	33.5	31	26	33108	40	75	26	26	20.5
30313	65	140	36	33	28	33109	45	80	26	26	20.5
30314	70	150	38	35	30	33110	50	85	26	26	20
30315	75	160	40	37	31	33111	55	95	30	30	23
30316	80	170	42.5	39	33	33112	60	100	30	30	23
30317	85	180	44.5	41	34	33113	65	110	34	34	26.5
30318	90	190	46.5	43	36	33114	70	120	37	37	29
30319	95	200	49.5	45	38	33115	75	125	37	37	29
30320	100	215	51.5	47	39	33116	80	130	37	37	29

3. 推力球轴承(GB/T 301—1995)

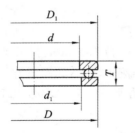

标记示例:

　　内径 d 为 $\phi40$ mm、尺寸系列代号为 13 的
推力球轴承,其标记为

　　滚动轴承 51308　GB/T 301—1995

表 C.18　推力球轴承各部分尺寸　　　　　　　　（单位:mm）

轴承代号	尺寸/mm					轴承代号	尺寸/mm				
	d	D	T	d_1	D_1		d	D	T	d_1	D_1
尺寸系列代号 11						尺寸系列代号 13					
51104	20	35	10	21	35	51304	20	47	18	22	47
51105	25	42	11	26	42	51305	25	52	18	27	52
51106	30	47	11	32	47	51306	30	60	21	32	60
51107	35	52	12	37	52	51307	35	68	24	37	68
51108	40	60	13	42	60	51308	40	78	26	42	78
51109	45	65	14	47	65	51309	45	85	28	47	85
51110	50	70	14	52	70	51310	50	95	31	52	95
51111	55	78	16	57	78	51311	55	105	35	57	105
51112	60	85	17	62	85	51312	60	110	35	62	110
51113	65	90	18	67	90	51313	65	115	36	67	115
51114	70	95	18	72	95	51314	70	125	40	72	125
51115	75	100	19	77	100	51315	75	135	44	77	135
51116	80	105	19	82	105	51316	80	140	44	82	140
51117	85	110	19	87	110	51317	85	150	49	88	150
51118	90	120	22	92	120	51318	90	155	50	93	155
51120	100	135	25	102	135	51320	100	170	55	103	170
尺寸系列代号 12						尺寸系列代号代号 14					
51204	20	40	14	22	40	51405	25	60	24	27	60
51205	25	47	15	27	47	51406	30	70	28	32	70
51206	30	52	16	32	52	51407	35	80	32	37	80
51207	35	62	18	37	62	51408	40	90	36	42	90
51208	40	68	19	42	68	51409	45	100	39	47	100
51209	45	73	20	47	73	51410	50	110	43	52	110
51210	50	78	22	52	78	51411	55	120	48	57	120
51211	55	90	25	57	90	51412	60	130	51	62	130
51212	60	95	26	62	95	51413	65	140	56	68	140
51213	65	100	27	67	100	51414	70	150	60	73	150
51214	70	105	27	72	105	51415	75	160	65	78	160
51215	75	110	27	77	110	51416	80	170	68	83	170
51216	80	115	28	82	115	51417	85	180	72	88	177
51217	85	125	31	88	125	51418	90	190	77	93	187
51218	90	135	35	93	135	51420	100	210	85	103	205
51220	100	150	38	103	150	51422	110	230	95	113	225

注　推力球轴承有 51000 型和 52000 型,类型代号都是 5,尺寸系列代号分别为 11、12、13、14 和 21、22、23、24。52000 型推
　　力球轴承的形式、尺寸可查阅 GB/T 301—1995。

（九）弹簧

圆柱螺旋压缩弹簧（GB/T 2089—2009）

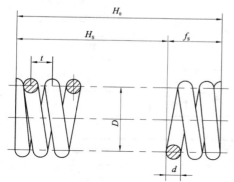

YA 型（两端圈并紧磨平）
YB 型（两端圈并紧锻平）

标记示例：

　　YA 型、线径为 6 mm、弹簧中径为 38 mm、自由高度为 60 mm、材料为 60Si2MnA、表面涂漆处理的右旋圆柱螺旋压缩弹簧，其标记为

YA　6×38×60　GB/T 2089—2009

表 C.19　圆柱螺旋压缩弹簧（YA、YB 型）尺寸及参数　　　　　　　（单位：mm）

线径 d/mm	弹簧中径 D/mm	节距≈ t/mm	自由高度 H_0/mm	有效圈数 n（圈）	试验负荷 F_s/N	试验负荷变形量 f_s/mm	展开长度 L/mm
0.6	4	1.54	20	12.5	18.7	11.7	182
1	4.5	1.67	20	10.5	72.7	7.04	177
1.2	8	2.92	40	12.5	68.6	21.4	364
1.6	12	4.41	60	12.5	105	35.1	547
2	16	5.72	42	6.5	144	24.3	427
	20	7.85	55	6.5	115	38	534
2.5	20	7.02	38	4.5	218	20.4	408
			80	10.5		47.5	785
	25	9.57	58	5.5	174	38.9	589
			70	6.5		45.9	668
4.5	32	10.5	65	5.5	740	32.9	754
			90	7.5		44.9	955
	50	19.1	80	3.5	474	51.2	864
			220	10.5		153	1964
6	38	11.9	60	4	368	23.5	714
			100	7.5		44.0	1134
	45	14.2	90	5.5	1155	45.2	1060
			120	7.5		61.7	1343

线径 d/mm	弹簧中径 D / mm	节距≈ t / mm	自由高度 H_0 / mm	有效圈数 n(圈)	试验负荷 F_s/N	试验负荷变形量 f_s / mm	展开长度 L / mm
10	45	14.6	115	6.5	4919	29.5	1131
			130	7.5		34.1	1272
	50	15.6	80	4	4427	22.4	864
			150	8.5		47.6	1571
12	80	27.9	180	5.5	6274	87.4	1759
30	150	52.4	300	4.5	52281	101	2827

注　(1) 线径(mm)系列:0.5～1(0.1 进位),1.2～2(0.2 进位),2.5～5(0.5 进位),6～20(2 进位),25～50(5 进位)。

　　(2) 弹簧中径(mm)系列:3～4.5(0.5 进位),6～10(1 进位),12～22(2 进位),25,28,30,32,35,38,40～100(5 进位),
　　　　110～200(10 进位),220～340(20 进位)。

附录 D 技术要求

1. 极限与配合

表 D.1 公称尺寸≤500 mm 轴的基本偏差（摘自 GB/T 1800.1—2009） （单位:μm）

基本偏差 公称尺寸/mm		上极限偏差 es											js	j			k	
		a	b	c	cd	d	e	ef	f	fg	g	h		j			k	
		所有等级												5、6	7	8	4~7	≤3 >7
大于	至																	
—	3	−270	−140	−60	−34	−20	−14	−10	−6	−4	−2	0	偏差等于 ±IT_n/2 式中，IT_n 是 IT 值	−2	−4	−6	0	0
3	6	−270	−140	−70	−46	−30	−20	−14	−8	−6	−4	0		−2	−4	—	+1	0
6	10	−280	−150	−80	−56	−40	−25	−18	−13	−8	−5	0		−2	−5	—	+1	0
10	14	−290	−150	−95	—	−50	−32	—	−16	—	−6	0		−3	−6	—	+1	0
14	18																	
18	24	−300	−160	−110	—	−65	−40	—	−20	—	−7	0		−4	−8	—	+2	0
24	30																	
30	40	−310	−170	−120	—	−80	−50	—	−25	—	−9	0		−5	−10	—	+2	0
40	50	−320	−180	−130														
50	65	−340	−190	−140	—	−100	−60	—	−30	—	−10	0		−7	−12	—	+2	0
65	80	−360	−200	−150														
80	100	−380	−220	−170	—	−120	−72	—	−36	—	−12	0		−9	−15	—	+3	0
100	120	−410	−240	−180														
120	140	−460	−260	−200	—	−145	−85	—	−43	—	−14	0		−11	−18	—	+3	0
140	160	−520	−280	−210														
160	180	−580	−310	−230														
180	200	−660	−340	−240	—	−170	−100	—	−50	—	−15	0		−13	−21	—	+4	0
200	225	−740	−380	−260														
225	250	−820	−420	−280														
250	280	−920	−480	−300	—	−190	−110	—	−56	—	−17	0		−16	−26	—	+4	0
280	315	−1050	−540	−330														
315	355	−1200	−600	−360	—	−210	−125	—	−62	—	−18	0		−18	−28	—	+4	0
355	400	−1350	−680	−400														
400	450	−1500	−760	−440	—	−230	−135	—	−68	—	−20	0		−20	−32	—	+5	0
450	500	−1650	−840	−480														

基本偏差		下极限偏差 ei													
		m	n	p	r	s	t	u	v	x	y	z	za	zb	zc
公称尺寸 /mm		公差等级													
大于	至	所有等级													
—	3	+2	+4	+6	+10	+14	—	+18	—	+20	—	+26	+32	+40	+60
3	6	+4	+8	+12	+15	+19	—	+23	—	+28	—	+35	+42	+50	+80
6	10	+6	+10	+15	+19	+23	—	+28	—	+34	—	+42	+52	+67	+97
10	14	+7	+12	+18	+23	+28	—	+33	—	+40	—	+50	+64	+90	+130
14	18	+7	+12	+18	+23	+28	—	+33	+39	+45	—	+60	+77	+108	+150
18	24	+8	+15	+22	+28	+35	—	+41	+47	+54	+63	+73	+98	+136	+188
24	30	+8	+15	+22	+28	+35	+41	+48	+55	+64	+75	+88	+118	+160	+218
30	40	+9	+17	+26	+34	+43	+48	+60	+68	+80	+94	+112	+148	+200	+274
40	50	+9	+17	+26	+34	+43	+54	+70	+81	+97	+114	+136	+180	+242	+325
50	65	+11	+20	+32	+41	+53	+66	+87	+102	+122	+144	+172	+226	+300	+405
65	80	+11	+20	+32	+43	+59	+75	+102	+120	+146	+174	+210	+274	+360	+480
80	100	+13	+23	+37	+51	+71	+91	+124	+146	+178	+214	+258	+335	+445	+585
100	120	+13	+23	+37	+54	+79	+104	+144	+172	+210	+254	+310	+400	+525	+690
120	140	+15	+27	+43	+63	+92	+122	+170	+202	+248	+300	+365	+470	+620	+800
140	160	+15	+27	+43	+65	+100	+134	+190	+228	+280	+340	+415	+535	+700	+900
160	180	+15	+27	+43	+68	+108	+146	+210	+252	+310	+380	+465	+600	+780	+1000
180	200	+17	+31	+50	+77	+122	+166	+236	+284	+350	+425	+520	+670	+880	+1150
200	225	+17	+31	+50	+80	+130	+180	+258	+310	+385	+470	+575	+740	+960	+1250
225	250	+17	+31	+50	+84	+140	+196	+284	+340	+425	+520	+640	+820	+1050	+1350
250	280	+20	+34	+56	+94	+158	+218	+315	+385	+475	+580	+710	+920	+1200	+1550
280	315	+20	+34	+56	+98	+170	+240	+350	+425	+525	+650	+790	+1000	+1300	+1700
315	355	+21	+37	+62	+108	+190	+268	+390	+475	+590	+730	+900	+1150	+1500	+1900
355	400	+21	+37	+62	+114	+208	+294	+435	+530	+660	+820	+1000	+1300	+1650	+2100
400	450	+23	+40	+68	+126	+232	+330	+490	+595	+740	+920	+1100	+1450	+1850	+2400
450	500	+23	+40	+68	+132	+252	+360	+540	+660	+820	+1000	+1250	+1600	+2100	+2600

注　(1) 公称尺寸小于或等于 1 mm 时,各级的 a 和 b 均不采用。

　　(2) js 的数值,对 IT7 至 IT11。若 IT_n 的数值(μm)为奇数,则取 $js=\pm(IT_n-1)/2$。

表 D.2　公称尺寸≤500 mm孔的基本偏差（摘自 GB/T 1800.1—2009）　　（单位：μm）

基本偏差	下极限偏差 EI											JS[2]	上极限偏差 ES								
	A[1]	B[1]	C	CD	D	E	EF	F	FG	G	H		J			K		M[3]		N[1]	
公称尺寸/mm	公差等级												6	7	8	≤8	>8	≤8	>8	≤8	>8
大于　至	所有等级																				
—　3	+270	+140	+60	+34	+20	+14	+10	+6	+4	+2	0	偏差等于 ±IT_n/2 式中，IT_n 是 IT 值	+2	+4	+6	0	0	−2	−2	−4	−4
3　6	+270	+140	+70	+46	+30	+20	+14	+10	+6	+4	0		+5	+6	+10	−1+Δ	—	−4+Δ	−4	−8+Δ	0
6　10	+280	+150	+80	+56	+40	+25	+18	+13	+8	+5	0		+5	+8	+12	−1+Δ	—	−6+Δ	−6	−10+Δ	0
10　14	+290	+150	+95	—	+50	+32	—	+16	—	+6	0		+6	+10	+15	−1+Δ	—	−7+Δ	−7	−12+Δ	0
14　18																					
18　24	+300	+160	+110	—	+65	+40	—	+20	—	+7	0		+8	+12	+20	−2+Δ	—	−8+Δ	−8	−15+Δ	0
24　30																					
30　40	+310	+170	+120	—	+80	+50	—	+25	—	+9	0		+10	+14	+24	−2+Δ	—	−9+Δ	−9	−17+Δ	0
40　50	+320	+180	+130																		
50　65	+340	+190	+140	—	+100	+60	—	+30	—	+10	0		+13	+18	+28	−2+Δ	—	−11+Δ	−11	−20+Δ	0
65　80	+360	+200	+150																		
80　100	+380	+220	+170	—	+120	+72	—	+36	—	+12	0		+16	+22	+34	−3+Δ	—	−13+Δ	−13	−23+Δ	0
100　120	+410	+240	+180																		
120　140	+460	+260	+200	—	+145	+85	—	+43	—	+14	0		+18	+26	+41	−3+Δ	—	−15+Δ	−15	−27+Δ	0
140　160	+520	+280	+210																		
160　180	+580	+310	+230																		
180　200	+660	+340	+240	—	+170	+100	—	+50	—	+15	0		+22	+30	+47	−4+Δ	—	−17+Δ	−17	−31+Δ	0
200　225	+740	+380	+260																		
225　250	+820	+420	+280																		
250　280	+920	+480	+300	—	+190	+110	—	+56	—	+17	0		+25	+36	+55	−4+Δ	—	−20+Δ	−20	−34+Δ	0
280　315	+1050	+540	+330																		
315　355	+1200	+600	+360	—	+210	+125	—	+62	—	+18	0		+29	+39	+60	−4+Δ	—	−21+Δ	−21	−37+Δ	0
355　400	+1350	+680	+400																		
400　450	+1500	+760	+440	—	+230	+135	—	+68	—	+20	0		+33	+43	+66	−4+Δ	—	−23+Δ	−23	−40+Δ	0
450　500	+1650	+840	+480																		

续表

基本偏差				上极限偏差 ES									$\Delta^{①}$ /μm					
	P 到 ZC	P	R	S	T	U	V	X	Y	Z	ZA	ZB	ZC						
公称尺寸 /mm						公差等级													
大于	至				所有等级									3	4	5	6	7	8
—	3		−6	−10	−14	—	−18		−20	—	−26	−32	−40	−60	0				
3	6		−12	−15	−19	—	−23		−28	—	−35	−42	−50	−80	1	1.5	1	3	4	6
6	10		−15	−19	−23	—	−28		−34	—	−42	−52	−67	−97	1	1.5	2	3	6	7
10	14		−18	−23	−28	—	−33		−40	—	−50	−64	−90	−130	1	2	3	3	7	9
14	18							−39	−45		−60	−77	−108	−150						
18	24		−22	−28	−35	—	−41	−47	−54	−63	−73	−98	−136	−188	1.5	2	3	4	8	12
24	30					−41	−48	−55	−64	−75	−88	−118	−160	−218						
30	40		−26	−35	−43	−48	−60	−68	−80	−94	−112	−148	−200	−274	1.5	3	4	5	9	14
40	50					−54	−70	−81	−97	−114	−136	−180	−242	−325						
50	65		−32	−41	−53	−66	−87	−102	−122	−144	−172	−226	−300	−405	2	3	5	6	11	16
65	80			−43	−59	−75	−102	−120	−146	−174	−210	−274	−360	−480						
80	100		−37	−51	−71	−91	−124	−146	−178	−214	−258	−335	−445	−585	2	4	5	7	13	19
100	120			−54	−79	−104	−144	−172	−210	−254	−310	−400	−525	−690						
120	140		−43	−63	−92	−122	−170	−202	−248	−300	−365	−470	−620	−800	3	4	6	7	15	23
140	160			−65	−100	−134	−190	−228	−280	−340	−415	−535	−700	−900						
160	180			−68	−108	−146	−210	−252	−310	−380	−465	−600	−780	−1000						
180	200		−50	−77	−122	−166	−236	−284	−350	−425	−520	−670	−880	−1150	3	4	6	9	17	26
200	225			−80	−130	−180	−258	−310	−385	−470	−575	−740	−960	−1250						
225	250			−84	−140	−196	−284	−340	−425	−520	−640	−820	−1050	−1350						
250	280		−56	−94	−158	−218	−315	−385	−475	−580	−710	−920	−1200	−1550	4	4	7	9	20	29
280	315			−98	−170	−240	−350	−425	−525	−650	−790	−1000	−1300	−1700						
315	355		−62	−108	−190	−268	−390	−475	−590	−730	−900	−1150	−1500	−1900	4	5	7	11	21	32
355	400			−114	−208	−294	−435	−530	−600	−820	−1000	−1300	−1650	−2100						
400	450		−68	−126	−232	−330	−490	−595	−740	−920	−1100	−1450	−1850	−2400	5	5	7	13	23	34
450	500			−132	−252	−360	−540	−660	−820	−1000	−1250	−1600	−2100	−2600						

（"P 到 ZC"列内注：在大于 7 级的相应数值上增加一个 Δ 值）

注　(1) 公称尺寸小于或等于 1 mm 时,各级的 A 和 B 及大于 8 级的 N 均不采用。
　　(2) JS 的数值,对 IT7 至 IT11,若 IT_n 的数值(μm)为奇数,则取 JS=±(IT_n−1)/2;
　　(3) 特殊情况：当公称尺寸大于 250～315 mm 时,M6 的 ES 等于−9(代替−11)。
　　(4) 对小于或等于 IT8 的 K、M、N 和小于或等于 IT7 的 P 至 ZC,所需 Δ 值从续表右侧栏选取。

2. 几何公差

表 D.3 几何公差（摘自 GB/T 1182—2009）

特征项目		公差带定义	标注示例和解释
直线度	在给定平面内	公差带是距离为公差值 t 的两条平行直线之间的区域 	圆柱表面上的任一素线必须位于距离为 0.02 mm 的两平行直线之间
	在任意方向上	在公差值前加注 ϕ，公差带是直径为公差值 t 的圆柱面内的区域 	被测圆柱体 ϕd 的轴线必须位于直径为 $\phi0.04$ mm 的圆柱面内
平面度		公差带是距离为公差值 t 的两平行平面之间的区域 	提取（实际）表面必须位于距离为 0.02 mm 的两平行平面内
圆度		公差带是在同一正截面上，半径差为公差值 t 的两同心圆之间的区域 	在垂直于轴线的任一正截面上，该圆必须位于半径差为 0.02 mm 的两同心圆之间
圆柱度		公差带是半径差为公差值 t 的两同轴圆柱面之间的区域 	提取（实际）圆柱面必须位于半径差为 0.05 mm 的两同轴圆柱面之间

特征项目		公差带定义	标注示例和解释
平行度	在给定方向上	公差带是距离为公差值 t，且平行于基准线，并位于给定方向上的两平行平面之间的区域	上表面必须位于距离为公差值 0.05 mm，且在给定方向上平行于基准平面的两平行平面之间
	在任意方向上	在公差值前加注 ϕ，公差带是直径为公差值 t，且平行于基准线的圆柱面内的区域	被测轴线必须位于直径为公差值 0.1 mm，且平行于基准轴线的圆柱面内
垂直度	在给定方向上	公差带是距离为公差值 t，且垂直于基准轴线的两平行平面之间的区域	ϕd 的轴线必须在给定的投影方向上，位于距离为公差值 0.05 mm，且垂直于基准平面的两平行平面之间
	在任意方向上	在公差值前加注 ϕ，公差带是直径为公差值 t，且垂直于基准面的圆柱面内的区域	ϕd 的轴线必须位于直径为公差值 0.05 mm，且垂直于基准平面的圆柱面内

特征项目	公差带定义	标注示例和解释
同轴（心）度	公差带是直径为公差值 ϕt 的圆柱面内的区域，该圆柱面的轴线与基准轴线同轴	ϕd 的轴线必须位于直径为 0.1 mm，且与公共轴线 A—B 同轴的圆柱面内
对称度	公差带是距离为公差值 t，且相对基准中心平面（或中心线、轴线）对称配置的两平行平面（或直线）之间的区域	键槽的中心面必须位于距离为 0.1 mm 的两平行平面之间，该两平面对称配置在通过基准轴线的辅助平面两侧
位置度	任意方向时，公差值前加注 ϕ，公差带是直径为公差值 t 的圆柱面内的区域。公差带的轴线的位置由相对于三基面体系的理论正确尺寸确定	ϕD 的轴线必须位于直径为 0.1 mm，且以相对于基准平面 A、B、C 的理论正确尺寸所确定的理论正确位置为轴线的圆柱面内

特征项目		公差带定义	标注示例和解释
圆跳动	径向圆跳动	公差带是在垂直于基准轴线的任一测量平面内,半径差为公差值 t,且圆心在基准轴线上的两个同心圆之间的区域	ϕd 圆柱面绕基准轴线做轴向移动的回转时,在任一测量平面内的径向圆跳动量均不得大于 0.05 mm
	轴向圆跳动	公差带是在与基准轴线同轴的任一半径位置的测量圆柱面上沿母线方向距离为公差值 t 的两圆之间的区域	当被测件绕基准轴线做无轴向移动旋转一周时,在被测面上任一测量直径处的轴向跳动量均不得大于0.05 mm

3. 表面粗糙度

表 D.6　轮廓的算术平均偏差 Ra 的数值(摘自 GB/T 1031—2009)　　　　(单位:μm)

基本系列	补充系列	基本系列	补充系列	基本系列	补充系列	基本系列	补充系列
	0.008	0.1			1.25		16
	0.010		0.125	1.6			20
0.012			0.160		2.0	25	
	0.016	0.2			2.5		32
	0.020		0.25	3.2			40
0.025			0.32		4.0	50	
	0.032	0.4			5.0		63
	0.040		0.5	6.3			80
0.05			0.63		8.0		
	0.063	0.8			10.0	100	
	0.080		1.00	12.5			

附录 E　常用的金属材料和非金属材料

1. 钢铁金属材料

表 E.1　常用钢和铸铁

标准	名称	牌号		应用举例	说明
GB/T 700—2006	碳素结构钢	Q215	A 级	用于制作金属结构件、拉杆、套圈、铆钉、螺栓、短轴、心轴、凸轮(载荷不大的)、垫圈、渗碳零件及焊接件	"Q"为碳素结构钢屈服强度"屈"字的汉语拼音首位字母,后面的数字表示屈服强度的数值。如 Q235 表示碳素结构钢的屈服强度为 235 N/mm²
			B 级		
		Q235	A 级	用于制作金属结构件,心部强度要求不高的渗碳或碳氮共渗零件,吊钩、拉杆、套圈、汽缸、齿轮、螺栓、螺母、连杆、轮轴、楔、盖及焊接件	
			B 级		
			C 级		
			D 级		
		Q275		用于制作轴、轴销、刹车杆、螺母、螺栓、垫圈、连杆、齿轮及其他强度较高的零件	
GB/T 699—1999	优质碳素结构钢	10		用于制作拉杆、卡头、垫圈、铆钉及焊接零件	牌号的两位数字表示钢中碳的平均质量分数,45 钢即表示其中碳的平均质量分数为 0.45%。 碳的质量分数≤0.25%的碳钢属于低碳钢(渗碳钢);碳的质量分数在 0.25%～0.6%之间的碳钢属于中碳钢(调质钢);碳的质量分数>0.6%的碳铁属于高碳钢。 锰的质量分数较高的钢,须加注化学元素符号"Mn"
		15		用于制作受力不大和韧度较高的零件、渗碳零件及紧固件(如螺栓、螺钉)、法兰盘和化工储器	
		35		用于制作曲轴、转轴、轴销、杠杆、连杆、螺栓、垫圈、飞轮(多在正火、调质下使用)	
		45		用于制作要求综合力学性能高的各种零件,通常经正火或调质处理后使用。用于制作轴、齿轮、齿条、链轮、螺栓、螺母、销钉、键、拉杆等	
		60		用于制作弹簧、弹簧垫圈、凸轮、轧辊等	
		15Mn		用于制作心部力学性能要求较高且须渗碳的零件	
		65Mn		用于制作要求耐磨性能的圆盘、衬板、齿轮、花键轴、弹簧、弹簧垫圈等	

标准	名称	牌号	应用举例	说明
GB/T 3077—1999	合金结构钢	20Mn2	用于制作渗碳小齿轮、小轴、活塞轴、柴油机套筒、气门推杆、缸套等	钢中加入一定量的合金元素，提高了钢的力学性能和耐磨性，也提高了钢的淬透性，保证金属在较大截面上能获得高的力学性能
		15Cr	用于制作要求心部韧度较高的渗碳零件，如船舶主机用螺栓、活塞销、凸轮、凸轮轴、汽轮机套环、机车小零件等	
		40Cr	用于制作中速，受变载、中载，强烈磨损而无很大冲击的重要零件，如重要的齿轮、轴、曲轴、连杆、螺栓、螺母等	
		35SiMn	耐磨、耐疲劳性均佳，适用于制作小型轴类、齿轮及在 430 ℃ 以下工作的重要紧固件等	
		20CrMnTi	工艺性优，强度、韧度均高，可用于制作承受中等或重载荷及冲击、磨损等高速运转的重要零件，如渗碳齿轮、凸轮等	
GB/T 11352—2009	一般工程用铸造碳钢	ZG 230—450	用于制作负载不大、韧度较好的零件，如轧机机架、铁道车辆摇枕、侧梁、铁铮台、机座、箱体、锤轮、工作温度在 450 ℃ 以下的管路附件等	"ZG"为"铸钢"汉语拼音的首位字母，后面的数字分别表示屈服强度和抗拉强度。如 ZG230—450 表示屈服强度为 230 N/mm²、抗拉强度为 450 N/mm² 的铸钢
		ZG 310—570	用于制作各种形状的零件，如联轴器、齿轮、汽缸、轴、机架、齿圈等	
GB/T 9439—2010	灰铸铁	HT150	用于制作承受轻载荷和对耐磨性无特殊要求的零件，如端盖、外罩、手轮、一般机床的底座、床身、滑台、工作台和低压管件等	"HT"为"灰铁"的汉语拼音的首位字母，后面的数字表示抗拉强度。如 HT200 表示抗拉强度为 200 N/mm² 的灰铸铁
		HT200	用于制作承受中等载荷和对耐磨性有一定要求的零件，如机床床身、立柱、飞轮、汽缸、泵体、轴承座、活塞、齿轮箱、阀体等	
		HT250	用于制作承受中等载荷和对耐磨性有一定要求的零件，如阀壳、油缸、汽缸、联轴器、齿轮、齿轮箱外壳、飞轮、液压泵和滑阀的壳体等	

表 E.2　非铁金属材料

标准	名称	牌号	应用举例	说明
GB/T 1176—2013	5-5-5 锡青铜	ZCuSn5Pb5Zn5	耐磨性和耐蚀性均好,易加工,铸造性和气密性较好。用于在较高载荷、中等滑动速度下工作的耐磨、耐蚀零件,如轴瓦、衬套、缸套、活塞、离合器、蜗轮等	"Z"为"铸造"汉语拼音的首位字母,各化学元素后面的字表示该元素的质量分数,如ZCuAl10Fe3表示含 $\omega_{Al}=8.1\%\sim11\%$, $\omega_{Fe}=2\%\sim4\%$,其余为Cu的铸造铝黄铜
	10-3 铝青铜	ZCuAl10Fe3	力学性能高,耐磨性、耐蚀性、抗氧化性好,可以焊接,不易钎焊。可用于制造强度高、耐磨、耐蚀的零件,如蜗轮、轴承、衬套、管嘴、耐热管配件等	
	25-6-3-3 铝黄铜	ZCuZn25Al6Fe3Mn3	有很高的力学性能,铸造性良好、耐蚀性较好,可以焊接。适用于制造高强耐磨零件,如桥梁支承板、螺母、螺杆、耐磨板、滑块、蜗轮等	
	38-2-2 锰黄铜	ZCuZn38Mn2Pb2	有较高的力学性能和耐蚀性,耐磨性较高,切削性良好。可用于制造一般用途的构件,如套筒、衬套、轴瓦、滑块等	
GB/T 1173—2013	铸造铝合金	ZAlSi12 代号 ZL102	用于制造形状复杂、载荷小、耐蚀的薄壁零件和工作温度≤200 ℃的高气密性零件	$\omega_{Si}=10\%\sim13\%$ 的铝硅合金
GB/ 3190—2008	硬铝	2Al2 (原牌号 LY12)	焊接性能好,适于制作高载荷的零件及构件(不包括冲击件和锻件)	2Al2 中各化学元素的含量分别为 $\omega_{Cu}=3.8\%\sim4.9\%$、$\omega_{Mg}=1.2\%\sim1.8\%$、$\omega_{Mn}=0.3\%\sim0.9\%$
	工业纯铝	1060 (原牌号 L2)	塑性、耐蚀性好,焊接性好,强度低。适于制作贮槽、热交换器、防污染及深冷设备等	牌号中的第一位数1为纯铝的组别,其铝的质量分数>99.00%,牌号中最后的两位数表示最低铝百分含量(质量分数)中小数点后面的两位数。例如,1060表示含杂质≤0.4%的工业纯铝

表 E.3　非金属材料

标准	名称	牌号	应用举例	说明
GB/T 539 —2008	耐油石棉橡胶板	NY250 HNY300	用作供航空发动机用的煤油、润滑油及冷气系统结合处的密封衬垫材料	有 0.4～3.0 mm 的十种厚度规格
GB/T 5574 —2008	耐酸碱橡胶板	2707 2807 2709	具有耐酸碱性能，能在温度为－30～60 ℃的 20%浓度的酸碱液体中工作，用于冲制密封性能良好的垫圈	较高硬度 中等硬度
	耐油橡胶板	3707 3807 3709 3809	可在一定温度的全损耗系统用油、变压器油、汽油等介质中工作，适用于冲制各种形状的垫圈	较高硬度
	耐热橡胶板	4708 4808 4710	可在压力不大的－30～100 ℃的热空气、蒸汽介质中工作，用于冲制各种垫圈及隔热垫板	较高硬度 中等硬度

表 E.4　常用热处理和表面处理（摘自 GB/T 7232—2012 和 JB/T 8555—2008）

名称	有效硬化层深度和硬度标注举例	说明	目的
硬度	HBW（布氏硬度，见 GB/T 231.1—2009） HRC（洛氏硬度，见 GB/T 230.1—2009） HV（维氏硬度，见 GB/T 4340.1—2009）	材料抵抗硬物压入其表面的能力，依测定方法不同而有布氏硬度、洛氏硬度、维氏硬度等几种	检验材料经热处理后的力学性能 ——HBW 用于退火、正火、调质的零件及铸件 ——HRC 用于经淬火、回火及表面渗碳、渗氮等处理的零件 ——HV 用于薄层硬化零件
退火	退火，163～197 HBW 或退火	加热—保温—缓慢冷却	用来消除铸、锻、焊零件的内应力，降低硬度，以利切削加工，细化晶粒，改善组织，增加韧度
正火	正火，170～217 HBW 或正火	加热—保温—空气冷却	用于处理低碳钢、中碳结构钢及渗碳零件，细化晶粒，增加强度与韧度，减少内应力，改善切削性能
淬火	淬火，42～47 HRC	加热—保温—急冷。工件加热奥氏体化后以适当方式冷却获得马氏体或（和）贝氏体的热处理工艺	提高机件强度及耐磨性。但淬火会引起内应力，使钢变脆，所以淬火后必须回火
回火	回火	回火是将淬硬的钢件加热到临界点（A_{c1}）以下的某一温度，保温一段时间，然后冷却到室温	用来消除淬火后的脆性和内应力，改善钢的塑性和提高钢的冲击韧度

续表

名称	有效硬化层深度和硬度标注举例	说明	目的
调质	调质,200～230 HBW	淬火—高温回火	提高韧度及强度,重要的齿轮、轴及丝杠等零件需调质
感应淬火	感应淬火 DS＝0.8～1.6,48～52 HRC	用感应电流将零件表面加热—急速冷却	提高机件表面的硬度及耐磨性,而心部保持一定的韧度,使零件既耐磨又能承受冲击,常用来处理齿轮
渗碳淬火	渗碳淬火 DC＝0.8～1.2,58～63 HRC	将零件在渗碳介质中加热、保温,使碳原子渗入钢的表面后,再淬火回火。渗碳深度为 0.8～1.2 mm	提高机件表面的硬度、耐磨性、抗拉强度等,适用于低碳、中碳(w_C<0.40%)结构钢的中小型零件
渗氮	渗氮 DN＝0.25～0.4,≥850 HRC	将零件放入氨气内加热,使氮原子渗入钢表面。氮化层(0.25～0.4)mm,氮化时间(40～50)h	提高机件的表面硬度,增强其耐磨性、疲劳强度和耐蚀能力。适用于合金钢、碳钢、铸铁件,如机床主轴、丝杠、重要液压元件中的零件
碳氮共渗淬火	碳氮共渗淬火 DC＝0.5～0.8,58～63 HRC	钢件在含碳氮的介质中加热,使碳、氮原子同进渗入钢表面。可得到 0.5～0.8 mm 的硬化层	提高表面硬度、疲劳强度,增强其耐磨性和耐蚀性,用于要求硬度高、耐磨的中小型、薄片零件及刀具等
时效	自然时效 人工时效	机件精加工前,加热到 100～150 ℃后,保温 5～20 h,空气冷却,铸件也可自然时效(露天放一年以上)	消除内应力,稳定机件形状和尺寸,常用于处理精密机件,如精密轴承、精密丝杠等
发蓝、发黑		将零件置于氧化剂内加热氧化,使表面形成一层氧化铁保护膜	防腐蚀、美化,如用于螺纹紧固件
镀镍		用电解方法,在钢件表面镀一层镍	防腐蚀、美化
镀铬		用电解方法,在钢件表面镀一层铬	提高表面硬度,增强耐磨性和耐蚀能力,也用于修复零件上磨损了的表面

参 考 文 献

[1]　朱辉,曹桄,唐保宁,等.画法几何与工程制图[M].5版.上海:上海科学技术出版社,2005.

[2]　常明.画法几何与机械制图[M].4版.武汉:华中科技大学出版社,2009.

[3]　何铭新,钱可强.机械制图[M].6版.北京:高等教育出版社,2010.

[4]　阮五洲.工程图学[M].合肥:合肥工业大学出版社,2009.

[5]　侯洪生.机械工程图学[M].3版.北京:科学出版社,2012.

[6]　大连理工大学工程图学教研室.机械制图[M].6版.北京:高等教育出版社,2007.